公关理论与实务文库

生态公关

吴贤军 主编

北京大学出版社
PEKING UNIVERSITY PRESS

图书在版编目(CIP)数据

生态公关/吴贤军主编. —北京：北京大学出版社，2012.5
(公关理论与实务文库)
ISBN 978-7-301-20462-7

Ⅰ.①生… Ⅱ.①吴… Ⅲ.①公共关系学 Ⅳ.①C912.3

中国版本图书馆 CIP 数据核字（2012）第 060887 号

书　　　名：生态公关
著作责任者：吴贤军　主编
责 任 编 辑：胡伟晔　王泽旗
标 准 书 号：ISBN 978-7-301-20462-7/F·3136
出 版 发 行：北京大学出版社
地　　　址：北京市海淀区成府路 205 号　100871
网　　　址：http://www.pup.cn
电 子 信 箱：zyjy@pup.cn
电　　　话：邮购部 62752015　发行部 62750672　编辑部 62765126
出版部 62754962
印　刷　者：北京鑫海金澳胶印有限公司
经　销　者：新华书店
720 毫米×1020 毫米　16 开本　18.5 印张　331 千字
2012 年 5 月第 1 版　2012 年 5 月第 1 次印刷
定　　　价：42.00 元

序

赵麟斌

改革开放三十多年来，中国的经济发展成就为世人所瞩目，但其付出的代价也人所共知。社会环境逐渐恶化严重影响人体健康，广大民众对那些重利轻义、罔顾污染的企业和行为深恶痛绝。每年公众与政府、企业的环境纠纷时有发生，生态的不平衡加剧了社会的不稳定。因此，党中央在十七大上明确将科学发展观写入党的指导思想，强调经济社会发展应该全面、协调和可持续地进行。这对于一系列社会组织的经营和运转而言，既是应有之义，也是更高要求。

本书所着眼的生态公关又称绿色公关、环境传播或环境公关。它是一个国际公关界已有的概念，反映了在各国公众环境意识逐渐提高、环保运动不断增强的背景下，公关主体为符合客体的价值观念，而使自身活动的价值目标与公众相一致的公关行为。虽然在国内，生态公关还只是一个新提法，但其实践运用却已经屡有先例。其中，一方面是组织开展积极的生态公关，即将自然环境元素融合到公关内容之中，选择具有环保特征的媒介开展传播活动，以绿色为特色塑造企业形象，赢得公众的信任与支持，给企业带来更多便利和竞争优势的一系列公关活动；另一方面，则是防御的生态公关，也就是指组织为避免在环境问题上出现失误，由此损害自己在公众中的形象，而从危机管理的角度，针对有关公众开展的传播、沟通和协调工作。

生态问题涉及的范围相对广泛，包括了化工污染、土地保护、矿山开采、资源循环、能源节约、石油利用、城市环保以及核能安全等诸多领域。对于涉及管理和经营上述领域的社会组织而言，生态公关是一项特别需要重视的工程。18 世纪法国思想家卢梭曾经说过：“大自然不会欺骗我们，欺骗我们的往往是我们自己。”生态公关正是要为组织塑造这样一种不欺骗大自然的态度，培养出组织的“绿色文化”，从而使其同公众达成一种善待自然的共识。

作为"公关理论与实务文库"丛书的第二批教材之一，这本《生态公关》基本延续了整套丛书"开篇导例—史镜今鉴—三刻拍案—回味隽永"的写作体例。其中，创新之处主要有三点：首先是将生态环保理念与公共关系理念相整合，阐明两大理念的重叠区域；其次是扩展生态公关外延，精选国内外生态公关的正反两面案例；最后是将生态内涵视为一种媒介载体，进而将使用生态公关的形式多样化。

生态问题解决的是人与自然的相互关系，而公关问题解决的是人与人之间的社会关系，二者都以"和谐"作为最完美的关系状态。因此，优秀的组织应当将二者统一起来看待，通过反思自身的需求，提高自我应对能力，全面评估组织价值，求得价值目标上的一致性，而该书正是在这方面为读者提供了较好的借鉴。

通过编写人员的努力，相信《生态公关》一书会对中国公共关系事业的生态视角建构有所裨益，同时也可为我国的生态文明建设开凿一条公关探索之路。

是为序。

2012 年 2 月于已得斋

前　言

人类社会步入后工业文明时代，无论是发达国家还是发展中国家，对于生态问题的关注都有增无减。而随着实践水平的提高和对生态认识的深入，人们必将要努力走向与自然的和谐相处。在我国社会主义生态文明建设的整体战略中，各种企业组织该如何积极适应这股生态运动的潮流，履行社会责任，是公共关系在生态视阈下所必须思考的问题。

在本书的编写过程中，我们关注了近年来为权威媒体和主流舆论所报道的生态事件，比较了中外经济、文化和思想等方面内容在生态问题上的观点，最终挑选了一系列颇具现实意义的典型案例。在案例的取材和评析过程中，我们还参考并吸收了相关学者或业内人士的研究成果，在此深表谢意。

本书由福建工程学院吴贤军担任主编，福建工程学院何东锦和福建师范大学李梦璐担任副主编。参编人员及其具体分工如下：吴贤军制定全书写作大纲及补充撰写部分点评，福建师范大学赵玲玲撰写第一篇，福建师范大学黄剑撰写第二、第三篇，李梦璐撰写第四、第二十、第二十一篇，福建师范大学高亮亮撰写第五、第六、第七篇，福建师范大学孙欣霞撰写第八、第九、第十篇，福建师范大学朱国敏撰写第十一、第十二、第十三篇，福建师范大学林大燕撰写第十四、第十五、第十六篇，福建师范大学张舒撰写第十七、第十八、第十九篇。全书由副主编李梦璐、何东锦统稿，最后由主编吴贤军审阅定稿。

由于我们水平有限，编写过程中出现的疏漏和失误在所难免，诚恳地期待专家学者的指导，欢迎广大读者批评指正。

编　者

2012 年元月

目　　录

第一篇

高污染企业——履行社会责任的领导者

——伟创力集团

高污染企业公关的本质就是要履行社会责任。这种社会责任包括对客户的责任、对环境的责任和对社会的责任，力求做到技术创新、绿色环保和公益社会。企业对社会的威胁性越大，承担的社会责任也相应越大。所以，高污染企业更应积极履行社会责任，以提升品牌形象、增强社会公信力、推动创新能力，为企业创造和谐外部发展环境，最终实现企业竞争力的提高和可持续发展，进而促进经济社会的可持续发展。

开篇导例

开篇之述 履行社会责任的领导者——伟创力集团

电子制造业是众所周知的高污染行业，要想打破企业形象天生的软肋，电子制造企业既要关注自己的生产经营，也要承担起企业的社会责任。

伟创力国际集团是目前全球最大的电子合约制造服务商(EMS)之一，也是世界500强企业之一。为了维持长期稳定的客户关系，伟创力不断满足OEM(Original Equipment Manufacturer，原厂委托制造)客户日新月异的需要，努力致力于提供世界级的集成化解决方案，确立了本行业上乘的质量及服务标准。伟创力可为OEM客户提供附属部件的设计与制造服务，并通过充分利用世界一流的技术、低成本的制造工艺以及融入精密塑料件及镜片生产能力的垂直整合战略，为移动通信市场内的客户提供着独占市场鳌头的优质产品。在绿色环保方面，伟创力一直从事着节能减排新技术的研发，将自己的环境战略分为化学物质管理、接收与回收、污染控制、资源节约和气候变化5个方面，并积极采取各种绿色制造与再循环技术。早在1995年，伟创力就首创了“无铅焊接”技术。在1997年，伟创力为许多知名厂商生产如手机、打印机等产品时即已导入无铅焊接，发挥着它在设计、导入、引领无铅焊接技术领域的巨大作用。2007年，由伟创力投资、用于处理地处珠海的伟创力工业园园区内主排水系统的污水处理设施竣工，该工程利用现代的切线氧化方法，日污水处理量达到3 000吨。伟创力每月监控它排出水的质量，以保证符合广东省水污染物排放限值标准。在履行社会责任方面，伟创力的企业社会责任实践广泛涉及世界各地的各个领域，如灾难赈济、医疗援助、教育、环保、职业健康与安全以及社区支持等，伟创力不断以专项拨款、财务捐助、自愿者行动、支援项目及资源捐赠等多种形式加大对全球社会的支援及投入力度。

在珠海，伟创力作为珠海协作者中心的企业方和出资人，致力支持着珠海协作者中心，为园区的农民工群体服务，无论在情感、心理还是法律上，只要农民工有需要，都可以享受中心的免费公益服务。

开篇之述　社会责任必不可少

履行社会责任，已经成了伟创力内在的需求和自觉行动。他们倡导社会责任第一，利益、利润第二，服务客户、保护环境、关怀社会已经与伟创力的发展同在。履行社会责任，坚持以人为本，全面、协调、可持续发展，从而促进自身和社会的全面发展，这是伟创力的信念和成功所在，同时也是伟创力公关本质的最好体现。

（资料来源：http://www.china.com.cn/economic/txt/2009-12/10/content_19042296.htm.）

史镜今鉴

千年长信宫灯　讲述环保理念

长信宫灯造型优美，工艺精良，将装饰性和实用性完美结合，构思巧妙独特，堪称“中华第一灯”。该灯由青铜铸成，通体鎏金，高48厘米，重15.85千克，外形塑造为一双手执灯端坐的宫女。此宫女神态恬静优雅，左手执灯座，右手似在挡风。长信宫灯采取的是分别铸造再整合为一的方法，它的每个部分都可拆卸，灯罩由两片弧形瓦状铜板构成，嵌于灯盘上的沟槽，可开合活动，以便调节光照度和照明方向。

长信宫灯的绝妙之处在于它的环保理念，两千多年前的古人在实用工艺品的设计中就已经考虑到它的环保价值。灯罩上残留的少量蜡状遗留物是用做燃烧物质的动物脂肪，油脂在灯盘中沿着灯芯慢慢燃烧，最后都会有一些未完全燃烧的炭粒和灰烬留下，造成烟雾在室内弥漫开来，污染了空气和环境。汉代的工匠们发现了这点，因此在设计灯具时就开始研究改善的方法。

长信宫灯宫女右手的衣袖实为烟道，它与身体连通，将烟吸到体内，再经底层水盘的过滤，防止了空气污染，使室内得到清洁。据记载，汉代青铜灯有带烟管的灯，分单烟管和双烟管两种。烟管内部中空，用以储存清水。设计者巧妙地将烟管设计为一些人或动物形状，一端连着中空身体，另一端连着灯盖，当灯盘上油脂被点燃后，烟尘就通过灯盖被吸入导烟管，溶于清水中，起到保持室内环境清洁的作用。这是巧夺天工的汉代工匠们的发明创造，在世界灯具史上也处于领先地位。在西方，直到15世纪，才由著名的意大利科学家、工程师、艺术家达·芬奇发明了油灯的铁皮导烟罩；后来又至18世纪，玻璃罩代替了铁皮罩，才初步解决了油烟污染空气的问题。

点　评

长信宫灯的设计既体现了中国古人的智慧，也见证了中国古人的环保意识，仅灯具的烟管设计就比西方早了一千多年。汉代人将科学性、实用性和审美性和谐完美地统一起来，创造出了一件件杰作，令世人称叹。长信宫灯在环保技术之路上的先锋作用，更是让后人震惊和赞叹，它为后人树立了榜样，为先进环保技术的探索和研发之路增加了信心。

（资料来源：http://wenku.baidu.com/view/c721accdda38376baf1fae46.html.）

永昌硅业：瞄准环保高水平起步

在距离云南省龙陵县县城3千米的地方，一座漂亮的现代化工厂已初具雏形，这就是正在建设中的永昌铅锌股份有限公司10万吨硅铁项目。该项目于2005年开始一期工程建设，二期工程也紧随其后进行筹建。

项目从最初设计开始就充分考虑了环保因素，做到环保水平高起点和高标准。永昌硅业投资2 500多万元从挪威埃肯公司引进的除尘系统，解决了烟气污染问题，并且回收了用途广泛的废气中的微硅粉；同时，永昌硅业将硅铁项目产生的废渣用于水泥、耐磨材料等的生产。永昌公司还投资300多万元建起了废水处理系统。废水经过处理后，被用于工业清洗、绿化等，对外做到了零排放。不仅“三废”的排放完全达标，硅铁项目甚至考虑到了噪音的控制，即使工厂在运作中，整个厂区也非常安静。“做强锌产业，做大硅产业”是永昌公司的发展思路，硅产业承载着永昌公司的新希望。正因如此，硅铁项目从设计、施工到生产的全过程处处体现了环保的高要求、高标准和高水平，为公司的发展创建了良好的外部环境。永昌硅业的做法，一方面是对自身的发展负责，另一方面也是贯彻集团公司关于“企业发展要对顾客负责、对环境负责、对社会负责”的理念。

点　评

永昌公司的质量环境安全方针是重质量与诚信，抓安全与求发展，讲环保与铸辉煌，产品质量满足或超越顾客的期望，建立以人为本的诚信机制，做到诚信经营，互惠互利，确保职工健康安全，建立科学合理的管理制度，讲环保，与自然共处，积极保护生态环境，树立良好的社会形象，用优美的环境回报于社会。它的方针具体真实地体现了永昌硅业对社会责任的承担，也是永昌硅业公关的本质所在。履行社会责任，使永昌硅业在发展中成为冶金行业典范。

（资料来源：http://paper.wenweipo.com/2007/09/13/zt0709130003.htm.）

奥康集团：企业发展与社会进步互动互促

王振滔创办的奥康集团建于1988年，发展至今已是一家拥有一万多名员工、年产值超15亿元的全国民营百强企业。企业在不断壮大的同时，享有“中华慈善大使”美誉之称的王振滔在社会公益事业道路上走得更加坚定。

王振滔十分关注公益事业，1999年向重庆云阳县教育局捐赠桑塔纳轿车1辆，向浙江省未成年保护基金会、省青年志愿者发展基金会捐款50万元；2001年向安徽青年志愿者协会捐资10万元；2002年10月向永嘉县教育事业捐款100万元；2002年6月，他与浙江省青少年发展基金会签订协议，捐资1 000万元建立浙江省大学生专项助学基金，以资助浙江省全日制本专科家庭贫困、品学兼优的大学生完成学业；2004年3月20日，在奥康投资兴建的西部鞋都西南鞋材交易中心开盘仪式上，王振滔现场将其中一间店面拍卖所得的25万元捐给当地的希望工程……2001年，公司生产车间一位叫陈碎堂的员工身患绝症，为了治他的病，公司花去了上万元，但病魔无情，最后还是没能挽留住他的生命。他去逝后，留下一个女儿，王振滔不忘承诺：将他的女儿抚养成人，并由王振滔承担一切生活和学习的费用。面对这些突发的事件解决的及时性和有效性，奥康集团总裁王振滔决定"未雨绸缪"，于是便催生了爱心专门机构——"奥康爱心基金会"。这个基金会自2001年5月成立以来，先后累计集资30多万元，共资助困难职工80余人，金额达20万元。就这样，一步一步，奥康集团总裁王振滔以自己朴素的公益理念，踏踏实实地承担着对社会、对企业、对员工的所有责任和爱心。

点　评

企业是社会系统的有机组成部分、是国民经济的细胞、是市场经济的主体、是社会财富的创造者、是社会进步的推动者，对于整个国家的经济社会发展起着至关重要的作用。因此，企业的地位和作用决定企业必须履行社会责任。奥康集团在履行社会责任过程中，始终坚持产品质量第一，从而保障客户的利益；始终坚持确保自身的平稳发展，从而保障全体员工的福利提高；始终坚持从事社会公益事业，从而维护社会的公平与稳定。王振滔和他的奥康集团始终坚持履行社会责任，做到企业与社会协调发展，这是奥康集团的成功所在，也是他们的价值和意义所在。

（资料来源：http://www.21gwy.com/sy/gl/a/5098/285098.html.）

韩国浦项钢铁：承担社会责任的浦项精神

韩国浦项钢铁集团韩国浦项制铁公司（POSCO）成立于1968年，为全球最大的钢铁制造厂商之一,每年为全球超过 60 个国家的用户提供 2 600 多万吨钢铁产品。浦项钢铁公司自成立以来,其生产与经营均取得良好的业绩,特别是近年来,其发展成就令世人瞩目:目前该公司钢产量超过 3 000 万吨,拥有员工近 2 万人,并被世界钢铁协会(IISI)评为“世界上成本最优的公司”、被美国 Morgan Stanley(摩根斯坦利)银行评为“钢铁行业最有价值的公司”、被麦肯锡投资家誉为“最具投资潜力的钢铁公司”、被美国 Morgan Stanley 投资银行评定为“全球最具竞争力的钢铁制造商”。2004 年 7 月,美国钢铁业咨询企业——钢动态公司(WSD)评选出世界 21 强钢铁企业 2004 年的竞争力排序,韩国浦项制铁荣登榜首,连续 3 年被选为“全球最具竞争力的钢铁企业”。在 2007 年新公布的世界级钢厂竞争力排名中,俄罗斯的钢铁巨头谢维尔钢厂跃居第一位,韩国浦项第二位。

这家建厂仅有 40 年历史、从 1973 年开始至今一直保持盈利的企业,究竟是什么力量能使之保持如此长盛不衰的增长势头?它的核心竞争力到底在哪里?

拥有开拓创新能力是韩国浦项成就的秘诀所在。浦项正在加足马力,驶向更高目标,它的这种动力正是开拓创新能力,主要表现以下两个个方面:一是市场导向型的研发体系。浦项很早就注意到了全球普通钢材过剩的趋势,积极研发高品质、高附加值的产品。在最初的建厂设计方案中,浦项是以生产普钢为主的;但到目前为止,其特钢的销售收入已经占据了半壁江山。在其新出台的 5 年发展战略规划中,将汽车制造用钢板、API 钢材、产业用高级不锈钢和电工钢等 4 种产品列为市场四大战略性产品,投入大量的人力、物力和财力加强这方面产品的研究和开发;同时,面对铝材和塑料对钢铁行业造成的威胁,浦项已经开始尝试开拓新的市场,进行相关行业的产品研发。例如,生产钢制家具、用钢材建筑桥梁、用钢材生产各种包装罐、建设钢制房屋、开发轻型钢结构汽车等。二是重视环保型技术和产品的开发。环保型技术的开发与应用,对于钢铁企业来说,既减少污染又节约成本。通过技术革新,浦项花巨资开发出了环保型炼铁新技术“FINEX”、带钢连铸技术等一系列世界领先的技术,从而成为世界钢铁企业技术创新的领头羊。使用 FINEX 这一技术炼钢,设备投资费用可降低至高炉炼铁方法的 92%,钢铁生产成本下降到原来的 83%。浦项还很注重环保型产品的开发,在其 2000 年以来开发的新产品中,环境友好型产品的比例已经从 56%提高到 74%;在其 72 种环保型的钢铁产品中,能源节约型的有 53 种、循环利用型的有 14 种。

点　评

开拓创新能力永远是企业发展的原动力。创新能力是韩国浦项发展的精髓，技术创新也是承担社会责任的浦项精神所在。新产品的开发特别是环保型技术的开发和应用，不仅是韩国浦项发展的根基，而且是对客户信誉、对环境保护和对社会责任的承担。韩国浦项增强创新能力，大力实施科技环保战略，为探索环保新道路提供强有力的科技支撑。中国钢铁企业要以韩国浦项作为学习的标杆，通过提高创新能力来提高核心竞争力和实施科技环保战略，维护社会和谐，更好地实现企业的社会责任。

（资料来源：http://tieba.baidu.com/f?kz=717600328.）

三刻拍案

拍案一　衡钢：发展生产力是企业履行社会责任的前提

湖南衡阳钢管（集团）有限公司（以下简称衡钢）始建于1958年，改革开放以后，企业飞速发展，从一家地方小厂变成了一家大型一档工业企业。现厂区占地160万平方米，员工6 200人，其中各类专业技术人员1 300人，总资产30亿余元，具备年产40万吨管、30万吨钢的生产能力，年销售收入超15亿元，年创利润近亿元；拥有5条钢管生产线和1套全水平连铸圆坯生产系统，是全国第二大专业化钢管生产企业、中南地区最大的钢管生产基地、我国最大的小口径钢管生产厂家。

衡钢近年来不断加大研发投入，培育高新技术、产品自主创新能力，从2002年起大力推进品种结构调整，由生产普通管向生产一般专用管到生产“双高”产品转变，形成了“生产一代、储备一代、研制一代”的产品创新格局。每年有5个以上新产品投入批量生产，2008年生产高技术含量、高附加值产品37万吨，“双高”产品占36%。打造了油气用管、高压锅炉管、机械加工用管三大拳头产品，现为中国油气用管、高压锅炉管定点生产企业之一。平端油管、输送流体管、高压锅炉管、液压支柱管、汽车半轴套管荣获“中国冶金产品质量金杯奖”称号。

衡钢不断探索与企业规模相适应的管理模式，以“信息化带动工业化”为突破口，着力建设“数字衡钢”，从2000年开始在湖南省工业企业中率先实施企业资源计划(ERP)管理，实现了资金流、物流、信息流的集中动态一体化管理，构造了规范、科学、高效的管理平台，为实现企业管理与国际接轨奠定了基础。

衡钢现在已经通过ISO9001、API、TVT和标志等国际质量体系认证和产品质量认证，构筑了严密的质量保证体系，产品质量在国内外享有较高声誉；衡钢以保护环境为目标，推行清洁生产，不断加大环保设施和技术投入，治理环境污染，2001年通过ISO14001环境管理体系认证，获得了“国家环保总局国内标准”和“英国皇冠UAKS国际标准”两项证书，成为国内冶金行业通过ISO14001认证为数不多的企业之一，为竞争市场获取了“绿色通行证”。衡钢人的共同愿望是建设世界一流的专业化无缝钢管生产企业。

点　评

衡钢从加大研发投入，培育高新技术、产品自主创新能力和采用先进的管理模式从而不断取得成就中可以看出，企业履行社会责任的主要内容就是发展生产力、解放生产力、保护生产力和爱护生产力，始终以发展生产力为第一要务，不断促进技术创新。生产技术提高了，就有能力履行企业的发展责任、环境责任和社会责任，这符合企业作为经济组织，创造经济效益、提高人民生活水平和促进社会发展的天职。因此，企业履行社会责任的首要任务是围绕生产力开展工作，以保证企业的生存和发展，从而有能力承担和履行其社会责任。

（资料来源：http://www.hysteeltube.com/index.aspx.）

拍案二 云铝：环保是企业发展的生命线

从昆明东行30余千米，可以到达风景秀丽的阳宗海。阳宗海是云南九大高原湖泊中保护较好的一个，已连续5年保持二类水质标准。泛舟在碧波荡漾、湖水清澈的阳宗海，你或许不会想到，就在岸边不远，矗立着一家大型有色金属冶炼企业——云南铝业股份有限公司(以下简称云铝)。事实上，阳宗海能从1997年的四类水质恢复到现在的二类水质，屡获环保大奖的云铝功不可没。

实际上，云铝的环保之路并非一帆风顺。在10年之前，云铝还是一家传统的高污染有色金属冶炼企业。云铝的前身是始建于1970年的云南铝厂，建厂初期，规模仅为年产电解铝3 000吨。由于当时环保意识不强，技术装备落后，环境污染十分严重。“七五”、“八五”期间，云铝多次进行技术改造，发展成为当时全国最大的地方铝厂，但仍然未解决科技含量低、能源消耗大、污染比较重的问题。转机出现在1998年云铝成为上市公司后，首先思想层面进行改变：企业要发展，必须增强环保意识，否则只有死路一条。有了前瞻性的思想做基础，接下来就是革命性的大规模技术改造。“九五”、“十五”期间，云铝先后投资37亿元，进行了两期“环境治理、节能技术改造”工程，全面采用当时国内尚处于摸索阶段的186kA和300kA大型预焙电解技术，在同行业中率先淘汰了能耗高、污染严重的60kA自焙电解铝技术，不仅扩大了企业的生产规模、提升了技术装备水平，而且有效降低了能源消耗和污染排放，大大提高了企业的环境污染治理能力；同时，将环保纳入管理层面。1998—2006年，云铝相继通过了ISO9001国际质量管理体系、ISO14001国际环境管理体系等五个国际标准的认证，公司的各项管理水平大大提高。云铝还建立了一支40多人的环境管理专业队伍，每日巡视检查，发现问题马上解决。现在的云铝，吨铝电耗比全国同业低1 000度以上，达到国际领先水平。按照公司目前年生产电解铝40万吨计算，1年就可节省4亿度电；单位产品氟化物排放量大大降低，优于国家排放标准40%；生活、生产废水实现零排放；废物综合利用率明显提高，达到97%；工业固体废弃物安全处置率达100%，实现了企业经济效益与环境保护的和谐发展。

因为对环保的重视，云铝先后荣获了“国家环境友好企业”、“全国文明单位”、“全国‘五一’劳动奖状”、“全国百佳环保高新技术企业”、“全国绿化先进单位”、“全国200户重点授信企业”、“中国最具发展潜力上市公司50强"、"2006年中国成长百强"、"中华环境奖"、"全国有色行业创建节约型企业先进单位"等多项国家荣誉称号。

点 评

有色金属行业是传统意义上的高污染行业，和其他企业相比，有色金属冶炼企业的环保责任要重得多。近年来，国家环保工作力度不断加大，环保风暴一浪高过一浪。环保工作的好坏，不仅影响着企业的形象，而且影响着企业的生存和发展，因此环保是企业的生命线，没有环保就没有企业的生存与发展。云铝通过树立环保理念、节能技术改造等方式，并坚持不懈地将环保进行到底，为企业生存创造了机会和可持续发展的可能；同时，云铝对环保的重视，可以看出云铝对社会责任的重视与担当。

（资料来源：http://www.bmlink.com/news/html/news_Info82_0912093317.html.）

拍案三 看蒂森克虏伯集团如何做公益事业

蒂森克虏伯集团由蒂森股份公司和克虏伯股份公司于1999年3月合并而成。今天蒂森克虏伯集团已成为世界500强企业，在钢铁、电梯制造领域处于世界领先地位。该集团在中国的项目遍及国内许多城市，通往浦东机场的上海首部磁悬浮列车，就是使用了蒂森克虏伯集团的技术，时速高达430千米。1967年，艾尔弗希德·克虏伯即将去世时，他把所有财产转到他自己创立的克虏伯基金会，自己唯一的儿子没有继承财产和公司。1968年1月1日，克虏伯基金会正式成立，它可以从蒂森克虏伯集团获得股东报酬，并且所有的收入都完全服务于公共目的。现在这个基金会已成为德国声誉最好的公益基金会，大量的资金投入到包括中国在内的各个国家的教育、医疗服务、音乐、文学和体育事业领域。蒂森克虏伯集团特别关注、关心社会的弱势群体，2000—2003年，蒂森克虏伯集团热心投入各类公益和慈善活动，扶贫济困，捐资助学，用以表达企业融入中国社会、做优秀企业公民的真诚愿望和决心。蒂森克虏伯集团在利用一切机会投身社会公益事业的同时，还积极鼓励其属下在华的十余家独资和合资企业捐助国内的慈善活动，例如，上海克虏伯不锈钢公司就曾在 2002 年资助上海盲童学校 55 万元，用于改善残障儿童的教学和生活条件。由教育部和克虏伯基金会联合选拔对象的一项奖学金，每年都有国内最好的大学、最好的老师受惠，在生物工程、能源、交通、材料和信息等重点学科研究的博士和博士后有可能成为资助的对象。在克虏伯基金会的资助下，德国有一家大型医院专门建立了一个采用自然疗法及中西医结合疗法的治疗中心。

点 评

对于蒂森克虏伯集团来说，追求利润最大化并非是企业的唯一优先目标，如何回报社会也是同等重要的。蒂森克虏伯人说，此类公益慈善活动不仅为公司融入当地社区提供了机会与可能，而且使公司员工领悟到公益和慈善事业的神圣。蒂森克虏伯集团为发展自身，融入市场，向社会各界展现了它良好的公益形象，同时通过宣传与示范，有力推动着更多个人和企业加入到公益事业中来，这不仅实现着蒂森克虏伯的社会价值和社会责任，更让公益思想深入人心，实现更广泛的全民参与与社会责任的更大履行，这是企业公关履行社会责任的更高层次。

（资料来源：http://all.zcom.com/article/2180/a24396/.）

回味隽永

企业是社会的一个重要单元，企业履行社会责任是贯彻科学发展观、构建和谐社会的要求。对企业来说，增强社会责任意识、自觉履行社会责任，是坚持以人为本、落实科学发展观的根本体现，是提升企业形象、提高企业竞争力、实现可持续发展的重要途径，是企业和产品走向世界、参与国际市场激烈竞争的急切需要。

高污染企业又是企业中很特殊的一个行业，包括造纸业、冶金工业、化学工业、采矿业和机械电气电子设备制造业等。这些高污染企业要做好企业公关，就要履行社会责任。一是要做到污染预防。如永昌硅业在工程筹建中就做到了环保的高水平和高标准的起步。二是要做到技术创新、提高环保能力。韩国浦项钢铁和中国衡钢就是发挥着不断进行技术创新，来达到履行社会责任的目的。三是注重员工和社会人的权益，促进社会的公平与进步。奥康集团和蒂森克虏伯集团对关心员工、支持社会公益事业具有模范作用。

因此，企业公关的本质就在于履行社会责任、发挥企业社会责任体现着的巨大积极意义和发展潜力。企业履行社会责任，要通过建立长期良好的合作伙伴关系、创造企业可持续发展的外部环境条件和构建和谐的企业劳动关系，从而使企业赢得更好的声誉，得到社会公众的支持和信任，实现企业利益和社会利益的“双赢”，最终实现企业与社会经济的共同可持续发展。

第二篇

综合性国际组织的生态公关

——生态理念的引入和传播

工业革命之后，人类的物质生活获得了极大的满足，但同时生态环境却在不断地加速恶化。全球变暖与海平面上升、臭氧层空洞越扩越大、森林资源日益减少、生物物种加速灭绝等都在对人类发出严厉的警告。国际组织作为参与全球活动的重要主体之一，在生态问题的处理上自然有着不可推卸的责任。转变世界的发展模式和发展观念、传播生态发展理念、探索可持续发展的道路，是国际组织的当务之急。国际组织有很多分类，综合性国际组织是指成员具有普遍性，兼有政治、安全、经济和社会发展、科技文化合作，以及人权保护等多种职能的国际组织。①

① 张贵洪. 国际组织与国际关系[M].杭州：浙江大学出版社，2004：16.

开篇导例

开篇之述　联合国的表率

联合国是主权国家的组织，最初是中、美、英、苏等反法西斯盟国在第二次世界大战后为维护世界和平，维护主权国家的独立、平等、不受侵犯而建立的。① 到如今，联合国已经发展成为一个最大、最具权威的全球性、综合性的国际组织。

联合国着手解决环境问题始于20世纪60年代。1968年，联合国大会决定召开一次人类环境会议，寻求解决污染和其他威胁地球问题的方法。1972年，第一次人类环境会议召开，通过的《人类环境宣言》第一次确认了指导人类社会与环境之间关系的新的行为和责任准则，并决定将每年的6月5日定为“世界环境日”。也就在同一年，联合国决定成立联合国环境规划署，以促进环境领域的国际合作。环境规划署的主要工作是进行地球观察、环境管理行动以及提供支持措施。1992年，在巴西里约热内卢召开了联合国环境与发展大会，会议通过了《生物多样性公约》、《21世纪议程》、《关于环境与发展的里约宣言》、《气候变化框架公约》和《关于森林问题的原则声明》等5项重要国际文件，为解决全球性环境与发展问题揭开了新的一页；而且，为了落实这些文件，1993年2月，联合国还成立了可持续发展委员会，负责推动国际社会和联合国系统在全球环境与发展方面的合作。1997年，在日本京都召开的联合国《气候变化框架公约》第三次缔约国大会上，通过的《京都协议书》首次确定了发达国家减少温室气体排放量的具体指标，区分了发达国家和发展中国家的不同责任和义务。2007年，联合国环境规划署的《气候变化的影响和适应评估报告》指出：“环境损害的程度可能跨过某个现在未知的门槛，导致

① 李东燕.列国志·联合国[M].北京：社会科学文献出版社，2010：1.

无法恢复”,“我们共同的未来取决于我们今天的行动,不是明天,也不是将来的哪一天”。

开篇之论　生态理念　与时俱进

联合国在全球生态环境问题上的不断发展,一方面增加了自身在国际事务当中的影响力,树立起了自己的权威;另一方面,也顺应了当今全球由工业文明转向生态文明的要求,向世人证明了自己作为全球最大的综合性国际组织应当承担责任的决心,同时也在很大程度上引起了全世界对人类发展的重新认识以及对地球生态安全的关注。

从联合国的发展我们可以看出:“与时俱进,一切从实际出发”不只是马克思主义哲学的基本原理,更是现代国际组织发展的必由之路。

史镜今鉴

生态思想的古代形式

生态环保的理念并不是到了近代才有,在中国古老的传统文明中,早就蕴涵着丰富的生态思想。我国最古老的经典著作、被誉为六经之首的《易经》中就有“天地之大德曰生”,这句话的意思是“天地之间最伟大的道德是爱护生命”,意味着天地哺育了万物,使之生生不息、繁衍下去,所以人类应该牢记天地的造化之功。它“曲成万物而不遗”“含弘光大,品物咸亨”。正因为天地养育了万物,所以人也要遵守天地之间的基本法则,故《易经·系辞》云:“天地变化,圣人效之。”《周易》倡导生态资源的爱护、节用,其主要目的在于防止资源枯竭,危害人类的生存。孔子也曾说:“伐一木,杀一兽,不以其时,非孝也。”孟子曾对梁惠王说:“不违农时,谷不可胜食也;数罟不入夸池,鱼鳖不可胜食也;斧斤以时入山林,材木不可胜用也。”荀子也说：“圣王之制也：草木荣华滋硕之时，则斧斤不入山林，不夭其生，不绝其长也。”另外在秦代的《田律》中还出现了比较系统的环境保护法，据《田律》记载：“春季二月开始不准进山砍伐林木；不到夏季不准如山采樵伐木、烧草木灰；不准捕捉幼兽幼鸟；不准毒杀鱼鳖，不准设置捕年兽的网罩和陷阱；以上禁令，到七月时方能解除。”西汉宣帝时代，他曾颁布法令：“其令三辅毋得以摘巢探卵，弹射飞鸟。”①

这些思想概括起来有一个共同点：人类社会的发展是与自然相统一的，人类的发展必须尊重自然规律。这些思想的提出，当然不是说给这些思想家或者统治者自己听的，其中有的是对统治者和百姓提出的期望和建议，有的是统治者治理国家的明文法令。他们传播自己的思想主张，目的就是为了树立自己的权威、维护自身的统治、引起人民的共鸣。

点　评

中国古代的生态环保思想，虽说提出得比较零散，除统治阶层之外，也没有专门的组织进行生态思想宣传，但是仔细分析，这些思想的提出，尤其是统治阶层法令的制定，一方面树立了政府的权威，塑造了统治阶层的公益形象；另一方面人民按法令规定，与大自然和谐相处。用今天的观点看来，这在一定意义上正是当今生态公关所要达到的目的。当今，国际组织的生态公关，面临的正是如何树立自身的形象和引起全人类共同关注地球这两大任务。

国际组织的雏形

国际组织是近代世界政治经济的产物，但是其基础却可以追溯到古代社会开始的国家间交往，人类在漫长的历史长河中总是为了某种共同的利益而组织起来，家庭、宗族、国家是这样，国际组织也是如此。在中国，也有一段辉煌的结盟时代——春秋战国时期的合纵连横，这也

① 李兴旺．世界上最早的生态保护法[J]．绿色大世界，2000(02)：53．

是一种国际组织形成的历史经典。在西方，为现代国际组织的出现创造了条件的是威斯特伐利亚战争结束后的威斯特伐利亚会议，从此次会议之后，国际会议成为欧洲各主要君主大国之间重大战争结束后确定合约、进行政治权力再分配的一种主要形式。古代及相对早期的国际组织都是服务于种种国家间的政治权力斗争，较少有近代以后出现的为加强与服务于国家间的经济与社会联系而建立的国际组织。

而把国际组织和生态问题联系起来，则更是社会经济发展到近代的产物。罗伯特·吉尔平说过："全球性生态问题，以及资源紧张及其对增长的限制，把一系列紧迫的问题提到世界的议事日程上来，而这些问题的解决超出了单一的民族国家的能力。现代科学、知识和技术的进步，要求用一种更加理性的方式解决全球问题，而不是用冲突和争斗的方式……总之，这些价值观和利益把人类统一起来了。"罗马俱乐部就是这样一个组织，奥雷利奥·佩西是一位意大利工业家，第二次世界大战后的世界一片欣欣向荣，但是他却觉察到了隐藏在繁荣背后的危机，正因为如此，他和几位有识之士成立了罗马俱乐部。罗马俱乐部是一个非官方、非营利性的组织，按佩西的说法，它的主要目标有两个：一是"提倡和广泛宣传对人类困境有更牢固的、更深入的理解"；二是"在现有全部知识的基础上推动采取能扭转当前局势的新的态度、政策和制度"。[①]其实罗马俱乐部之所以声名显赫，最主要的还是它以研究全球的未来为己任以及它所发表的研究报告——《增长的限度》。通过这篇报告，人们似乎看到，如果现在的增长率仍然毫无节制地上升，那么下一个世纪内将不可避免地出现全球性的灾难。这是因为世界到21世纪初，矿产资源将枯竭，粮食的生产将达到极限，环境污染也将加剧到无法消除的地步。如何避免这种全球性的灾难前景呢？那就只有立即行动起来，从全球角度出发考虑这些问题，确立全球的生态平衡、急剧缩减人口、限制工业生产的增长速度、减少能源和材料的消耗，使人和机器都保持在简单再生产而不是扩大再生产的水平。总之，要限制增长，使之成为零的增长，这就是使罗马俱乐部成为典型的未来研究悲观派的著名理论"零的增长"论。这篇报告一出，立即在世界范围引起了很大的争论，争论的中心问题就是：世界

① 贝特兰·斯奈德尔. 罗马俱乐部二十年[J]. 陈德言，译. 世界科技研究与发展，1989，(1)：29-30.

经济能继续以目前的速度增长而不会在今后几十年内引起灾难性的后果吗？围绕着这个问题，许多报刊杂志展开了讨论，连篇累牍地登载文章；电台频繁地采访和广播有关增长限度的讨论和谈话；电视台录制了专门报道的画面；多家大学把《增长的限度》列入自己的教科书目中。刹那间，《增长的限度》成了名著和未来研究的悲观派经典。总的来说，这些研究和论文通过大众传播媒介、舆论和罗马俱乐部的二十多个分会的传播，已产生出具体的效果，广泛的公众舆论已经注意到并充分理解了诸如环境、人口爆炸、新技术后果以及第三世界应借鉴过去的错误采取新的发展模式之类关键性问题。罗马俱乐部对实现国与国之间的团结做出了特殊贡献。其所提倡的各国不可避免的相互依存规则，彻底改变了人们对世界的看法和处理世界问题的方式。

英国历史学家汤因比认为："生物圈是目前人类和所有生物唯一的栖身之地，也是我们所能预见的唯一的栖身之地。"人类是大地母亲的孩子之一，与其他物种一样必须服从不可抗拒的自然法则；但人类同时生活在生物圈和精神世界里，仅依靠技术无法消除物质追求和精神完善之间的矛盾。"[①]他提倡以崇高的精神力量来驾驭科学技术的发展，通过东方宗教来医治西方贪欲，把人类的爱扩展到生物圈中的所有成员，以此获得拯救大地母亲的精神力量和道德力量。

点　评

从罗马俱乐部的成功之路我们可以看到，通过有效的信息传播和舆论导向，广泛的公众舆论已经注意到并充分理解了诸如环境、人口爆炸、新技术后果以及第三世界应借鉴过去的错误采取新的发展模式之类关键性问题。而且俱乐部的活动是由它的每个会员的活动组成的，这样就产生了双重效果：一方面为每个会员提供了大量的信息，从而滋养丰富了他们的思想；另一方面，扩大了俱乐部在国际舞台上的影响。

① 苏怡，王其亨，刘彤彤. 裁成天地之道　辅相天地之宜——中国传统生态智慧及其现实意义[J]. 天津大学学报：社会科学版，2000，2(1)：1-6.

三刻拍案

拍案一　无障碍的沟通

世界自然基金会(WWF),于1961年9月11日在瑞士成立,创始人为英国著名生物学家、曾任联合国教科文组织第一任总干事的朱立安·赫胥黎先生,组织的基本目标是保护地球的生物资源。[①] 但是我们可以看到这个成立于国外的国际组织的徽标是一只憨厚可爱的大熊猫——中国的国宝级动物。这自然有其中的缘由。

诚然,大熊猫是中国特有的一种珍稀动物;但是它的出现,在全球化的现代社会,不仅仅是在中国,甚至在世界范围内都产生了巨大的轰动。1961年,大熊猫"熙熙"到英国伦敦动物园借展,造成了万人空巷的场面,就是很有力的一个说明;而这个情况也使WWF认识到,一个具有影响力的组织标志可以克服所有语言上的障碍,借着大熊猫当时的影响力,他们一致赞同将大熊猫的形象作为该组织的象征,从此,大熊猫便成为全球自然保护运动的一个偶像标志。通过把大熊猫作为组织的会徽标志,WWF也向世界传递出一个明显的信息:该组织的活动和动物有关。同时借助大熊猫的影响力,可以使本组织的知名度大大提升。

在选定组织的徽标之后,也意味着组织的正式运转,基金会的创始人之一皮特·斯科特说:"如果我们想要拯救地球,自然保护者最重要的工作就是教育!"我们知道,WWF在中国开展环保工作所创立的项目之一就是"教育与能力建设项目",该项目以对公众进行"可持续发展教育"为目标,通过与教育部等政府部门的合作,在中国开展了诸如"中国中小学绿色教育行动"、"香格里拉可持续社区"等一系列项目,向公众公开发行

---

① 邹晶.世界自然基金会[J].世界环境,2005,(5):96.

了包括《中小学环境教育实施指南》、《中国中小学绿色教育行动通讯》在内的众多项目出版物，还与企业合作创建了大型环保教育网站。通过开展这些环保教育工作，WWF 成功地将可持续发展教育的理念、内容和方式方法引入中国的正规教育和社区可持续发展教育领域，为环境保护教育工作做出了不可磨灭的贡献。另外，WWF 与世界自然保护联盟、联合国环境规划署共同发表的《世界自然保护战略》和《关心我们的地球——持续生存战略》以及 WWF 发布的各类调研报告、评估报告、简报、海报等，向社会、政府和企业提供了大量有关环境问题和环境治理的详细信息，为人们了解环境问题的严重性继而致力于改善环境，提供了便捷的渠道；而且，基金会自身也在其他科学杂志上发表大量的文章，并出版有关的书籍，比较有影响的有《信息和宣传技术》、《生命地球报告》、《危险的河流》、《全球湿地的经济价值》等。突出的是，基金会利用影视手段传播科学知识和环境科学的研究成果。其所拍摄的《地球报告》就是反映物种和资源保护的系列电影专题片，在全球范围内播映后收到了积极的反映。近半个世纪以来，WWF 从一个只有少数人热心于保护濒危动物的慈善机构，发展成了全球最大的、经验最丰富的独立性非政府环保机构。

点　评

从组织会徽的选定到组织工作的宣传，既使世界人民认识到 WWF 在保护生物多样性方面做出的努力和取得的成就，也很好地诠释了组织的使命。在提高了人民对环境关注度的同时，也向世界人民树立了组织自身的良好形象，从而为组织迅速稳定发展打下了坚实的基础。

拍案二　绿色和平，一个 NGO 组织的使命

绿色和平组织也是一个国际性的非政府组织，以环保工作为主。绿色和平组织宣称自己的使命是：“保护地球、环境及其各种生物的安全及持续性发展，并以行动作出积极的改变。”其宗旨是促进实现一个更为绿

色、和平和可持续发展的未来。[①]

2009 年 8 月 28 日，在哥本哈根大会开幕倒计时 100 天之际，绿色和平组织用取自长江、黄河和恒河 3 条大江源头的冰川融水制作成冰雕，在北京和印度新德里同时展出。IPCC（Intergovernmental Panel on Climate Change，政府间气候变化问题小组）的报告曾指出：按照现在的消融速度，不到 30 年，80％的喜马拉雅冰川将消失，这对亚洲地区数亿人的饮水将直接造成影响。绿色和平组织期望借冰雕的迅速融化，来凸显喜马拉雅—青藏高原地区冰川的加速消融，呼吁各国领导人在哥本哈根大会上达成拯救人类气候的全球协议。“如果我们不立刻采取行动制止全球变暖，消融的将不只是冰雕，还有我们孩子的未来。”绿色和平组织气候与能源项目经理杨爱伦在接受《中国改革》记者采访时说。

这样的行动源于他们在过去两年中三次对世界第三极青藏高原的考察。2007 年 4 月 20 日，他们曾组织喜马拉雅考察队从北京出发，见证和记录世界最高峰冰川消退的情况。当时，他们在行进中发现仅仅 15 年，在 1991 年绘制地图上标示出的两条冰川就消融得不见了踪影。“没有遇到地图上的冰川对安全而言是幸运的，但同时也是沮丧的。每一个同行的藏民都拿着我们的横幅‘保护我们的水源，停止全球变暖’，要求摄影师给他们拍照，他们更懂得水源的重要性。”考察队员在之后的日记中写道。正是这次考察，考察队历经艰难找到了与 30 年前所拍摄的喜马拉雅山照片一样的取景位置，拍下了 30 年对比，最为直观地向世人展现着世界第三极的消融速度。这组照片对联合国秘书长潘基文触动极深，他对绿色和平组织代表说：“气候变化在全球范围内造成越来越严重的影响，我们甚至有了紧迫感。现在缺乏的是政治上的意愿。我们需要你们——绿色和平，需要你们来汇聚民意，促使政治家们能够去施行这件正确的事情。你们准备好了吗?”在冰雕活动策划、筹备和进行的同时，绿色和平组织的“极地曙光号”上，来自北京的几名队员也正在开往北极冰川，去亲自见证正在加速的北极冰川消融，并同时支持一批独立科学家的科学研究。

点 评

绿色和平组织在组织的实际工作当中，适时地抓住了有利的时机——哥本哈根大会开幕倒计时 100 天之际，这显然能引起较大范围

① http://baike.baidu.com/view/191689.htm.

的关注度;而且通过考察结果照片向世人展示了世界第三极的消融速度。也就是说,绿色和平组织在向世人展示自身研究成果的同时,也向世人说明了组织自身在环保方面的实际行动,实现了生态环保理念的实现和组织形象塑造的"双赢"局面。

拍案三 行动主义——生态公关的方向

要想保护地球的环境、维护全球的生态平衡,除了成立组织机构、订立公约,最重要的还是付诸行动。

鲨鱼,是海洋中重要的肉食动物,位于食物链的顶端,它们的存在对于维护海洋中生物的平衡起到至关重要的作用;但是对于鱼翅的无止境的需求市场,导致了对鲨鱼捕杀的屡禁不止。海洋牧羊人保护协会成立于1977年,是一个动物保护组织,其目的就是保护海洋动物,尤其是使其免受猎杀的威胁。[①] 他们活动的范围主要是在公海,尤其是在鲨鱼的最后两个庇护所:厄瓜多尔的拉帕戈斯和哥斯达黎加的科科斯,这些地方是世界上鲨鱼最密集的地方,也是偷猎者最活跃的地方。

实际上,联合国粮农组织(FAO)是处理渔业最重要的国际机构;但在这些行动主义者看来,他们没有决策力,甚至有时候光说不练。行动主义者认为,除非世界各国联合起来,成立机构并出台更严厉的法规,不然事态无法得到有效的控制;而在这之前,他们必须靠自己的行动,尽最大可能保护鲨鱼。行动的时候,海洋牧羊人保护协会出动自己的船只、船员(通常是志愿者),遇上偷猎者,他们事先发出警告,说明捕猎已经违反了国际保护法,并进行拍照取证;在警告无效的情况下,他们会尽快采取相应的行动,比如用水枪驱赶偷猎者、剪断偷猎者的鱼线,甚至撞击偷猎者船只等来阻止偷猎者的活动。当然,这些志愿者的行动也不是一帆风顺的,2008年1月15日,据英国天空电视台报道,正在南极捕鲸的日本捕鲸船队当天绑架了该组织来自英国和澳大利亚的两名动物保护主义者,报道称:最近一直在南极海域跟踪日本捕鲸船队的动物保护组织"海洋牧羊人保护协会"说,该组织两名志愿者当天登上日本捕鲸船"勇新丸"2

① PPS纪录片《鲨鱼海洋》.

号，告诉船员在“鲸鱼保护区”内捕猎濒危物种违反了国际保护法，但这两人遭扣押。究其原因，主要是因为偷猎者的猖獗及组织力量和影响力的单薄所致。

对于外界的求助，他们也是义不容辞，哥斯达黎加的总统就曾向“海洋牧羊人”求助，因为哥政府资金短缺，没有足够的人力、物力来保护鲨鱼，所以每天都有人偷猎鲨鱼；而且由于海洋牧羊人保护协会的积极行动，曝光了鲨鱼鱼翅的黑幕，因此唤起了当地民众的觉悟，他们也行动起来游行、集会抗议惨无人道的鲨鱼捕杀。在海洋牧羊人保护协会的人看来，他们唤醒了一个国家和人民。

点 评

海洋牧羊人保护协会活动的最大特色在于他们的实际行动，他们没有声势浩大的团队，也没有太多来自政府的支持，他们做的就是通过自身的实际行动，阻止偷猎者的不法行为，维护海洋的生态平衡。通过实实在在的行动，引起人们注意、让人思考，号召世界各地的人参加保护海洋动物的运动。当然，要引起人们更多的注意，首先还是要扩大组织自身的影响力，为此，海洋牧羊人保护协会还需要在自身的宣传上做更多的工作。

回味隽永

高度发达的工业文明，给近现代的人类带来了巨大的财富，但严重破坏了地球的生态平衡，也严重影响到了人类的可持续发展。在这样的条件下，人类可持续发展的实现、社会由工业文明向生态文明的顺利转变，就需要全球的共同行动，这当中除了各个主权国家主体作用的发挥外，国际组织在全球范围行动中的作用也不可忽视，在某些方面甚至不可替代。生态公关是指社会组织在运营过程中，为解决社会组织与自然环境的矛盾、塑造社会组织公益形象，围绕生态平衡和环境保护问题所进行的一系列信息传播和采取的行为规范。生态公关的最高境界和终极价值在于创设一种以最小的环境代价取得最佳经济、社会效益的和谐状态，走可持续发展的道路，达到社会组织稳定发展和地球生态平衡的“双赢”效果。

综合性国际组织在生态公关的道路上，首先是生态环保理念的引入。因为我们知道，并不是所有的国际组织一设立就开始关注生态问题的，而是随着社会的发展、环境危机的出现、人们开始关注环境问题时，才慢慢引入生态环保理念。联合国大会决定召开一次人类环境会议、WWF 的成立、会徽的选定以及刊物的发表，就是引入生态环保理念的典型。其次是组织自身生态理念的宣传。为什么要宣传，从公关角度看，是为了树立良好的组织形象和扩大组织的影响力；从社会公益角度看，是为了加深普通公众对生态环境的认识，利用更多的组织外部的力量共同进行生态环境保护。宣传需要借助一定的媒介，罗马俱乐部利用报纸、电视做媒介；WWF 通过刊物发表做媒介，使组织的生态理念很好地传播到了广大公众中。

综合性国际组织拥有更广阔的资源和更广泛的目标公众，这可以说既是机遇也是挑战。说是机遇，是因为它们普遍拥有更广阔的资源和强力的后盾力量做支持；说是挑战，则意味着综合性国际组织在公关的效果上可能没有专门性国际组织那么直接有针对性。但是只要各组织坚定生态信念、践行生态行为、争取可持续发展的实现，就一定能够争得公众的支持与合作，从而推动地球健康发展愿望的实现。

第三篇

专门性国际组织的生态公关

——对世界气象日主题的思考

专门性国际组织是指从事经济、社会、文教等行政或技术方面的单一活动的组织。[①]所以在生态公关的范围上，自然就没有综合性国际组织那么广泛。专门性国际组织在本组织的活动方向和范围内，通过对特定问题的研究和宣传，树立组织的形象，争取世界的认可，最终达到全世界共同关注并通力解决地球生态问题，求得人类可持续发展的目的。

① 张贵洪. 国际组织与国际关系[M].杭州：浙江大学出版社，2004：18.

开篇导例

开篇之述　致力于人类安全和福祉的六十年

随着现代化进程的推进，人类对自然的使用已经严重超负荷，所以近年来才会出现各种气象灾害，严重威胁人们的健康和生命财产安全；而各种自然灾害和重大突发事件几乎都与天气、气候密切相关。因此，加强对天气气候的监测预报，努力开展防灾减灾、趋利避害，积极应对气候变化，尤为重要。世界气象组织就是为此而服务的机构。

世界气象组织是联合国的专门机构之一，其前身为国际气象组织，于1873年在维也纳成立，1950年3月正式更名为世界气象组织，是世界各国政府间开展气象业务和气象科学合作活动的国际机构。1960年6月，世界气象组织通过决议，把每年的3月23日定为世界气象日。[①] 每年世界气象日，世界气象组织和国际气象界都会围绕一个相关主题，举行宣传活动。

2010年，世界气象日的主题是“2010年——世界气象组织——致力于人类安全和福祉的六十年”。很显然，这是对世界气象组织过去60年工作的总结和肯定；而且在国际社会努力实现联合国千年发展目标时，尤其是在人类健康、粮食和水安全以及减少贫困方面，提高其应对频繁发生的自然灾害的承受能力并帮助其提前应对不断加大的气候变率和变化的影响时，该主题可以说是恰如其分。2009年，世界气象日的主题是“天气、气候和我们呼吸的空气”。这个主题旨在呼吁人们关注气候变化和空气质量。许多世纪以来，为了与气候和环境条件保持和谐，人类设法通过调整居所、粮食生产、能源供应和生活方式等充分合理地适应天气和气候的影响；然而，过去几十年来，人口增长、能源使用增加和工业发展增加了各种气体和颗粒物排放，它们能够并确实影响了人类的健康。因此，空气

① 世界气象组织的相关介绍，http://baike.baidu.com/view/26618.htm.

质量不断下降已使哮喘、心脏病、肺癌和许多其他的患病情况不断加剧和恶化，甚至直接引发这些疾病。此外，由于植物、农作物和生态系统深受空气污染之害，因而对全球经济、粮食、水安全和可持续发展造成了影响。

再顺着时间往前推，世界气象日的主题为：2008 年——为了美好的未来，观测我们的星球；2007 年——极地气象：认识全球影响；2006 年——预防和减轻自然灾害；2005 年——天气、气候、水和可持续发展……从中我们可以看出，气象问题和人类的可持续发展息息相关。此外，每次世界气象日，世界气象组织秘书长都会对本次的主题做一个公开的致辞，并在世界各大网站和报纸杂志上出版以告知全世界。

通过世界气象日的确定和宣传活动，使各国广大群众更好地了解世界气象组织的活动情况以及气象部门在经济和国防建设等方面所做出的卓越贡献，推动气象学在航空、航海、水利、农业和人类其他活动方面的应用；同时，也在无形中提升了组织自身的形象，实现了组织公关的目的。

开篇之论　知识普及　间接宣传

通过确定为联合国的"世界气象日"，从而借助各个国家本身的政府、媒体和公共组织进行知识普及，间接介绍和宣传"气象组织"，这成了各个生态类国际组织常见的公关操作技巧之一；而生态类组织给定一个当年的议题的同时，也在向世人宣告着自己持续的努力和存在的意义。

史镜今鉴

英国皇家鸟类保护协会

鸟类保护协会 1889 年 2 月年成立于加拿大的迪兹伯里，由 Robert Williamson Hon 女士担任该组织的第一任秘书长，Montagu Sharpe 任第一届主席。1904 年，该组织在维多利亚女王的支持下正式更名为“皇家鸟类保护协会”。目前，该协会是欧洲最大的野生动物保护组织，拥有超过 100 万名成员，其中青少年会员将近 20 万。[①]

协会成立最初，旨在遏止时尚界利用鸟类的羽毛制作服装和配饰的残忍的贸易行为。这种利用鸟类羽毛制作服装及配饰的“时尚之风”对数以千计的白鹭、极乐鸟及其他数种拥有漂亮羽毛的鸟类造成了极大的生存威胁。尽管这种对鸟类的伤害在当时已经引起了社会的关注，英国政府也分别于 1869 年和 1880 年先后出台了《海鸟保护法案》及《野生鸟类保护法案》，但这并没有阻挡人们追赶潮流的脚步，仍然有越来越多的人以佩戴鸟类的羽毛为时尚，直到 1889 年鸟类保护协会成立，在民间形成了一股强有力的鸟类保护力量。协会成立之初的会员全部为女性，她们通过协会组织的讲座、图片展示等活动了解到，许多幼鸟在双亲被捕杀后无法得到哺育而饥饿致死。通过情感上的触动，使得当时的女性会员自愿加入到保护野生鸟类的行列中来，抵制以鸟类羽毛作为衣帽的配饰；而且鸟类保护协会乐于将取得的鸟类保护经验及知识与大众分享，鼓励人们真正地走到自然中去，关注鸟类和自然环境的变化。在英国，协会的活动将会在地区、区域和国内逐级展开，同时通过为决策者提供相关鸟类等自然环境信息，影响一些与环保有关的政策；在国际上，协会与那些具有相似观念的野生动物保护组织开展合作，共同保护全球鸟类及自然环境。

点　评

英国皇家鸟类保护协会可以说是比较早的一个专门性的国际组织，在组织的公共关系上做得虽然不如现代的组织公关做得那么专业和全面，但是，我们仍然可以看到其中可取的一些经验。比如，他们通过协会组织讲座、图片展示等活动使组织成员和普通公众加深了对鸟类的保护意识，他们还将取得的鸟类保护经验及知识与大众分享，鼓励人们真正地走到自然中去，关注鸟类和自然环境的变化；并且在国内外都展开各项活动，扩大组织的影响，提升组织的知名度。这些都是当今国际组织生态公关值得借鉴的地方。

---

① 何勖.英国皇家鸟类保护协会[J].世界环境，2010，(6)：92.

世界旅游组织和世界旅游日

世界旅游组织（WTO）是联合国系统的政府间国际组织，最早由国际官方旅游宣传组织联盟（IUOTPO）发展而来，其宗旨是促进和发展旅游事业，使之有利于经济发展、国际间相互了解、和平与繁荣。①

但是随着经济的发展、人类生产力水平的不断提升，旅游给生态环境带来的破坏也越来越严重。对不少生态环境优美的旅游景区而言，往往也是生态非常敏感和脆弱的区域，随着旅游业的发展，旅游者在旅游过程中乱扔乱弃的各种物品及生活垃圾会造成环境污染，从而破坏当地的生态平衡；另外，旅游业发展所带来的丰厚利润会促使许多地区纷纷兴建旅游项目，这对旅游地生态环境也是一个很大的威胁。

正因为如此，世界旅游组织把 2010 年世界旅游日的主题定为“旅游与生物多样性”，体现了绿色、环保、和谐世界的理念，倡导低碳生活，倡导人与自然和谐相处、人与人之间和谐相处。希望通过这个主题提醒人们对旅游生态资源的关注和爱护，自觉维护旅游区生态平衡。

世界旅游日全球主会场庆典活动之一的“旅游、生物多样性和可持续发展高峰论坛”2010 年在广州举行，联合国秘书长潘基文派代表发表致辞，对本届旅游日主题予以高度评价，称赞旅游业确实可以为保护生物多样性做出很大贡献，可持续旅游业产生的收入可以为保护自然和发展经济提供重要的支持。在被问到为什么世界旅游日会选择中国时，世界旅游组织秘书长塔勒布·瑞法说道：“首先是因为中国的未来充满了希望，在 2010 年之前中国已经成为世界上最大的旅游目的地，中国的旅游接待数量也是巨大的。”②这也就意味着世界旅游组织首先选择了一个拥有巨大数量目标公众的中国作为它们此次旅游日的公关平台。“其次，是因为中国拥有丰富的生物多样性，拥有着世界上约 1/10 的物种。”从森林、山区到沙漠，栖息着生态系统里几乎所有的物种。所以这样的选择，显然更有针对性，也十分符合这次世界旅游日的主题。这样一来，就可以达到组织公关事半功倍的效果。

上述两个案例对比，使我们深感世界旅游组织和英国皇家鸟类保护协会在吸引公众注意力上有着异曲同工之处；而在我们国家，同样的生态

---

① 百度百科，世界旅游组织，http://baike.baidu.com/view/24786.htm.

② http://www.dayoo.com/roll/201009/27/10000307_103604890.htm.

公关手段也在实践中得到应用。我们看一下"小渊基金"的例子。

根据1998年江泽民主席访日和1999年日本首相小渊惠三访华时中日两国领导人就加强中日两国在植树造林和森林保护领域合作达成的共识，1999年11月，中日两国政府签署换文，决定设立中日民间绿化合作委员会，指导两国绿化合作事业；同时，由日本政府出资100亿日元，设立中日民间绿化合作基金（也称"小渊基金"），对合作项目提供资助。2000年10月，中国绿化基金会与日本日中绿化推进议员联盟共同在北京营造"中日绿化合作纪念林"，标志着"小渊基金"项目的正式启动。①

2004年4月，日本驻中国大使馆中藤直孝先生专门视察了"中日绿化合作纪念林"的养护管理情况，对纪念林的管理给予了高度评价；中国还先后组织日本绿化推进机构绿化交流访华团、日本碧波会访华团等日本团体、联合国经济社会理事会非政府处处长哈尼法一行和日本宫崎县知士松奇佑荛先生一行等到北京"纪念林"植树参观，把"中日绿化合作纪念林"作为宣传中日绿化合作和友好交往的窗口，进一步扩大中日合作"小渊基金"项目的影响力。

中国绿化基金会在高质量完成项目建设的同时，注重以各项项目为依托，广泛开展中日两国民间绿化和文化交流活动，先后接待日本植树文化交流访华团十多个，并组织当地的中小学生、环保志愿者、少数民族群众和来访的日本朋友一起植树，加深两国人民的交流。例如，江西省宜昌市自2000年起，先后接待了6个日本植树访华团，他们每次都精心组织中学的学生、大学环保志愿者与植树访华团的日本朋友一起植树，进行文艺联欢活动，很多成员在联欢中结下了深厚友谊；在贵州、云南项目点，基金会组织当地的少数民族歌舞团和来访的日本朋友联欢，让日本朋友了解我国少数民族文化风情，加深了中日双方民间的文化和感情交流，真正体现了中日合作"小渊基金"项目的宗旨。

2005年，为了纪念中日民间绿化合作"小渊基金"项目启动5周年，根据2004年中日民间绿化合作委员会第5次会议精神以及"小渊基金"项目磋商年会上达成的共识，中日双方"小渊基金"事务局决定：从2004年11月19日开始，以"中日友好、植树造林、改善生态、保护环境"为主题，在全国48个"小渊基金"项目区征集少年儿童绘画作品。项目区广大少年儿童以自己参与"小渊基金"项目合作的切身感受、以中日民间绿化

① 许新桥. 中国绿化基金会成功开展小渊基金项目促进中日民间友好交流[J]. 森林与人类，2004，(11)：62-63.

合作意义为题材，创作了近万幅丰富多彩的优秀绘画作品，表现了期盼绿色、追求生态、爱护环保的强烈渴望。作品的展示，也向参展的人们宣传了生态、环保的绿色理念，引起了人们对环境的关注，也再一次推广了“小渊基金”的绿色形象。

三刻拍案

拍案一 湿地 生物多样性与气候变化

湿地是位于陆生生态系统和水生生态系统之间的过渡性地带，在土壤浸泡在水中的特定环境下，生长着很多湿地的特征植物。湿地广泛分布于世界各地，拥有众多野生动植物资源，是重要的生态系统；很多珍稀水禽的繁殖和迁徙离不开湿地，因此湿地被称为“鸟类的乐园”；湿地具有强大的生态净化作用，因而又有“地球之肾”的美名。[①] 在人口爆炸和经济发展的双重压力下，20 世纪中后期，大量湿地被改造成农田，加上过度的资源开发和污染，湿地面积大幅度缩小，湿地物种受到严重破坏。

湿地国际联盟（WIUN）——全球性非营利组织，由世界区域性湿地和国际组织成员、负责任企业及自然科学研究的相关机构和个人发起成立，致力于联合国际公益基金组织开展湿地保育和可持续公益投融资发展与管理。每年的 2 月 2 日是“世界湿地日”，这是湿地国际联盟于 1996 年 3 月确定的，从 1997 年开始，世界各国在这一天都举行不同形式的活动来宣传保护自然资源和生态环境。

2010 年世界湿地日的主题是“湿地、生物多样性与气候变化”，2010 年世界湿地日的口号则为“携手保护湿地，应对气候变化”。这个主题内涵丰富，意义重大，向我们揭示了湿地和生物及气候的紧密关系，三者相

① 汪达，汪明娜. 论湿地的现状及保护[J]. 水利发展研究，2003，(12)：32-36.

辅相成，互相影响。湿地作为温室气体的储存库、源和汇，在缓解气候变化方面发挥着重要作用；同时，气候变化对湿地的功能、面积和分布也产生重要影响。

就在2010年世界湿地日主题提出之后，在我国的各大网站上都出现了“世界湿地日”的宣传版面。例如，“湿地中国”网站，就详细介绍了湿地和气候、生物多样性之间的相互关系，而且还介绍了中国湿地的分布情况；安徽林业信息网，以安庆市林业局保护站的名义介绍了世界湿地日的来源、湿地对维护全球生态平衡的重要作用以及安庆湿地的基本情况，说明了安庆湿地不仅在维护全球生物多样性保护方面具有重要的战略地位和潜在价值，而且在区域经济可持续发展和维护生态安全方面也具有重要作用，呼吁群众齐心协力加强安庆湿地保护、提高湿地生态系统适应气候变化能力，为促进经济社会又好又快发展、为构建人与自然和谐相处的美好家园而努力。

世界湿地日主题的提出和各项宣传活动的进行，加深了人们对当前湿地状况的了解，扩大了世界对湿地的关注程度。

点　评

湿地国际联盟通过一年一次的世界湿地日主题的阐释，以及一系列的宣传公关活动，说明了湿地在维护地球生态平衡上的重要作用，范围遍及全球，具有明显的现实性；而且主题的变化，使人们更加全面地认识了湿地。同时，让世界各地的人们认识了湿地国际联盟，也向世界人们展示了湿地国际联盟的良好形象。

拍案二　竹藤·人居·环境

国际竹藤组织是第一个总部设在中国的独立的非营利性政府间国际组织。国际竹藤组织是1997年11月6日，由中国、加拿大、孟加拉国、印度尼西亚、缅甸、尼泊尔、菲律宾、秘鲁和坦桑尼亚等9国共同发起而签署的《国际竹藤组织成立协定》而成立的，总部设在北京，是第一个落户中国的国际组织总部。[1] 1995 年 9 月，国际竹藤组织筹备小组召开第一次会议，最终被正式确认为独立的政府间国际组织机构。

竹藤组织的使命是在保持竹藤资源可持续发展的前提下，通过联合、协调和支持竹藤的战略性及适应性研究与开发，增进竹藤生产者和消费者的利益；但是要完成这个使命，竹藤组织须特别注意发挥竹藤在保护环境，特别是在缓解森林破坏、水土流失及土地退化等方面的作用，以及维护和扩大竹藤资源的多样性。

在 2010 年上海世博会国际组织联合馆内，就专门设立了一个国际竹藤组织馆。展馆全部由竹藤制成，并以“竹藤·人居·环境”为主题，展示了组织与中国政府共同致力于促进中国乃至全球竹藤事业的发展，减少贫困、发展经济和环境保护方面的成功经验；并结合上海世博会“城市，让生活更美好”的主题，展示该组织在倡导可持续发展理念上的实绩。2010 年 5 月 20 日，国际竹藤组织荣誉日暨国际竹藤大会开幕仪式在世博中心举行，国家林业局局长贾治邦、国际竹藤组织总干事古珍博士出席仪式并致辞。古珍表示，在保护森林资源和湿地多样性、恢复自然景观、应对气候变化等方面，竹藤都发挥着重要作用。仪式上，国际竹藤组织献上了精彩的竹乐表演，各种独特的竹制乐器，如竹低音鼓、竹炭琴、竹独弦琴、竹碗等纷纷亮相，这些乐器外观造型独特、演奏方法新奇、表现力丰富，令人耳目一新。7 月 15 日，国际竹藤组织在印度馆内举行了影片《竹子：十个关于智者之材的事实》的全球发布会，讲述了竹材的 10 个显著特性及其在对抗气候变化和改善贫困方面做出的贡献。8 月 10 日，国际竹藤组织和浙江省遂昌县共同举办的竹炭周活动在世博园拉开序幕，活动通过一系列互动展览，向参观者展示竹炭产品以及竹炭的环境效益和经济效益。[2] 本次世博会上，西班牙馆、印度馆、印度尼西亚馆、挪威馆、越南馆、秘鲁馆、马德里案例馆、德中同行之家等展馆都大量采用了竹藤作为建筑材料，最大程度地展示了竹和藤的多种用途、持久耐用和可持续性。通过世博会，国际竹藤组织进入了更多人的视野，在宣传竹藤可持续的同时提升了组织自身的知名度。

---

① http://baike.baidu.com/view/392909.htm.

② 中国 2010 年上海世博会官方网站，http://www.expo2010.cn/c/qy_tpl_2149.htm.

点 评

国际竹藤组织，一个不为普通公众所熟知的国际组织，借助2010年上海世博会这个大平台以及通过现代媒介，以各种形式向全世界介绍了组织自身的情况和组织对可持续发展的支持，促进了普通公众对竹藤的了解，更促进了世界人民对国际竹藤组织的认识，在越来越提倡可持续发展的今天树立了自身的良好形象。

拍案三　民以食为天

世界粮食日，是世界各国政府每年在10月16日围绕发展粮食和农业生产举行纪念活动的日子。第20届联合国粮食及农业组织大会决定：1981年10月16日为首次世界粮食日纪念日。[①] 此后每年的这个日子都要为世界粮食日开展各种纪念活动。

2009年的主题为“应对危机，实现粮食安全”。为什么确定这个主题？联合国粮食及农业组织自创立以来，不定期地进行了5次“世界粮食调查”，从这些调查的数据得出的结论是：饥饿非但没有被消除，反而在不断扩大。2009年世界粮食日的主题确定为“应对危机，实现粮食安全”，它强调了目前全球10.2亿人营养不良的严重困境以及在当前萧条的经济环境下帮助饥饿人口的必要性。出现粮食危机的原因有很多，20世纪以来，世界人口增长的速度不断加快，特别是第二次世界大战以来，每37年世界人口就增加1倍，再加上经济高速增长的需要，粮食供应受到了前所未有的沉重压力。

水资源影响粮食生产，反过来粮食生产对水资源和环境会有一定的反作用，所以组织对粮食生产对生态环境产生的影响做了详细的说明。例如，化肥对水体、土壤和大气的污染。大量使用农药或长期使用同一类农药，能够使许多害虫产生抗药性，连续使用农药还会杀死益虫、益鸟。所以，不合理地使用农药不但不能彻底解决农业病虫害问题，相反还会使

① http://baike.baidu.com/view/38425.htm.

许多原来危害不大或不难防治的虫害变得不易防治，这样就有可能使农药用量越来越多，形成恶性循环，生态环境的破坏和污染也将逐渐加重。另外，正如 2002 年世界粮食日的主题“水：粮食安全之源”向我们说明的那样，水资源的匮乏也是影响粮食生产的一个重要因素。

同时，组织还为世界粮食日举办了各项具体的纪念活动。例如，世界粮食日正式庆祝仪式、关于“危机时期再看粮食政治”研讨会、希腊非洲基金会主办的世界粮食日古典音乐会、颁发“粮食安全与气候变化挑战徽章”、“青年儿童在行动”、关于世界粮食日主题的民间社会组织圆桌会议以及第 4 届“为粮食赛跑”及粮农组织职工合作社组织的音乐表演和“食品展销会”等。在世界粮食日正式庆祝仪式上，联合国粮食及农业组织总干事发表致辞，致辞当中，首先提到此次主题制定的缘由。最主要的，致辞对世界各国的政府和人民提出了呼吁，呼吁世界人民必须马上采取行动来克服当前的危机，并提出了短期和长期的规划。他还强调，危机能带来机遇，让我们调整国民经济并触发积极且持久的发展进程。2009 年“世界粮食周”和“世界粮食日”，为我们提供了一个机会来一起反思粮食不安全和发展不足的情况，以及背后那些遭受苦难折磨的民众。

在粮农组织的号召和影响下，许多国家政府对于举办“世界粮食日”活动都很重视：有的国家首脑在这一天发表演讲，有的国家举行纪念会或发表纪念文章，有的国家科研机构发表粮食和农业科研成果、举办科学讨论会等，以提高人们对粮食以及粮食引发的一系列问题的重视和研究。

点　评

联合国粮食及农业组织关于世界粮食日主题的确定及其纪念活动的举办，除了向世界宣告组织很好地完成了自身的使命外，也通过各项活动的开展，影响了世界各国政府的行动，使世界人民对世界粮食现状有了更清晰的了解。

回味隽永

以生态环保和全球问题的应对解决为宗旨的国际组织，其数量不在少数。这类组织的公关宣传中，优势在于各自专注于某一领域，深耕其专业问题，形成了独一无二的公众认知；而明显的劣势也在于难以突破其专业性从而在众多国际组织中脱颖而出，引人关注。上述案例中的国际组织，其公关宣传的发力各有侧重。开篇案例中，每年世界气象日主题的确定，本身就是为解决人类发展与自然环境的矛盾而提出来的。针对与人类生存发展息息相关的天气和气候变化及出现的危机，世界气象组织适时提出各类主题，这对引起人们对自身生存环境的关注自然有很大的推动作用。而2010年世界气象日主题“世界气象组织——致力于人类安全和福祉的六十年”，更是对组织直接的公关宣传，让人们重新认识了世界气象组织在过去的60年为地球生态环境所做的贡献，重点强调了组织形象的树立。而在借助外力、掌握时机方面，国际竹藤组织为我们提供了一个很好的范例。2010年上海世博会是全球瞩目的焦点，借助世博会这个巨大的平台，向全世界展示组织的特色之处；另外宣传形式的多样化是国际竹藤组织这次公关的成功之处，因为丰富多彩的宣传活动更能吸引人们的眼球，同时巨大的参观人群则不自觉地成了国际竹藤组织公关信息的传递者。可以说，国际竹藤组织是通过世博会突然出现在全世界范围人们的眼前，公关效果不可谓不明显。而联合国粮食及农业组织则展示了另一种生态公关的手段，那就是通过组织自身采取的行为规范，创造舆论氛围，引起社会共识，求得社会公众的支持理解与合作。不过，大众传媒的利用与环保形象信息的传播始终都是生态公关的专业途径和技术手段。

国际组织的生态公关，是公共关系的一种，但又不同于一般的公共关系，因为生态平衡和环境保护问题始终是生态公关的出发点和基本点。[①] 所以，我们在强调国际组织生态公关过程中组织形象树立的同时，更应关注生态平衡和环境问题。

① 王芳，章汝先.论生态公关的内涵、作用和主体[J].华南农业大学学报，2004，10(2)：69-71.

第四篇

组织合作　通力解决生态问题

——气候变化和渔业捕捞致加拉帕戈斯群岛面临浩劫

英国皇家学会这篇题为《知识、网络与国家：21世纪的全球科研合作》的报告，通过大量的数据分析指出：全球科学面貌的显著改观，基础在于国际合作，动力来自研究人员寻求同世界最佳的科学家一起工作，也来自各国政府寻求改善研究工作的质量和视野。这种合作有助于扩大新的和现有的知识与资源，吸引人才，应对内在的研究问题，并且形成研究能力。国际科学舞台上涌现了越来越多的各国研究人员，在全球处下而上的各种网络中创造和传播知识。报告特别强调：国际科学合作的紧迫性，来自21世纪人类社会面临的气候变化、生物多样性、食物、能源和水资源安全以及全球的健康等重大挑战。

开篇导例

开篇之述　气候变化和渔业捕捞致加拉帕戈斯群岛面临浩劫

由于气候变化和过度渔猎的影响，加拉帕戈斯群岛的珊瑚礁群落——这一世界上最宝贵的环境财富，已经遭受了一场不可逆转的劫难：多种海洋动、植物已经灭绝，还有很多物种正濒临灭绝。

发表于12月4日的著名学术期刊《全球变化生物学》上的一篇名为《气候变化和渔业捕捞致加拉帕戈斯群岛面临浩劫》的报告表明：强烈的厄尔尼诺现象引起的海洋温度的升高，以及过度渔猎、旅游和其他人类活动等影响，已经给加拉帕戈斯群岛的生物造成了灾难性的冲击，海洋环境在过去的短短几十年内已经被系统性地破坏了。珊瑚礁和海藻床已经被破坏，曾经富饶的海洋物种中，像加拉帕戈斯真鲭蓝鲷、24射线海被认为已经灭绝，还有另外几十个物种，包括深受人们喜爱的加拉帕戈斯群岛企鹅也已濒临灭绝。根据世界自然联盟(IUCN)红色名录，有2个物种被列为“极可能灭绝”，7种被列为“可能灭绝”，还有36种被列为“脆弱”、濒危或者极度濒危。可预测的是，气候变化将进一步加剧这种灾难性灭绝的频率和强度。此外，通过对加拉帕戈斯海洋保护区里承受不同渔猎压力的区域进行比较，科学家们还了解到，过度渔猎已经削弱了该区域生命链的自我恢复能力。

开篇之论　浩劫来临，人人有责

该报告的作者之一，保护国际基金会(CI)东部热带太平洋区域海洋保护总监——斯科特·亨德森表示：“我们是时候认识到，和亚马孙的热带雨林、亚洲的江河、北极的冰盖以及美国大平原的草场一样，海洋的承受能力也是有限的。为了海洋的繁荣，我们需要用更大的努力来减缓气候变化，并更好地管理海洋保护区域以及海洋保护区域外的渔猎活动。”而该报告的另一作者——海洋问题最权威专家之一斯尔维亚·厄尔说：“对于加拉帕戈斯群岛所经受的气候变化和过度渔猎压力的综合作用的研究，比对地球上其他任何一个地方的研究都更透彻。在此处，大量独一无二的野生动物聚集生活在这种危险变化的最边缘。数十年的研究数据表明，近期的渔猎压力破坏了这些群岛原本规律的自我调节能力，使得它们在面对气候的自然和人为的变化时更加脆弱。”

由加拉帕戈斯群岛面临的浩劫我们应该认识到，海洋环境的保护问题已经迫在眉睫，全世界各国人民均须为保护地球的海洋资源作出努力。

史镜今鉴

保护国际基金会

保护国际基金会(CI)以坚实的科学、合作和野外示例为基础，倡导整个社会为了人类的福祉，以负责任、可持续的方式关爱自然。保护国际基金会总部设在美国华盛顿，在4个大洲的四十多个国家开展工作。

保护国际基金会宣布了联邦快递公司(FedEx Corporation)为支持该组织在中国开展环保项目而进行的一项重大投资：在中国四川省开展10个社区保护项目，帮助保护该地区最著名的野生动物——大熊猫的生存环境；同时，联邦快递还携手保护国际基金会，为2008年遭受严重地震灾害的四川省重新造林项目提供支持，并且通过一系列特意设计的项目，让他们更好地在社区中宣传维护生态平衡的重要性，提升大家的环保意识。

联邦快递在10个社区保护项目中为保护国际基金会的工作提供支持，保护国际基金会计划在遭受2008年5月大地震严重毁坏的四川省部分地区进行重新造林。重新造林工作主要包括种植竹子之类的当地植物，这样不仅能够重建和保护大熊猫的栖息地，而且能够保证大熊猫基本的食物来源。大熊猫是世界濒危物种之一，全球仅有不足1 600只野生大熊猫。联邦快递也将致力于减少二氧化碳的排放，惠及脆弱的当地经济，保护能够为中国提供一半农产品（包括全国2/3的大米）的长江流域。

保护国际基金会副总裁杰士廷表示："联邦快递对我们在中国这些重要项目的大力支持让保护国际基金会及其合作伙伴能够继续付出努力，保护那些重要的原始森林资源和大熊猫；同时，我们也很高兴可以为联邦快递的员工环保教育项目提供支持，这一项目可以帮助我们在中国宣传保护自然的重要性。"

点 评

保护国际基金会将与当地社区通力合作，确保其开展的林业项目通过气候、社区及生物多样性（CCB）标准的认定，进而保证每个项目下的森林保护和恢复工作能够给气候、当地社区和生物多样性带来显著改善。森林恢复工作包括由保护国际基金会、四川省林业厅、平武县政府官员以及其他林业专家共同组织的培训课程。林业专家们将与大家分享他们的经验，教导当地的项目执行人员如何建立可持续的生存方式，如生态旅游和蜂蜜加工等，这些不仅能够增加当地居民的收入，而且还能减轻他们对森林木材的依赖性。保护国际基金会的这些尝试将在很大程度上改变当地原有的原始生产模式，创造一种更加生态环保的经济增长模式。

三刻拍案

拍案一 东营市的生态基础设施规划

东营市地处黄河入海口，为胜利油田所在地，市域面积 7 923 平方千米，人口 177 万，其中非农业人口 81 万。黄河三角洲成陆时间较短，自然生态系统稳定性差，水涝、干旱、风暴潮和盐碱等自然灾害严重；东营市经济发达、城市增长快速，加上四十多年来石油工业的发展，生态问题，尤其是水环境问题日益凸显，对城市生态安全带来严重威胁。

东营市生态环境问题从原因上可分为两类：区域自然生态环境问题和快速城市化及人为活动引起的生态环境问题。从性质上可以归纳为两大类：一类是关于自然生态系统自身健康和安全的问题，包括自身结构和功能的完整性、为多种生物提供栖息地的可能性等；另一类是关于这个自然生态系统为人类的社会经济过程提供服务的能力，包括旱涝调节、污染物净化、游憩、审美启智、形成城市景观特色等。水是其中的核心问题，但水系统又不是一个孤立的系统。诸多问题错综复杂，以往常规的、单一目标的问题解决方式往往带来新的、更严重的问题，综合解决诸多问题的根本是如何维护整体土地生命系统的安全和健康、维护其完整性，并能为人类社会经济系统提供可持续的生态服务，这就要求这个城市必须建立一个生态基础设施来综合地解决这些问题。

在系统分析东营市的自然、生物和人文过程的基础上，从宏观—中观—微观 3 个尺度提出东营市生态基础设施建设的关键战略和策略：① 宏观区域战略，建立“黄河绿色廊道—中心城区湿地系统—滨海生态保护带”区域生态基础设施，将中心城区生态系统融入到区域生态网络中，使其成为区域生态系统的组成部分；② 中观城区战略，建立中心城区湿地水循环系统，实现水资源再利用，建立与湿地系统相结合的游憩网络；③ 微观战略，通过设计实现并维护城市和区域生态基础本身的完整性；同时，在场地尺度上，让人体验生态基础设施的生态服务。通过规划，东营市避免采用为解决单一问题而进行的大量工程措施（如为防洪排污而固化河道的工程措施、绿化美化而换土改造盐碱地的措施等），而是通过保护和完善自然生态系统，让自然自行修复，充分利用当地湿地资源、乡土植被（如芦苇），建立一个具有综合功能的生态基础设施，系统、集约化地解决多方面的生态与环境问题，全面提高生态系统之于城市的自然服务功能，可以大大节约城市建设投入。

点　评

东营市的生态基础设施规划已经获得市政府和相关职能部门的批准并付诸实施，宏观和中观生态基础设施规划已作为城市总体发展规划和空间布局的依据，得到充分的尊重；微观尺度上的生态基础设施导则也被应用到具体工程设计中。我们期待通过这样的生态基础设施的建设，使城市和区域自然系统的安全和健康得到有效保障，使城市和居民可获得持续的自然资源，使城市的生态特色得到彰显。

拍案二　“POLO绿色镜驰骋”实现“零碳排放”生态自驾游

为了向更多时尚并富有责任感的年轻人宣传环保意识，号召大家积极关注保护身边的环境资源，POLO品牌与国际知名环保组织——保护国际基金会（Conservation International Foundation，CI）联合举办主题为“POLO绿色镜驰骋”——2009 POLO西南媒体环保摄影自驾游活动。

中国的西南山地是世界上生物多样性最为丰富的地区之一，拥有中国30%的高等植物、1/2的鸟类和哺乳动物，以及最为多姿多彩的少数民族文化。在中国沿海地区经济获得快速发展时，中国西南山地却仍然非常落后和贫困。由于具有美丽的自然景观和丰富的文化，中国西南山地的人们都把发展旅游观光作为重点，在很多时候，这甚至也是他们唯一的发展机会；但是，中国西南山地是生态脆弱地区，伴随大众旅游发展，基础设施建设以及游客的高度资源消费都给当地的生物多样和传统文化造成了一定的冲击。

上海大众和CI希望通过此次活动，邀请西南地区的媒体朋友前往

CI 长期工作的西双版纳国家级自然保护区，亲身感受既要发展生态旅游，也要加强环境保护宣传、降低旅游对当地生态环境负面影响的必要性，并通过自驾行媒体嘉宾的视角，将嘉宾沿途拍摄的环保主题照片在西南各 4S 店内进行主题展览，充分运用媒体的视角呼吁全社会积极关注环保。

此次的“POLO 绿色镜驰骋”——2009 POLO 西南媒体环保摄影自驾游活动，全程 4 天 4 晚，期间考察了国内尚存的亚洲象栖息地之一——野象谷，在保护区专业人员陪同下，亲历中国亚洲象活动最频繁保护区，并零距离观察野象，结合观察的发现，讨论了景区建设管理中应注意的具体环保事宜；CI 的代表以及保护区的负责人还向大家介绍了中国第一个跨国界生物保护项目“中—老跨境印支虎保护项目”的实施情况。另外，在荟萃了西双版纳众多的热带植物品种、被誉为“绿色明珠”的勐伦植物园里，POLO 也邀请了生物保护专家亲临现场，指导众人如何实施植物种质资源的保存、开发与利用，让记者在收获云南西双版纳美丽景色的同时，也收获更多关于环境保护的灵感，与 POLO 一起为环保事业的发展贡献一份力量。

活动结束后，在上海大众的委托下，CI 计算出整个行程所产生的二氧化碳排放总量为 4 863 千克，大概需要种植 45 棵树，在 20～30 年的生长周期内，能够把这些二氧化碳完全吸收掉。为了让每个人都能“负责任地”对待大自然，上海大众已经作出承诺：在西双版纳国家级自然保护区内种植 50 棵当地乡土树种，以抵消此次活动所产生的所有二氧化碳的数量，使得此次活动真正成为一个环保、生态的“零碳排放”自驾游。

点　评

地球只有一个，保护自然、保护野生动植物、减少碳排放，在新的国际形势下，是每一个有高度社会责任感的企业、公民应尽的责任。国际品牌已经把绿色战略融入到企业整体战略规划中，保护野生珍稀动植物的行动并不是项目的终点，而是各企业合作的一个起点，真正做到与各方合作伙伴共同行动、资源互享，真正一步步地“符合大众口味、清新贴近自然”。

拍案三　山水自然保护中心的森林多重效益项目

“保护国际”成立于1987年，是一个总部设在美国华盛顿特区的国际性非营利环保组织，宗旨是保护地球上尚存的自然遗产和全球的生物多样性，并以此证明人类社会和自然是可以和谐相处的。“保护国际”通过科学技术、经济、政策影响和社区参与等多种方法保护热点地区的生物多样性，在全球4个大洲超过30个国家开展工作。

“保护国际”和各行各业的合作伙伴一起，深入研究气候变化对生物多样性的影响，并倡导用自然保护作为缓解全球气候变化的手段策略。森林碳汇项目创造社区发展、生物多样性保护等多重效益，得到越来越多的认可。“保护国际”通过“企业环境领导中心”的工作，和许多世界500强企业共同合作，鼓励企业减少碳排放，并投资森林碳汇项目，进一步降低“碳足迹”。

在中国，山水自然保护中心（原保护国际中国项目）和3M公司、UTC公司等合作，在四川和云南等地区种植森林。2007年1月31日，森林多重效益项目组开发的云南省腾冲项目成为全球第一个获得CCB（气候、社区与生物多样性项目设计标准）认证的金牌项目。

随着暖冬和极端天气频发，中国公众对于气候变化有着越来越深的体会和认识。最近出版的《气候变化国家评估报告》也完整地阐述了中国气候近百年来的变化和影响。在这一背景下，“保护国际”推出碳计算器，鼓励公众关心气候变化，从自己做起，减少“碳足迹”，并积极通过植树等方式保护自然，同时缓解气候变化。

森林的多重效益传统上对森林价值的认识只专注于木材产品，而森林对人类更主要的贡献是产生氧气、吸收二氧化碳、保持水土和提供人类生存所需的生物多样性等诸多方面；但是传统的植树造林项目往往选用的是单一树种，有时还是外来树种，这样造林后产生的单一生态系统有很多问题，所提供的生态服务功能比多样化的天然植被要差很多。研究表明：天然植被的恢复有无可比拟的巨大价值，保护森林和重建它的生态功能会带来可观的经济效益。恢复后的天然植被不仅提高了保持水土的功效，而且能吸收固定更多的碳，从而为减缓全球气候变化做贡献，而且也为动植物提供更佳的栖息地，并减少森林火灾和病虫害。

森林碳汇项目也随即被推出。为了减少温室气体（如二氧化碳等）的排放、减缓全球变暖的趋势，2005年2月16日生效的《京都议定书》中规定了发达国家必须减少温室气体的排放，并允许他们向发展中国家购买碳额度达到减排的目的，方法之一是通过在发展中国家植树造林等项目吸收大气中的二氧化碳，以减低大气中温室气体浓度。

"保护国际"致力于通过种植健康多样的森林，恢复天然植被，缓解气候变化，保护生物多样性，证明人与自然是可以和谐共处的。尽己所能，减少碳排放，保护森林，通过各种渠道参与植树造林，让地球上有更多的森林吸收二氧化碳，减缓全球气候变暖趋势！

点　评

在当前国际金融危机和气候变暖的背景下，低碳经济已经成为全球经济和社会转型不可阻挡的新浪潮，为此，我国也要组织多方力量联合开展有关低碳经济关键技术的科技攻关，制订长远发展规划，优先开发新型高效的低碳技术；同时通过立法、修改法律和采取行动落实这些规划，推动整个社会走发展低碳经济的道路，为中国特色的经济走新型工业化的道路提供可靠的保障。

回味隽永

人是生态系统中最积极、最活跃的因素，在人类社会的各个发展阶段，人类活动都会对生态环境产生影响。特别是近半个世纪以来，由于人口的迅猛增长和科学技术的飞速发展，人类既有空前强大的建设和创造能力，也有巨大的破坏和毁灭力量。环境问题已成为举世关注的热点，有民意测验表明：环境污染的危胁相当于第三次世界大战，无论是在发达国家还是在发展中国家，生态环境问题都已成为制约经济和社会发展的重大问题。

生态环境问题往往具有跨国化和全球化以及公共性和长期性等属性，生态外交因而具有与其他传统外交形态不同的运行特点。生态外交特别重视国际合作机制的建设，包括生态环境领域的资讯交流机制，沟通协商机制，环保能力建设机制，环保教育及人才培训机制，生态环境的国际谈判、立法、履约以及纠纷和冲突处理机制等。当然，生态外交必须坚持统筹兼顾，综合决策，合理开发，正确处理资源开发与环境保护的关系，坚持在保护中开发，在开发中保护。经济发展必须遵循自然规律，近期与长远统一、局部与全局兼顾。进行资源开发活动必须充分考虑生态环境承载能力，绝不允许以牺牲生态环境为代价，换取眼前的、局部的经济利益。

随着国际力量多极化和均衡化的发展，传统上由发达国家主导的国际生态外交格局开始扭转。由于发达国家具有强大的经济实力，掌握先进的科学技术、管理能力，由发达国家率先启动的生态外交议程往往被其掌控，发展中国家则长期处于被动应对的从属和边缘地位，损害了发展中国家合理的生态环境权益和发展空间。新世纪以来，以新兴大国的群体性崛起为标志，发展中国家在多边和双边的生态外交中的整体影响力迅速上升，为构建一个更加合理、公正、有序的国际生态政治新秩序注入了新的动力。

东营市通过保护和完善自然生态系统，让生态平衡机制自动运行，充分利用当地湿地资源、乡土植被，建立一个具有综合功能的生态基础设施，系统地、集约化地解决多方面的生态与环境问题，全面提高生态系统之于城市的自然服务功能，从而大大节约城市建设投入；与此同时，在当前国际金融危机和气候变暖的背景下，低碳经济已经成为全球经济和社会转型不可阻挡的新浪潮，保护野生珍稀动植物的行动并不是“零碳排放”生态自驾游项目的终点，而是各企业、组织合作的一个起点，国际品牌已经把绿色战略融入到企业整体战略规划中，真正做到与各方合作伙伴共同行动、资源互享，逐步实现“符合大众口味、清新贴近自然”的企业发展战略目标。我国也要为凸显中国特色的经济、走新型工业化的道路提供坚实的科技支持和长远发展规划，推动整个社会走发展低碳经济的道路。

第五篇

十几年如一日，唯一不变的是追求

——“自然之友”环保公关行动

当今时代团体纷繁，组织林立，各种环保组织方兴未艾，环保组织兴起大潮席卷中国，留下了如“自然之友”等的一枚枚“美丽贝壳”。本篇首先围绕我国著名环保组织“自然之友”的藏羚羊保护行动展开，继而深入发掘其历史，展现“自然之友”与众不同且收效甚佳的环保公关攻略；接着是奥美携手绿色和平开展的保护森林资源、河源环保部门处理漏油事件、大亚湾核电的绿色行动等环保公关。

开篇导例

开篇之述　为了可可西里那奔跑的“高原精灵”
——“自然之友”致信唐宁街

联合王国政府首相托尼·布莱尔阁下：

我谨代表中国一家最有影响的非政府环保组织“自然之友”，欢迎您到中国访问。“自然之友”十分赞赏您个人对环境问题的关注以及英国政府对于处理国内和全球环境问题的重视。我愿利用您访问中国的机会，提请您注意藏羚羊的悲惨处境，并请求您对我们保护这种濒危物种的努力给予支持。

藏羚羊是中国的特有动物，生活于中国西部海拔 4 500 米以上的高原。1979 年，它被列入《国际野生濒危动植物贸易公约》(*CITES*)严禁贸易物种名录；然而，尽管有这样的国际禁令，但自 20 世纪 80 年代中期开始，藏羚羊绒制品在国际市场上却十分走红。它们可以在欧洲许多国家和其他国家的市场上买到，而这些都是 *CITES* 的签字国。1996 年，在伦敦一条藏羚绒披肩售价可达 3 500 英镑，欧洲市场上的高价又使从中国非法出口到印度进行加工的藏羚绒原料价格随之上涨。

商人们编造神话，说绒是藏羚羊换季时自然脱落后由牧民们从草原上一点一点捡来的；事实上，这些绒都是从被盗猎者打死的藏羚羊皮上摘取的，而从每只羊身上只能取绒 125～150 克。过去几年中，中国政府曾抓获了上百起盗猎团伙，缴获了上万张藏羚羊皮，且一位警察为此牺牲。1997 年，西藏林业厅收缴了准备走私出口 1 000 千克藏羚绒。由于藏羚羊活动地区极广，被抓住的只是盗猎分子中的一小部分。

由于盗猎，藏羚羊的数量正在急剧减少，目前约有 75 000～100 000 只，仅为 100 年前的 1/10。按照在印度加工的藏羚绒的数量估算，每年当有 20 000 只以上的藏羚羊被猎杀取绒。如果盗猎以这样的规模进行下去，20 年内藏羚羊将有可能被灭绝。

“自然之友”正在开展一场救护这种珍贵而稀有动物的运动。我们正在敦促并支持政府加强对藏羚羊的保护和对盗猎活动的打击；与此同时，我们也吁请全世界珍爱野生动物、关注环境的人们来共同制止藏羚绒及其制品的贸易。因为，只要有利可图，盗猎就难以禁绝。

英国非常重视保护野生动物，这使她在国际上享有崇高荣誉。我相信，一旦英国人知道了有关藏羚绒问题的真相，也一定会高度关注。我请求您，运用您个人在国内和在你们的欧洲同伴中的影响，使公众更好地了解藏羚羊悲惨的处境，并和我们一道，来防止这种珍稀动物因“致命的时尚”而被灭绝。我真诚地希望，在这场根除藏羚绒贸易的国际努力中，英国能够站在前列。

“自然之友”会长梁从诫[①]

1998 年 10 月 6 日

亲爱的从诫教授：

谢谢你 10 月 6 日关于藏羚羊保护和藏羚绒贸易问题的来信。

你对非法猎杀藏羚羊的憎恶和你对这一物种前景的忧虑，我深怀同感。我一定会把你的要求转告给联合王国和欧洲联盟的环境主管当局。我希望将有可能终止这种非法贸易。

祝你在保护中国环境的重要工作中获得成功。

你的忠实的托尼·布莱尔[②]

1998 年 10 月 7 日

开篇之论 另类的“信公关”

这两封信是自然之友会长梁从诫与英国原首相布莱尔一来一回的公开信。1998 年，我国著名的绿色环保组织“自然之友”为保护藏羚羊，借当时英国首相访华之际由会长梁从诫先生亲自致信布莱尔，启动这个完美的环保公关。

其实，不只是那两封引起巨大反响的一来一回的信件，为了保护藏羚羊，“自然之友”做了很多努力。下面回顾一下“自然之友”在藏羚羊保护

---

① 梁从诫致函英国首相布莱尔[OL]. 中国网，http://www.china.com.cn/chinese/2001/Jan/16733.htm.

② 英国首相布莱尔就藏羚羊保护向中国民间环保组织“自然之友”会长梁从诫教授做出答复[J]. 森林与人类，2003，(2)：13.

上曾经发动过的几波媒体攻略。事实上，自 1994 年成立以来，“自然之友”就一直十分重视利用媒体攻略开展环保公关。

史镜今鉴

“自然之友”通过媒体动员的环保公关策略波历程

“自然之友”媒体公关的第一波。自 1996 年“自然之友”在可可西里自然保护区千辛万苦搜集到有关藏羚羊的信息后，一位“自然之友”的中央电视台记者会员专程赴可可西里拍摄藏羚羊反狩猎活动，随后在中央电视台《东方时空》节目播出，藏羚羊反狩猎组织野牦牛队一时广为大众熟知。只不过，当时“自然之友”的媒体环保公关仍然属于偶然性的，还谈不上媒体攻略，随后“自然之友”真正实施了媒体宣传攻略。1998 年 9 月，“自然之友”力邀扎巴多杰——野牦牛队队长到北京开展活动。扎巴多杰最终获得了向国家环保总局等相关部门汇报工作的机会。通过扎巴多杰访问了世界自然基金会等国际环保组织，并得以和国内外的传媒见面，与北京部分高校的环保组织协商在北京大学等高校开展报告会。这一系列活动，“自然之友”本身也引起了广泛关注。

媒体公关第二波即是指“自然之友”巧借 1998 年 10 月英国首相布莱尔访华之际，会长梁从诫因为藏羚绒在英国等欧洲国家的非法贸易问题致英国首相的一封公开信。布莱尔积极的回应制造了“自然之友”媒体公关的第二波，引起国内外众多媒体纷纷报道和世界范围内的舆论效应；同时，“可可西里一号行动”——国家林业部发起的打击针对藏羚羊偷猎活动也正式开始。

1999 年 8 月，“野牦牛队”称号被青海省政府授予可可西里保护区管理局，该管理局取代治多县西部工委的原有职能。消息传出后，“自然之友”会长梁从诫与众多访问过野牦牛队的记者给时任副总理的温家宝写了一封请愿书，建言采取措施保护藏羚羊，希望可可西里保护区管理局应该把治多县西部工委的成员纳为其重要部分；同时，“自然之友”等环保组织联合媒体，试图建议青海省政府组织以治多县为中心的藏羚羊反狩猎活动，丁品、胡劲草等记者持续关注事态进展。这是为媒体公关第三波。

2000年年初，“自然之友”对藏羚羊保护进行了广泛的公众动员，力求使社会参与成为一种常态。北京众多高校社团和国际非政府组织踊跃响应藏羚羊保护活动，一些大学生成了藏羚羊保护的志愿者，志愿者们不辞辛苦、任劳任怨的环保精神，为媒体提供了众多值得挖掘报道的素材。这成了“自然之友”第四波的大面积媒体公关。①

WWF的关注森林可持续发展历程

2002年7月9日，WWF发表了迄今为止最详尽的有关地球资源状况的报告。该报告预测：由于目前人类对自然资源的利用超出其更新能力的20%，如果各国政府和业界再不予以高度关注，2030年后人类的整体生活水平将会下降。随后，WWF与其他国际环保组织一道在全球开展了一系列可持续发展项目，其中有关大豆和棕榈油的可持续利用即为WWF近年来极为关注的一个项目。

众所周知，近年来森林退化现象已经引起了全球广泛关注，不仅包括热带森林，在北半球一些国家，如加拿大和俄罗斯，森林退化问题也十分突出。森林退化的原因和影响不尽相同，人口压力、木材采运、放牧和政府经济发展政策等是常见的因素。值得注意的是，全球受采伐威胁最大的往往是一些边缘森林地区，如加拿大、俄罗斯、亚马孙的大部分区域、中非、印度尼西亚的大片边缘森林、巴布亚新几内亚和马来西亚。这些地区并无严重人口压力，森林被伐是因为非持续建设及经营工业人工林和半人工林(尤为关注的如大豆、棕榈树等非木质林产品)。

据资料显示，全球每年生产的植物油高达9 500万吨，其中位列前两位的分别为大豆油和棕榈油。由于大豆、棕榈油在食品和工业领域均为重要的基础原料，其需求和消费量呈逐年增长趋势，加之近年来国际植物油市场供大于求、棕榈油的生产相对于其他油料作物的成本较低等因素，世界大豆和棕榈油生产呈逐年稳定增长的趋势。

---

① 曾繁旭.环保NGO的议题建构与公共表达——以自然之友建构“保护藏羚羊”议题为个案[J].国际新闻界，2007，(10)：16-20.

1990—2002年间,全球棕榈油生产提升了43%,同期的大豆产量也提高了26%,其中,主要增长地为全球最大的两个棕榈油生产国——马来西亚和印度尼西亚,以及全球最大的两个大豆生产国——美国和阿根廷。面对巨大的经济利益,许多政府和生产企业开始片面追求短期利益、盲目扩大种植面积和毁林伐林,由此直接或间接地破坏了自然和社会生活环境。

以东南亚的印度尼西亚和南美的巴西为例,最直接的影响是这两个国家开始大面积毁林伐林、破坏自然植被而后种植大豆或棕榈树。截至1999年,印度尼西亚的热带雨林地区已经损失了两百多万公顷,而巴西"享誉盛名"的大豆主产区 Cerrado 地区更是毁坏了大片的自然植被,而这些植被是该地区生态圈中生物链极为重要的一环,也是许多濒危动物的栖息地。尽管两国政府面对大面积的森林和土地退化现象也曾忧心忡忡,但最终却在"经济利益至上"原则下仍继续采取了大肆扩张的政策。

自2004年以来,WWF北京办事处秉承WWF在世界范围的努力,开始关注中国现状和大豆、棕榈油的可持续发展。有资料显示:在过去10年间,中国的食用油消费量整整翻了一番,其中大部分源于国外进口;而随着中国入世对市场准入政策的放宽以及人民生活水平的提升,产品进口将持续相当长一段时间。

虽然中国是全球最早种植大豆并将其作为食用的国家,但由于长期以来种植水平低下、产量偏低以及国内对豆制产品的需求日益增长等因素,直至1996年,中国对大豆的需求仍完全依赖于进口。与大豆市场类似,中国的棕榈油消费同样主要来源于海外进口。但两者更为惊人类似的是,其主要进口国均来自世界上自然环境破坏最为严重的国家,如马来西亚和巴西。有鉴于此,一个极有意义的话题即为:实现"可持续进口",减少对这些国家的相关进口,以此减轻其经济利益承载量,从而使目前的形势得以改观。①

而WWF多年经验表明,要保护那些因经济利益而遭破坏的自然环境,最终的主导权并非在政府,而是取决于该经济利益价值链上生产、加工、分销及消费链上的各主体,尤其是需要那些具有高度社会责任感的加工、分销、贸易和中介企业的支持。

据农业部估计:中国对大豆大部分为进口;棕榈油方面,随着中国入世将逐步取消配额限制,其进口额也将在未来大幅攀升。作为具有良好

---

① 森林可持续发展项目.世界自然基金会中国官网,http://www.wwfchina.org.

大众形象和高度社会责任感的中国企业，面对日益恶化的自然环境，能否为人类赖以生存的绿色家园而做到弃短期之小利而享长远之大福呢？WWF愿与中国企业中的先行者携手在这一领域引导潮流。

三刻拍案

拍案一 “我本是一棵绿树”——奥美携手“绿色和平”组织打造绿色公益活动

2010年12月20日，奥美和国际环保组织“绿色和平”(Green Peace)在北京联合举办了“我本是一棵绿树”公众参与活动，将一次性筷子还原为大树，以唤起人们的森林保护意识。这些大树于2010年12月18—20日在北京的购物胜地——世贸天阶展出。

中国是森林资源缺乏的国家，人均森林占有面积在全球仅排在第139名。2009年，中国共生产使用了230亿双一次性筷子。一次性筷子的大量生产和消耗，无疑给我国本来匮乏的森林资源带来更大的压力。“我本是一棵绿树”活动由奥美构想和创作，由著名的国际环保组织“绿色和平”发起主办，通过此次活动，希望能唤起中国民众的意识，对一次性筷子说“不”，从而有效保护中国匮乏的森林资源。在过去的几个月中，奥美先后与“绿色和平”、本地艺术家徐银海和来自二十多所大学的两百多位志愿者合作，到餐馆搜集使用过的一次性筷子八万多双，并将它们拼接还原成了4棵约达5米的大树。“绿色和平”森林保护项目主任李艾虹表示：“这4棵大树原本应该是郁郁葱葱、充满生机的，但现在却由废弃的一次性筷子拼凑而成。我们希望每个人都能坚定地向一次性筷子说‘不’，在‘举手投筷’之间保护森林。”奥美广告北京执行创意总监陈国辉表示：“我们希望能向公众展示这些看起来无伤大雅的一次性筷子正在耗尽中国的森林资源。我们回收了八万多双筷子，并把它们还原成大树。

希望这次的展出能给公众带来震撼，并最终在行动上支持森林保护。”以“麦田守望者”组合主唱萧玮为首的“绿色和平”员工和志愿者、筷子森林的制作者徐银海、奥美员工和大学生于 12 月 18 日在世贸天阶对公众和媒体展出了此次“我本是一棵绿树”活动。活动中，参观者被邀请签名承诺拒绝使用一次性筷子。“绿色和平”为支持此项活动送出了几百双生态环保可重复利用的筷子。此次“我本是一棵绿树”活动在北京世贸天阶共展出 3 天。为扩大活动影响力，在接下来几个月中，组织方还在北京当地的高校和画廊陆续展出。此外奥美北京还为此次活动专门制作了一个网站，邀请民众在线签名支持森林保护。每当一人在线签名，网站页面上的大树就会长出一片新的绿叶。

奥美互动北京执行创意总监谢福东表示：“在过去的几年里，我们和‘绿色和平’一起在中国合作过多个非常有趣的公益活动，推进森林保护和宣传煤炭使用的危险。对奥美来说，与‘绿色和平’的合作是运用我们的沟通技能为环境保护做出贡献的良机。”①

点　评

“绿色和平”与奥美作为公关和环保领域的两家龙头组织，其合作开展的公关活动成为生态公关的经典之笔。整个策划看似波澜不惊，但却能紧紧围绕森林保护这一公关主旨，在每一次的形象展示、每一步的信息传递中都有所扣题，特别是“我本是一棵绿树”这一公关口号，更是使公众参与到体验式公关的氛围之中。

拍案二　广东河源一起汽油泄漏事件

2008 年 3 月一个凌晨，一辆装有汽油的油罐车在广东河源市境内一高速路段出口处酿成交通事故，4.5 吨汽油从油罐车上泄漏混入道路旁小溪，一部分汽油被拦截在小溪内，此外约 2 吨汽油流入广东东江；而距离事发地的东江下游有多处居民饮用水取水点。事件发生后，当地政府

① 奥美携手绿色和平组织打造绿色公益活动[OL]. 中国公共关系网，http://www.17pr.com.

积极组织力量清污吸油，事发地小溪及东江木京电站、东江沿岸的油污得到清理，未对东江沿岸群众生产生活造成影响。那么，当地环保部门是如何开展此次紧急的环保公关的呢？

河源市环保部门立即启动环境应急预案，制定并实施了具体的应急措施：一是立即排除安全隐患，现场调来油罐车转移事故车辆内剩余的汽油；二是利用稻草、吸油毡等对小溪的油污进行吸附，并对 1.5 千米处的小溪进行截流，防止污染进一步扩大；三是调度下游东江木京电站紧急关闸，防止污染东江的油污流向下游；四是组织力量清污吸油，采用吸附毡对东江木京电站、东江沿岸进行吸附，防止油污扩散；五是通知可能污染的东江沿岸黄田、义合、仙塘三镇群众禁止饮用和使用东江水；六是市、县环保局组织环境监测站人员到各饮用水吸水口对东江水质进行取样监测化验，严密监控各饮用水吸水口水质变化，确保东江饮用水水质安全。

河源市环境监测站对事发地下游东江沿线连续跟踪监测，截至 17 日 20 时，事发地小溪下游 500 米（黄田乌泥渡口）、事发地东江下游 10 千米（义合）、27 千米处（仙塘）以及 30 千米处木京电站的 3 个监控断面的石油类浓度均未检出（检出限为 0.01 毫克/升）。监测结果表明：此次泄漏事故对东江的影响已消除，未对东江沿线饮用水源造成污染，当地社会秩序稳定。[①]

点 评

汽油泄漏事件后，当地环保部门紧急应急响应，开展公共工作，立即启动环境应急预案，制定并实施了具体的应急措施。再者是开展应急监测，确保此次泄漏事故对东江的影响已消除，未对东江沿线饮用水源造成污染。为避免二次污染，广东省环保局派出调查小组赴现场，一是全力控制污染扩散；二是加强东江沿岸油污染吸附力度，要求当地政府尽可能对进入东江的汽油拦截吸附在东江木京电站以内，并做好饮用水应急预案；三是继续加强水质监测，确保下游群众的饮水安全；四是及时发布信息，确保社会稳定等有力措施。

---

① 张异凡，陈明，刘方. 交通油污染事故的处置与防范——从 3 起油污染事件说起[J]. 环境保护，2010，(8)：47-49.

拍案三 大亚湾绿色行动——基于SWOT分析的环保公关

核电是一种清洁、安全、经济、可靠的新能源模式，虽然经历了前苏联切尔诺贝利和日本福岛的悲剧，但人类依然不能因为这类由于种种原因而导致的核能利用悲剧而彻底否定这一就目前来说最有发展前景的新型能源。煤炭、石油、天然气等化石能源的利用已经越来越显示出它们的缺点和危害：全世界的化石燃料显示出日益匮乏的趋势，如石油、煤炭等；化石燃料长年累积的巨量的二氧化硫、二氧化碳排放直接污染人类的生活环境，导致全球气候的变暖。可见，现今化石燃料虽是“硬通货”，却绝非长久之计。核能、风能、太阳能、水能、潮汐能、地热能将是未来纳入考虑范畴的新形式的能源，而就其大范围、大规模的可行性，核能首屈一指。事实上，21世纪初，我国就曾由大亚湾核电相关组织和部门对核能商业利用做过基于SWOT分析的调研、策划和评估的一场绿色公关。

首先，从该组织的优势上看，大亚湾核电站一直高度倡导和重视环境保护事业，不断建设和完善放射性废物处理和环境监测体系，并通过了ISO14001环境管理体系审查和认证工作；大亚湾相关组织和部门倡导环境保护与经济发展的同步协调，追求人与自然的和谐统一，与周边社区和政府建立起良性发展关系，投入相当人力物力参与当地政府和社区的全面发展等工作，为企业赢得了良好的美誉度。

其次，也存在着组织内外的一定公关劣势，表现为大亚湾核电站长期以来低调的处事姿态为企业披上了一层神秘面纱，对公众形成了一定的沟通屏障；前苏联切尔诺贝利核电站事故、美国三里岛核泄漏事故的负面效应会影响国内公众对核电事业在环保方面的判断；国家计划到2020年实现运行核电装机容量4 000万千瓦、新建核电站31座的积极发展核电目标，容易导致公众对运营公司负责生产准备的在建电站产生连锁“核恐慌”。

再次，核能以其清洁、高效、经济等特点，在传统能源包括煤、石油、天然气等紧缺，而风能、太阳能等很难在短期内实现大规模工业生产和应用的背景下，越发显现出重要性；深圳市政府全力打造和推介深圳特区的东部品牌效应，大亚湾核电公司作为深圳东部的核心企业，是构成深圳东部品牌效应的重要组成部分；大亚湾核电站作为运营公司负责管理的重点核电站，即将迎来其自投产以来连续安全稳定运行10周年。

最后，发展核电不仅是单纯的企业行为，也是关系到国计民生的重大事业。大亚湾核电公司安全、有效、健康地发展核电事业，将会促进整个深圳包括港澳地区经济和社会的良性运转；公众对于用电方面关注度高，但是对于发电流程缺乏主动的了解意愿，特别是核能发电的原理涉及很深的专业知识，公众在理解上还有一定难度。

因此，通过公关设计，引发目标受众对于核电这种绿色、安全新能源的关注，并提升目标受众对核能源的正确理解，对于核电企业的支持与认同，从而将核电事业的发展与整个社会的共同进步紧密融合，获得中央和地方政府的"核支持"，消除市民以及社区人员的"核恐慌"，得到媒体正面引导的"核舆论"，是本公关活动的关键课题。

"深圳东部风情"活动以深圳东部"黄金走廊"为主线，以大亚湾核电站为龙头，辐射周边古镇与港湾，记录历史、还原现实。活动分为绿色计划（活动预热）、绿色任务（摄影采风）、绿色聚焦（画册出版）、绿色行动（摄影图片和核电知识巡回展）4 个主要部分。

绿色计划——采风活动预热阶段：为了有效配合整个活动的进展，活动组织部门于 2003 年 8—9 月首先开始进行政府部门和媒体的"深圳东部风情"系列活动吹风会。大亚湾核电运营管理有限责任公司内部统一思想，达成共识，同时赢得了深圳市相关职能部门的赞同，并得到了深圳龙岗区政府的大力支持，公司内外部网及时发布活动即将启动的预热新闻稿，在公司内部和整个龙岗区获得了很高的注意力。

绿色任务——采风活动实施阶段：本次采风活动以深圳东部的"黄金走廊"为主线，以大亚湾核电站为龙头，辐射并连带风光优美的大鹏湾、西涌湾、黑岩角、南澳镇、大鹏固镇、葵涌镇、溪涌、大小梅沙海滨旅游中心及中英街等地，记录历史、还原真实、彰显深度、讴歌现实。摄影活动主体分类为：优美的东部风光与风情，特色的旅游与休闲度假，崛起的建设新景与发展，渔民、古镇及百姓人家，外商、打工者与企业家，奏起美好生活的畅想曲，走向世界的海港与物流，东部的蓝图规划与展望等。为了保证摄影家采风活动的顺利进行，从组织机构、策划筹备、商务合同、接待服务、摄影活动实施、宣传报道等多方面制定详细摄影采风活动安排。

绿色聚焦——画册出版阶段：画册分为 7 个主题展现东部风情，包括黄金海岸、客家围屋、大鹏所城、南澳渔歌、锦绣华章、明珠璀璨、采风拾趣，选出符合要求的精美照片，编辑成册，并作为礼物回赠深圳市、龙岗区及核电公司周边政府和与核电事业相关的国内和国际组织及个人，以及香港密切关注国内核电事业的机构及个人。

绿色行动——摄影图片和核电科普知识巡回展阶段：为进一步向周边民众深入普及核电科普知识，在大鹏、南澳、葵涌三镇中心广场的户外液晶超大显示屏幕(尺寸)上循环播放“东部风情”核电科普知识巡回展的开放时间和地点,同时播放大亚湾核电运营管理有限责任公司的相关背景资料以及核电科普知识;与龙岗区政府合作,将摄影采风活动收获的东部风情图片结合核电科普知识普及教育在企业周边地区巡回展览。巡回展期间,在现场和核电运营公司的内部、外部网络同步发放公众信息反馈卡,并有计划地组织了近 600 名学生参观核电站并参加核电有奖征文竞赛。[①]

点 评

“深圳东部风情”活动通过整合媒体、政府与公众资源,弱化核能的正面说教方式,借助风情展展示核电站周边的生态环境、居民的生活常态,再现了核电企业对环保事业的关注、对社会强烈的责任感。摄影采风活动期间,企业内外部网的点击率达到 4 000 次/天,在整个核电知识巡展期间,网站点击率达到近 3 万次。电视媒体包括龙岗区电视台、深圳电视台和平面媒体包括深圳商报、深圳特区报,以及广东核电的内部企业报刊《广东核电》与《核电人》都给予了报道。

运用人际传播方式,通过名人效应和出版物的赠送,在消除“核恐慌”获取“核舆论”支持方面取得了很好效果,改善和提高了公众对核电绿色、安全新能源的认知。通过一批文化名人直接参与摄影展,使这些话语权人物对于核能建立了正确的认知;在巡展期间,向参观展览的各阶层组织与公众、特别是影响力群体赠送与发放五千余份《东部风情》画册,同时还附送电站相关纪念品等,产生了较好的口碑。

“深圳东部风情”系列活动成为大亚湾核电对外沟通的一个窗口,让各地的游客包括来自香港的大批游客、特别是香港教育界和医疗卫生界的参观者,通过了解深圳东部的风情和核电科普知识,进一步体验了大亚湾核电站的风貌,使风情展成为对话港澳的沟通平台。到访公众对核电这种新能源给予了热情的关注:从对大亚湾核电运营管理有限责任公司的评价到活动的传播、核能人才的培养、公众尚存的顾虑以及核电企业的发展方向都提出了宝贵的建议,真正实现了核能信息的资源分享和核能发展互相扶持的目标。

① 大亚湾核电运营管理有限责任公司.核电绿色行动“深圳东部风情”系列活动案例[J].国际公关,2006,(5):62-64.

回味隽永

身处地球村，如今普遍而严重的环境问题皆是你我的切身感受：原始森林遭遇砍伐、湖泊湿地遭到围垦、海洋河流面临污染、野生动植物物种日益减少……环保事业可谓任重而道远！环境保护问题对当今人类而言，必须以怀有重大使命感的姿态来重视和面对。一方面是环境污染、生态破坏给我们留下的暗淡无光；另一方面，令人欣慰的是，除了一个个个体环保理念的觉醒、各个国家的政府日益重视环保问题外，各式各样的环保组织如雨后春笋般纷然林立。

从“自然之友”的公开信公关、传播媒体攻略到大亚湾的绿色行动，较之以往在社会上总是显得默默无闻、势单力薄，如今环保组织的公关方式可谓层出不穷、不拘一格。在近年世界自然基金会的“地球一小时”活动前，若干高端杂志、门户网站、SNS、论坛上即使最粗心大意的人也总是可以注意到“Earth Hour”字眼，更不用说电视新闻上的新闻轰炸；关注环保事业的细心的朋友也一定会看到这十几年来“自然之友”在中央电视台上专注于藏羚羊保护的节目，也不会忽视它引爆的一波又一波媒体关注环保事业的宣传报道；广东河源环保部门的汽油泄漏事件处理也是雷厉风行，第一时间启动环境应急预案并即时进行监测及防污染扩散措施，很好地稳住民心和社会的稳定；大亚湾核电的绿色行动则基于 SWOT 分析法展开一系列公关调研、策划、执行、评估程式；“绿色和平”组织和国际反捕鲸组织对以日本为首的借科学研究为名的商业捕鲸行为的抗议和干扰行动……凡此种种，是环保组织撑起了环保事业半边天。

诚然，环保难题、环境保护和经济发展的悖论尚未得到解决，求一时之 GDP 数据而大肆引资重化工企业在地方还屡见不鲜，走先污染后治理的西方发达国家老路的步尘之举还未得到深刻反思，随手丢垃圾和吐痰的人们数量还占着不小的比例，节能环保相较于实用方便在人们消费理念里的分量并不足道……诸如此类，是我们环保事业进一步开拓发展必须克服的“拦路虎”。

环保事业不是一朝一夕——它只争朝夕。“自然之友”是我国环保组织的一个标杆、一面旗帜，不论是可可西里的藏羚羊还是圆明园的生态保护，总能看到它不懈而忙碌的身影。事体有其千差万别，相同的则是执著于环保事业的信念。有了以“自然之友”为先行者的环保组织，我们有理由期待一个美好的地球环境的未来。

第六篇

环保无国界，地球本一家

——世界自然基金会的一系列环保公关行动

如今环保组织开展公关活动可谓“八仙过海，各显神通”、五花八门、不一而足。“绿色和平”的激进果敢、中小环保组织的默默奉献……世界自然基金会的稳扎稳打亦是不拘一格。通过世界自然基金会的努力，我们将看到，环保不拘泥于治理类别、不局限于某个国家地区、不限于时间的跨度……只要有环境问题，时时事事处处皆是环保的着眼点。

开篇导例

开篇之述 “保护长江万里行”——中国发展研究院环保公关

中国发展研究院凭借其敏锐的思维和强烈的社会责任感，充分利用广泛的人脉关系和公关网络，联合全国政协人口资源环境委员会，以沿长江考察调研和发动沿江政府、群众共同参与的方式，在 2004 年 10 月进行了一次旨在通过对长江上、中、下游有关地区的生态保护、长江沿途水质等方面情况进行考察，进一步宣传、唤起和提升中华民族环保意识的大型环保公关活动——“保护长江万里行”，起到了“影响中央决策”的公关效果，受到了新闻媒体的一致赞扬。

项目调查

有利因素：① 时机恰当，审时度势——十六届三中全会，恰逢中央提出了“以人为本，全面、协调、可持续发展”的科学发展观，这为“保护长江万里行”项目实施创造了可行性；② 选对了合作者——全国政协人口资源环境委员会是对全国的环保工作负有重要责任和义务的机构，对各级政府正视和重视长江的现状、进而采取保护措施起到了重要的作用；③ 民众的支持——“保护长江万里行”的最主要受益者是亿万民众，“喝上干净的水”更是亿万人民的长久期盼，“保护长江万里行”活动喊出了人民的呼声、体现了民众的意愿、充分贯彻了党中央“以人为本”的政策，因此能获得民众的支持；④ 中国发展研究院自身的优势——中国发展研究院具有广泛而良好的人脉关系，可信度高，公关实践经验丰富。

不利因素：① 由于中国发展研究院经济实力弱，因此开展这样大型的活动面临的困难很多，阻力也很大，而且要成为全国媒体聚焦的焦点，这就为这次活动的开展提出了更高的要求；② 长久以来，长江的问题不是没人知道，只是沿江的政府和企业瞒而不报，“保护长江万里行”的举行正好触其痛处、揭其疮疤，因此这些企业和部门有可能会人为地制造阻力进行阻挠；③ 资金问题也是摆在组织者面前的一个难题，没有资金，再好的创意和策划、再优质的社会资源和人脉关系对于这个项目来说都是一纸空谈，如何解决资金问题，是项目策划成败的关键。

项目策划

“以唤起和提升中国人民的环保意识”为核心目标，在对有利因素和不利因素进行充分分析和把握的基础上，活动执行委员会常务副主任兼办公室主任章琦对项目进行了如下策划。

1. 沿江调研。在决定发起“保护长江万里行”项目之前，章琦组织相关专家成立了项目调研组，对长江下游地区进行了考察和调研，并发现了长江存在的六大危机：① 森林覆盖率严重下降，植被破坏，泥沙含量增加，生态环境急剧恶化；② 枯水期不断提前，长江断流日益逼近；③ 水质严重恶化，危及沿江五百多个城市饮用水，癌症恶魔肆虐沿江城乡；④ 物种受到威胁，珍稀水生物日益灭绝；⑤ 固体废物污染严重，污染水湖，威胁水闸与电厂；⑥ 湿地面积日益缩减，水的天然自洁功能日益丧失。

2. 借助媒体进行宣传。如何能够让更多的人知道长江存在的问题呢？章琦经过深思熟虑，认为应该借助媒体进行宣传，这样受众面广、影响力大，容易使其他媒体和受众者产生共鸣，达到预期的效果。于是，他撰写了题为《长江在呼喊——救救母亲河》的文章，并在《中国环境报》上发表，一时间引起举国震惊，文章被多家知名媒体和网站转载，许多读者纷纷来信表示支持，不但达到了宣传的目的，更起到了良好的公关作用。

3. 创意发起“保护长江万里行”大型公关活动。章琦认为，保护长江不仅是一项环保活动，更是一项大型的公关活动，活动的实质是要公全民的关、公政府的关，让全民理解和接受长江环保关系民族安危、百姓生存的重要现实意义。章琦经过深思熟虑，决定策划发起“保护长江万里行”活动，并将其列入中国发展研究院 2004 年工作的重中之重。

4. 将合作者选定全国政协。保护长江是一项利国利民的重大活动，涉及的面广，需要做大量的工作，以中国发展研究院目前的规模主办这项活动确实有相当大的困难。由于自己势单力薄，必须找一个合作支持者，共同完成这项事业。章琦在与业界同人沟通这一策划的过程中，与他们达成了共识：请全国政协来主办这项“保护长江万里行”活动。一来，全国政协对国家重大问题有参政议政的权利和义务，对“保护长江万里行”活动有推波助澜的作用，也可以很好地统筹各方面的资源；二来，全国政协拥有各方面的专家学者，可以科学提出保护长江的措施和建议，提高这项活动的实际效果。

5. 把长江问题国际化,引起世界关注。2004 年 4 月 28—29 日,章琦出席了以“水·城市卫生·人居环境”为主题的联合国第十二届可持续发展国际首脑峰会,并做了题为“中华民族将奋起保护长江,为世界可持续发展做出贡献”的主题演讲。章琦的演讲激起了与会者的强烈共鸣,联合国国际交流合作与协调委员会(CCC/UN)表示愿意支持和参与“保护长江万里行”活动,并将在资金、技术、设施等方面为中国治理长江、保护长江工作提供支持。联合国国际交流合作与协调委员会还打算组织国际艺术团沿长江城市义演,以唤起中国沿江城市人民的环保意识。

项目执行

1. 召开新闻发布会,把“保护长江万里行”向全国公开。2004 年 4 月 25 日,在活动执行委员会常务副主任兼办公室主任章琦的主持下,在上海召开了首次“‘保护长江万里行’新闻发布会”,向全国人民公开了活动的情况,“保护长江万里行”活动徐徐拉开了序幕。

2. 通过冠名权拍卖募集活动经费。2004 年 6 月 22 日,上海拍卖行的一声槌响,三爱环境技术工程有限公司以 300 万元拍得了“保护长江万里行”活动的冠名权。随后,章琦又到宝钢、武钢、马钢等企业开展了公关工作,也获得了它们的资金支持,使“保护长江万里行”有了必要的资金保证。

3. 在四川宜宾举行气氛热烈而隆重的“保护长江万里行”启动仪式。10 月 11 日上午,“万里长江第一城”宜宾市合江广场举行了气氛热烈而隆重的“保护长江万里行”启动仪式。新华社、《人民日报》等六十余家新闻媒体到场进行了现场报道。

4. 活动简况

活动从 10 月 10 日北京启动,在四川宜宾举行启动仪式并开始考察的第一站,至 10 月 23 日结束,历时 13 天,穿越 8 省 21 个县市,日夜兼程,行程 4 000 千米,于 10 月 22 日到达终点上海,完成全部调研,并提交相关报告和建议。

考察团在重庆、武汉、南京、上海等地召开了研讨会,对沿途看到的净水处理和环保问题进行研讨;考察团还在沿江考察的过程中举行了多次环保文艺演出和“保护长江,爱我中华”万人签名等丰富多彩的活动,得到了沿江百姓的热情支持并踊跃参加,不但扩大了影响,而且达到了唤起和提升民众环保意识的目的。[①]

① 中国发展研究院.大型环保公关活动“保护长江万里行”[J].公关世界,2006,(2):20-23.

开篇之论 高屋建瓴，势如破竹

改革开放以来，虽然我国的经济取得了巨大的发展，但多年追求高速经济增长使我们为环境付出了惨重的代价——水土流失、森林破坏、湿地减少、江河断流……高消耗、高成本的破坏环境的高增长经济使得一系列的环境污染事件频频发生，我们的生态环境已经到了岌岌可危的地步，而没有生态的安全，就没有人类社会的安全。长江是世界第三大河、中国第一大河，长江流域的经济总量已占到全国 GDP 的 54%，长江对于中华民族而言，是血脉和生命；然而就是这条“母亲河”、“生命河”却无声地承受着工业废水和生活污水的侵蚀，以牺牲环境为代价的经济增长方式使长江陷入了严重的生态危机，沿江水质、植被及水生物体系受到了严重的破坏，濒临崩溃，长江环保已经迫在眉睫。

“保护长江万里行”活动自开展以来，受到了包括新华社、《光明日报》等中央主流媒体在内的全国各地新闻单位的广泛关注。据不完全统计，2004 年 10 月，全国媒体和网站有关保护长江的消息、文章、通讯高达两万多条，全国人民的环保意识有了极大提升，相关部委、省市直至乡镇都纷纷行动起来保护长江。

“保护长江万里行”活动结束后，在章琦的亲自主持下，经过 1 周的努力，由中国发展研究院撰写的一篇题为《保护长江万里行，落实科学发展观》的调研报告送到了北京。该报告深刻指出并剖析了长江治理中存在的七大问题，并提出了十大建议。报告受到了中央决策层的重视，提出的很多建议都被中央采纳或讨论，有些已经在实施，有些正在落实当中。

“保护长江万里行”是一个大型环保公关项目，其工程之浩大可以说是举世瞩目，项目之所以取得了巨大的成功和广泛的影响，除了因为抓住了好的机遇之外，更重要的是其牢牢地把握了“科学发展观”的精髓，紧密地围绕着“构建和谐社会”这个中心，才赢得了各级政府、各地企业、社会民众的鼎力支持，可谓高屋建瓴，顺势而下，势如破竹。这是一次对社会资源、政府资源和媒体资源的大整合，是章琦凭借其高度的政治敏感性将各种公关手段运用到实际项目策划之中的成功实践，是近年来中国公关领域的一个经典案例。

史镜今鉴

古诗中的环保理念

我国是一个诗的国度，很多诗人怀着极强的环保意识和强烈的环保责任感，利用古诗这一韵律优美的文学形式，熔铸了许多脍炙人口的人与自然高度和谐的诗篇，成为环境保护的先知先觉先行者。《诗经》中的《驺虞》一诗，被誉为我国第一首环保诗。

唐代诗人白居易曾有环保诗两首。其一，《观游鱼》："绕池闲步看鱼游，正值儿童弄钓舟。一种爱鱼心各异，我来施食尔垂钩。"诗人感慨：爱鱼之心人各有异，我爱鱼给鱼施食，盼它长大；你却垂钩钓鱼，为图己乐。诗人营造了一个隽永的意境，巧妙地表达了人与自然生物和谐相处的环保理念。其二，《杨柳枝词八首》(七)："叶含浓露如啼眼，枝袅轻风似舞腰。小树不禁攀折苦，乞君留取两三条。"这首诗直抒胸臆，劝诫人们不要攀折柳枝，爱护大自然一草一木的悲怜情怀跃然纸上。

宋代欧阳修诗《画眉鸟》中写道："百啭千声随意移，山花红紫树高低。始知锁向金笼听，不及林间自在啼。"在他眼中，鸟原本是自然界的产物，只有回归自然，才能展现出它的天赋。另一宋代诗人葛天民的《迎燕》诗中"为迎新燕入，不下旧帘遮"、"巢成雏长大，相伴过年华"两句生动地描写了宋代百姓在阳春三月为迎接燕子归来，故意不放下门帘的情景。那时的人已经认识到要把燕子当做自己生活的一部分，再想想现在一些人捕鸟、吃鸟、掏鸟蛋、吃燕窝的做法，令人作呕。

与当代一些滥砍乱伐的行为相反，我国历史上有许多诗人都很重视植树造林，并留下了不少诗篇。宋代欧阳修曾在扬州平山堂栽柳，人称"欧公柳"。苏轼任杭州知州时，在西湖筑堤"植芙蓉、杨柳其上，望之如画图"，成为西湖十景之一的"苏堤春晓"；谪居黄州时，曾筑东坡雪堂，周围栽种柳、桑、竹、枣、栗等树，并写诗道"去年东坡拾瓦砾，自种黄桑三百尺"。爱国诗人辛弃疾曾在带湖新居种树，并写词《水调歌头》曰"东岸绿荫少，杨柳更须栽"。

时下，追求绿色环保低碳的生活成为时尚的潮流。每逢节假日，三三两两的城里人进山近水，消暑度夏，虽然农家宾馆常常人满为患，但城市一族仍然趋之若鹜，乐此不疲。其实，早在千百年前，文人骚客们就非常推崇和向往这种绿色低碳的生活方式，而且身体力行，亲身实践。

陶渊明在《归园田居》诗第三首中写道："晨兴理荒秽，带月荷锄归。"一副月夜归耕图，洋溢着诗人愉悦的心情和归隐田园的自豪！孟浩然的《过故人庄》："故人具鸡黍，邀我至田家。绿树村边合，青山郭外斜。开轩面场圃，把酒话桑麻。待到重阳日，还来就菊花。"更是将绿树青山、村舍场圃、桑麻菊花和谐地打成一片，把淳朴简单的生活美深深地融入诗作中。人与自然的高度和谐美景令人倍感舒适，使人在大自然创造的美景中领悟到生命的美好。[①]

点　评

古代许多诗人提倡的与大自然和谐相处的环保言行，与现代社会科学的可持续发展理念不谋而合。同时，古典诗词中蕴涵的丰富环保精神告诉我们：地球是人类唯一的家园，没有了大自然，就没有了美；保护自然界的一山一水、一草一木、一花一鸟，就是在保护人类自己。

WWF的环保公关系列历程

WWF在全球五十多个流域开展湿地与淡水保护及流域综合管理示范工作。在1998年洪水之后，湿地和淡水生态系统保护也成为WWF在中国的主要工作领域之一，通过与国家林业局等相关部门的合作，先后在湿地恢复、湿地替代生计、湿地保护区网络建设、重建江湖季节性生态与水文联系、提名国际重要湿地、湿地宣传教育、流域综合管理政策倡导等方面开展了大量工作。

1999年，WWF的荷兰分会来到中国湖南，首先启动了"携手保护生命之河"长江项目。该项目地跨长江流域的11个省份，而且实现全流域

① 张建政.古代诗人爱环保[OL].东楚网消息(东楚晚报)http://news.cnhubei.com.

范围的综合治理。例如,其不仅在湖南的洞庭湖地区开展湿地资源保护、重建江湖联系、积极宣传教育、保护水生生物等活动。同时,还支持江西省山江湖开发治理委员会总结鄱阳湖流域综合管理的经验与教训,以此推动洞庭湖流域、赤水河流域的流域综合管理工作。

在此项目的影响下,2002 年汇丰银行(HSBC)通过其“投资大自然”项目支持 WWF 在湖北启动了以“重建江湖联系,恢复长江中游生命网络”为目标的“恢复长江生命之网”——WWF-HSBC 长江项目,开展了湖北省湿地保护网络建设、推动“灌江纳苗”工作以重建江湖联系、实施基于社区的湿地保护与恢复示范、水生生物资源保护、作为白鳖豚和江豚栖息地的天鹅洲故道群湿地保护等项目,这些工作将为恢复江湖联系、探讨长江中游湖泊保护与可持续利用、建设长江中下游的湿地保护网络与白鳖豚和江豚等珍稀物种保护网络等提供有力的支持。

同时,WWF 建议并与中国环境与发展国际合作委员会(简称国合会)共同资助成立了“国合会流域综合管理课题组”。该课题组于 2004 年 10 月向国务院提交了《推进流域综合管理,恢复中国生命之河》的政策建议报告,为促进中国流域水资源、流域生态系统的“良治”出谋划策。报告中建立“长江论坛”的建议已被 27 家单位采纳,“首届长江论坛”于 2005 年 4 月在武汉成功举办,通过了《保护与发展——长江宣言》,一致赞同通过对长江流域实施综合管理,来确保实现防洪安全、饮用水安全和生态安全等三大目标。

WWF 还积极关注水坝建设对生态与环境的影响,并支持相关领域的专家就水坝对河流、湿地、鱼类、鸟类栖息地的影响开展深入研究;同时积极倡导广泛吸收国际上在水坝开发环境影响评价方面的好做法,如瑞士的“绿色水电”认证、美国的“低影响水电站认证”、“水电站重颁许可证”制度、公众参与制度等,为水坝的理性开发和合理调度提供科学的决策依据,以确保环境流量和生态需水,最大限度地降低水坝对生态环境的负面影响;此外,积极倡导采取有效措施鼓励发展其他可再生能源、提高能源使用效率,以缓解能源发展对水电开发的依赖程度。

WWF 一直与国家林业局等合作,推动《中国湿地保护行动计划》的制订与优先项目实施等,提名国际重要湿地、支持湿地类保护区的基础调查、保护区管理人员培训、湿地类型保护区的管理等。在 WWF 的协助下,2002 年 2 月 2 日(世界湿地日)和 2005 年 2 月 2 日,我国两次新增 23 个国际重要湿地,其中 2002 年新增的 14 个国际重要湿地被 WWF 总部评为来自中国的第一份“献给地球的礼物”;与国家林业局、上海市农林局合作开展“崇明东滩自然保护区可持续管理项目”,探索“国际重要湿地”

的建设与管理；与国家林业局等合作，组织了2004年、2005年长江中下游六省市的同步水鸟调查，为长江中下游地区湿地保护区网络建设和国际重要湿地的提名工作准备了翔实的基础数据。

WWF还与国家林业局《湿地公约》履约办公室共同合作，自2001年以来连续组织"湿地使者行动"，分别以"把知识带回家乡"、"走进国际重要湿地"、"追寻通江湖泊"、"生命之河：从高山到大海"、"还长江生命之网——长江行动"等为主题，在全国各地系统地开展了湿地科普与宣教活动和调查工作。5年来，累计参与竞标社团有226个，有131个大学生环保社团、1 500多名师生成为湿地使者直接参与到该活动中来，足迹踏遍中国黑龙江、长江、黄河、澜沧江流域的20个省（市、自治区）和泰国、老挝、越南、柬埔寨、缅甸5国境内的湄公河流域，直接将湿地保护、恢复与可持续利用知识传递给数百万湿地地区的基层干部与群众。

2002—2005年，WWF还与国内外多个部门与专家合作，制定了《长江流域生物多样性保护战略》，既从战略角度描述了长江流域生物多样性保护的远景目标（50～100年），也从实际出发制定了WWF未来10年的优先保护对象和5年内的优先保护行动计划。

创建绿色家园，是人类共同的心愿。WWF愿与社会各界团结合作，为实现中华民族的繁荣昌盛而保护好人类生命与文化的源泉——湿地与淡水生态系统。[①]

三刻拍案

拍案一　长江马鞍山段柴油泄漏事件

2008年4月15日凌晨，芜湖至马鞍山长江段发生一起撞船事故，导

① 淡水项目.世界自然基金会中国官网.

致700吨柴油泄漏入江，对南京市及江苏省长江下游沿线饮用水源造成影响。环境保护部对事件进行了调度，此次事件未造成沿江水厂停水，所有水厂取水口水源均已达标。

4月16日上午10时30分，南京市长江夹江棉花堤段发现油花，经沿江而上巡查，发现在江苏、安徽交界处出现明显长条形的油污染带，南京市环保部门紧急在大胜关水源地上游设置围油栏，拦截住大部分油污；同时要求江宁、城南等水厂加强对水源的监测，并做好水源深度处置的准备。

根据现场监测情况，4月16日苏皖界石油类超标13倍(标准0.05毫克/升)，南京市江宁水厂进水口发现有明显浮油，石油浓度0.08毫克/升，超标0.6倍。4月17日11时监测表明，除南京市城南水厂、北河口水厂石油类略有超标外，江宁水厂、上元门水厂、浦口水厂石油类均达标。4月17日，长江下游镇江市对各取水口进行监测，除丹阳黄港取水口(0.09毫克/升)、扬中市二水厂取水口(0.09毫克/升)、丹徒高资水厂取水口(0.058毫克/升)石油类略有超标外，其他水厂取水口均达标。至4月18日凌晨，所有水厂取水口水源均已达标。

由于采取了在取水口外布设围油栏、使用活性炭吸附、在沉淀池投放吸油毡等措施，此次泄油事件中所有水厂出水水质均达标，未出现停止供水情况。目前污染带已呈零散状分布，被拦截在围油栏内的油污已被妥善处置。环境保护部要求江苏省环境保护厅继续组织沿江各市对各水厂取水口上下游进行监测，确保供水安全。①

点　评

长江马鞍山段柴油泄漏事件发生后，环境保护部对事件进行了调度，当地环保部门采取果断决策，紧急在大胜关水源地上游设置围油栏，拦截住大部分油污，同时要求加强对水源的监测，并做好水源深度处置的准备。与此同时，开展应急监测，确保公众饮用水安全。

① 张异凡，陈明，刘方.交通油污染事故的处置与防范——从3起油污染事件说起[J].环境保护，2010，(8)：47-49.

拍案二 WWF的“湿地使者行动”

“湿地使者行动”是WWF为提高公众的湿地保护意识而开展的一项大型公益公关宣传活动，旨在发动和组织全国高校的大学生环保社团和环保爱好者，利用节假日和课余时间开展湿地保护和公关宣传工作。

“湿地使者行动”已经形成了一套完整的行动模式。根据湿地保护的现状与问题，每年的“湿地使者行动”都提出具有新意的主题。各社团根据每年的主题，制订自己的活动方案，通过互联网提交和进行答辩，决出优胜队伍。优胜队伍的队员接受专家培训后，利用假期到湿地地区按方案进行实地调研和宣传活动。实地活动需要有长期和细致的准备、明确的目的和计划，活动中主办单位还派专家到现场进行监督和评估。各社团在结束野外的实地活动返回高校后，还要继续开展宣传活动，把湿地活动的各种调研信息带给身边的老师、同学和所在城市的市民。全部活动结束后，各社团提交详细的总结报告，并根据各队活动情况由主办单位进行评奖。主办单位鼓励各个使者队伍积极与媒体联系，利用媒体的力量将各自队伍的活动向社会宣传，唤起政府、商业机构、媒体、社会对湿地的重视；主办单位也鼓励各社团积极与有关企事业单位进行合作，以取得它们的支持。

自2011年来，由大学生环保社团参与的湿地使者活动每年都会举办一次，吸引了众多青少年参与其中。其主办官方机构包括了世界自然基金会、国家林业局湿地保护管理中心、水利部水资源管理司和国际湿地公约秘书处等。

该活动特别受到高校的生命科学专业学生和环境保护社团的欢迎。湿地世界自然基金会（中国）首席代表欧达梦表示：“湿地使者们通过不同形式的活动，有效地提高了公众呵护水源地的意识。我们希望能有越来越多有能力、有责任心的青年参与到这项活动中，也希望社会各界加入进来，共同推动湿地保护，推动中国的可持续发展。”5年来，湿地使者们提交了大量富有价值的实地考察报告、问卷调查、心得笔记，吸引了全国各地上百家国家、省、市级媒体的共同关注，并分别进行了全程跟踪报道或专题报道。[①]

---

① 袁亚平. 富春江集团何以尽领风光[N]. 人民日报，2006-06-05(15).

点　评

"湿地使者行动"具有高度的公益性、知识性，为充满理想的青年人提供了极有意义的锻炼和实践机会，吸引着越来越多的社团加入到行动中来。"湿地使者行动"促进了大学环保社团建设，并不断地在学生中激起热爱自然、保护环境的热情；使一大批学生们开阔了眼界，提高了能力，向全国不少湿地地区的人们宣传了湿地保护与合理利用的科学知识，也提出了众多合理的建议，引起了国家有关部门的重视。我们期待越来越多的环保社团、部门、组织和机构能够参与到这项行动中来，为推动中国湿地保护和合理利用的宣传工作献计献策。[①]

拍案三　携手保护生命之河——长江

在 WWF 荷兰分会的支持下，"携手保护生命之河"——长江项目（以下简称为"生命之河长江项目"）自 1999 年以来，已连续在长江中游地区实施湿地恢复与保护项目。

"生命之河长江项目"协助建立西洞庭湖省级保护区，并帮助该保护区提高能力，不断提高保护有效性；协助西洞庭湖保护区与当地社区对退田还湖后的青山垸进行社区共管，解决保护与发展之间、保护区与当地社区之间的矛盾；在西畔山洲、青山垸等开展了生态旅游、有机农业、生态渔业等替代产业发展的示范项目，成功地建立了湿地保护与可持续利用模式，在增加湿地和保护区面积的同时，示范区农户的户均年收入也从 1999 年水灾后的 2 000 多元增加到现在的 12 000 多元。

联合政府相关机构、非政府组织和媒体等，利用龙舟赛、农民湿地画展等各种途径，广泛宣传湿地生物多样性保护和可持续利用的理念，提高公众的意识，在该项目影响下，2002 年汇丰银行（HSBC）通过其"投资大自然"项目支持了 WWF 在湖北启动的"恢复长江生命之网"——WWF-HSBC 长江项目，开展了湖北省湿地保护网络建设、推动"灌江纳苗"工作。这种强强联合的生态公关项目，切实地为恢复江湖联系、探讨长江中

① 边一民. 公共关系案例评析[M]. 杭州：浙江大学出版社，2004.

游湖泊保护和可持续利用、建设长江中下游湿地保护网以及水生生物和白鱀豚等珍稀生物保护网提供有利支持。

“生命之河长江项目”还建议并与中国环境与发展国际合作委员会(以下简称“国合会”)共同资助了“国合会流域综合管理课题组”。该课题组在两年国内外实地考察与调研的基础上，于 2004 年 10 月向国务院提交了《推进流域综合管理，恢复中国生命之河》的政策建议报告，系统地提出了中国实施流域综合管理的基本原则、基本框架和分步骤实施建议，特别对长江的流域综合管理提出了具体的建议。目前，该课题组的很多建议已经得到了有关部门的支持，其中，关于建立“长江论坛”的建议，已经为“首届长江论坛”的 27 家发起单位所接受，并于 2005 年 4 月 16—17 日在武汉成功地举办了“首届长江论坛”。来自中央相关部委、沿江 11 省(市、自治区)政府及相关驻华机构和国际组织的代表参加了论坛，并一致通过了《保护与发展——长江宣言》，赞同将流域综合管理作为主要原则，以确保实现长江流域的防洪安全、饮用水安全和生态安全等三大目标。

“生命之河长江项目”资助江西省山江湖开发治理委员会总结山江湖工程和实施鄱阳湖流域综合管理的经验，协助山江湖委员会办公室提高能力，资助鄱阳湖流域综合管理战略的制定，推动鄱阳湖成为中国探索流域综合管理的一个模式，利用鄱阳湖的经验，推动洞庭湖的流域综合管理。此外，利用国合会流域综合管理课题组的建议，与长江水利委员会、相关省级机构等推动跨云南、贵州、四川三省的赤水河流域的综合管理。

“生命之河长江项目”还积极关注三峡大坝的环境影响，并支持相关领域的专家就三峡大坝对湿地、鱼类、鸟类栖息地的影响开展深入研究，争取为三峡大坝的合理调度提供科学的决策依据。

此外，2004 年 1 月以来，与国家林业局等合作，组织了长江中下游 2004 年的水鸟调查工作，为长江中下游地区湿地保护区网络建设和国际重要湿地的提名工作准备了翔实的基础数据。①

① 淡水项目. 携手保护生命之河长江项目. 世界自然基金会中国官网.

回味隽永

滚滚长江，滔滔黄河，源远流长，奔腾不息，共同孕育了绵延五千年的华夏文明，哺育着勤劳勇敢的中华儿女，是中华民族的母亲河、保护长江黄河母亲河、改善生态环境、实现中华民族的可持续发展，是每一位中华儿女特别是长江两岸、黄河上下儿女义不容辞的共同责任。由此推开去，环保之事，人人有责。

"工欲善其事，必先利其器。"我们认为环保组织的公关必定要从以下几方面着手。

环保难题首先是一个观念问题。不使人们改变工业社会以来那种"先发展产业再讲求环保"、"先污染再治理"的思维方式，环境问题就不可能得到最终解决。令人欣慰的是，环保观念在西方发达国家的主流人群和发展中国家的部分人士观念里已逐渐生根发芽，他们是环保事业的生力军。现实是，还有很多人缺乏或者根本没有环保意识，这是环保组织开展公关的主要人群对象。

环保事业的存续要求环保组织继续壮大自身的队伍和实力。20世纪末以来，随着NGO这种组织形式的流行、经济全球化的推进，以及环境污染、生态破坏的加剧，环保组织如雨后春笋般在世界范围内兴起，它们中的佼佼者如绿色和平、世界自然基金会等已经颇具影响力；然而，我们仍然必须承认的是，相比于世界范围内的那些巨无霸般的经济组织、政治组织、军事组织、教育组织等，环保组织仍然是势单力薄。环保组织更多地建立在人们的自愿基础上，建立在物质已经得到极大满足而追求精神文化需求的基础上。环保组织还要不断壮大自身的实力，特别是要在代表人类的未来和希望的青年人中间宣传环保理念和主张，让环保之花在世界的各个角落绽放。

环保事业的开展离不开国家政府的有力支持。就世界范围而言，没有比国家政府更强大的组织；同样地，也没有比欲跨越国家政府的界限而有所为更困难的事。环保组织既然仍势单力薄，就不得不借助于国家政府的权威来行环保之事。环保组织要不遗余力地向国家政府宣讲环保对国计民生、国家发展的重要性，环境污染的严重性、治理污染的迫切性。宣传自我主张务求晓之以理、动之以情、明之以利。

环保公关离不开大众传媒的支持。如今，信息时代，世界事务纷繁复杂，人类个体的精力是有限的，无法做到时时刻刻眼观六路、耳听八方，这就需要在环保公关时巧妙地利用媒体的强大舆论攻势打开环保公关的广阔战场。环保公关需要环保组织借力四方，解决环保事业必需的资金问题。

最后，环保公关离不开公民个人、群体的响应。环保公关有时并非就单单是针对一时一事。一时一事是环保的当务之急，环保公关真正追求的则是持久的“环保效应力”，这种“环保效应力”依托于环保组织的环保宣讲，根植于公民个人、群体的思维理念、生活方式。有了它，清洁天然的绿色世界离我们就不再遥远了。

环境保护，时不我待，时不我与，对于我们个体，就从点点滴滴做起吧！

第七篇

“地球一小时”全球行动

——为了人类共同的家园

环保组织公关通常是指环保组织为避免一定区域内的环境问题或者为了更好地保护环境，而针对有关组织开展的传播、沟通、协调以及公关活动。“地球一小时”就是世界自然基金会为了应对人类日益严重的能源危机对各国政府等组织以及民众所倡导的一次环保公关活动。

开篇导例

开篇之述 "地球一小时"全球响应空前

2009年3月29日,经过24个小时的全球城市接力的世界自然基金会(简称WWF)的"地球一小时"活动在北美正式落幕。88个国家和地区、3 943个城市、数以亿计的人纷纷在当地时间熄灯一小时,并呼吁世界各国领导人采取果断措施,以应对全球气候变化。如再加上未注册自发参与活动的城市,真正参与地球一小时的社区活动数量将会比官方数据更高。

当地时间3月28日20时30分,随着位于新西兰东南约800千米处的太平洋岛屿查塔姆岛上唯一的发电机关闭,新西兰率先进入"地球一小时"活动。

当渡船响起长长的汽笛声时,澳大利亚最大城市——悉尼的许多标志性建筑仿佛听见了号令一般,璀璨的灯光瞬间一齐熄灭,悉尼歌剧院、悉尼海港大桥等著名建筑在海水中的美丽倒影也随之消失。

随着地球自转,"地球一小时"渐渐继续西行来到亚洲。新加坡、马来西亚、菲律宾、韩国、泰国、印度的高楼大厦纷纷灭灯。

在中国,北京的新地标鸟巢、水立方,上海东方明珠、金茂大厦、环球金融中心三座最高建筑也黯然褪色,香港、澳门、保定、大连、南京、顺德、杭州、长沙、哈尔滨、长春等城市也开展不同的熄灯活动,向全世界展示中国政府和公众应对气候变化的决心和信心。

WWF(中国)首席代表表示:"WWF向所有支持和参与活动的政府机构、企业、个人表示感谢。'地球一小时'活动在中国成功举行,说明中国政府和公众愿意一起行动起来应对气候变化。这仅仅是一个开端,WWF希望大家能从日常生活中的小事做起,节约能源,也呼吁各国政府尽快采取积极的应对气候变化措施。"

埃及古老的吉萨金字塔和狮身人面像,作为全球古老纪念塔之一也熄灯一小时，人们在活动中也表达了对人口增长和气候变化所导致的干旱的忧虑。

"地球一小时"在俄罗斯经历了最长的旅程——跨越了11个时区，并到达北极周边的许多区域，在那里，气候变化正给北极熊们的家园带来日益严重的威胁。

气候变化引起了非洲的水资源短缺和耕地匮乏，非洲的许多城市也加入到"地球一小时"中来。开普敦的主要庆祝活动举行的地点正是南非最受欢迎的旅游景点维多利亚与阿尔弗雷德码头区，人们在那里举行了一场黑暗音乐会；而在约翰内斯堡，索韦托福音合唱团在曼德拉广场热烈庆祝此次活动。

在比利时布鲁塞尔（欧洲新行政中心），65幢欧盟高楼全部熄灯，其中包括欧盟委员会、欧洲议会、社会经济委员会以及各地区委员会的大楼。大本钟、威斯敏斯特宫、伦敦、爱丁堡城堡等200多个英国标志性建筑和世界著名的文化符号也在黑暗中无声地支持"地球一小时"活动。

首都巴黎和法国28个城市加入了旨在采取措施应对气候变化的"地球一小时"活动中来。巴黎那些旅游胜地如埃菲尔铁塔、卢浮宫、凯旋门、巴黎圣母院在这一夜显得格外美丽，有逾200名市民脚蹬滑轮涌上街头，参观黑暗笼罩中的所有熄灭了灯光的标志性建筑。

在巴黎埃菲尔铁塔目睹熄灯瞬间的WWF全球总干事詹姆斯·利普表示："在未来8个月内，各国政府必须团结起来应对气候变化的难题。全球数以亿计的人们以实际行动表达了他们对12月份在哥本哈根达成全球气候应对协议的支持。"

作为最后一大站，"地球一小时"来到美洲。巴西有1 000多个企业、480个社区组织以及101座城市参与了此次"地球一小时"活动。加拿大2008年就积极参与"地球一小时"，今年加拿大参与者同比再创新高。从多伦多今年的电力消耗数据来看，与2008年活动期间减少了8.7%的数字相比，2009年多伦多的用电量减少了15.1%。

许多美国最知名的城市在黑暗中绽放美丽，其中包括亚特兰大、巴尔的摩、波士顿、芝加哥、达拉斯、休斯顿、拉斯维加斯、洛杉矶、迈阿密、纳什维尔、纽约、盐湖城、圣路易、图森以及美国联邦首都所在地华盛顿，而全世界正希望尽快看到位于这座城市的美国新政府对于气候变暖问题的明确态度。[①]

① "地球一小时"全球城市熄灯接力盛况空前. http://www.wwfchina.org.

开篇之论　盛世浩大，效果显著

“地球一小时”是WWF发起的应对气候变化的活动，呼吁全世界的企业、个人和政府等在2009年3月28日周六晚8:30—9:30熄灯一小时，来减少二氧化碳排放，从而使更多人重视起全球的气候变化和节能减排。

首次“地球一小时”活动是于2007年3月31日晚7:30—8:30在澳大利亚悉尼展开的，当时吸引了逾200万悉尼企业和家庭参加。2008年是3月29日晚8:00—9:00，全球超过5 000万的个人参与到“地球一小时”的活动中来。2009年，“地球一小时”盛况空前，联合国秘书长潘基文在活动前称：“‘地球一小时’是一场有史以来最大型的展示公众关注气候变化的活动。”

WWF通过号召全球开展“地球一小时”活动，有效地以一种全球公益的形式节约了电力资源。通过呼吁各国领导人及其政府果断采取应对全球气候变化的措施，以及向全球公众宣传共同应对气候变化的环保理念，WWF完美地演绎了新时代人们所最为推崇的环保公关活动。

史镜今鉴

当今世界，人们环保理念日益加强，不但有一个个热衷于环保的个体，还有像WWF这样的环保组织，正是在WWF的倡导下，“地球一小时”这种全球范围的环保公关、环保活动才得以成为可能。不曾想，我国古人在修建承德避暑山庄时已经事实上在实践“天然去雕饰”的环保理念；在中世纪的法国，国王为了治理巴黎的污染，已经开始了铁腕治污。

古人的"天然去雕饰"环保理念

承德避暑山庄：山庄湖区位于武烈河谷一侧，水域面积本来不大，现有水系和湖泊大都是人工开凿出来的。扩展山庄的水域面积，不但丰富了园林景观，也是对局部生态环境的进一步完善。在扩展湖区水域的过程中，为保持土方平衡，还在湖中设计了面积较大的洲洲岛岛，因而尽管局部改变了地形地貌，但通过如此巧妙的转换和利用，并未造成整体自然环境的破坏，还构成了更为丰富的园林景观。

北京静宜园：静宜园所在的香山自然生态环境极为优越，植被种类繁多，覆盖面积广阔，"山中之树，嘉者有松、有桧、有柏、有槐、有榆、有枫，最大者为银杏"。乾隆时主要在金代香山行宫已有的建筑基础上进行了集中修建，而大多数景点均散布在峰峦层叠的自然环境中。如此，清人不曾大肆兴造，一些景点甚至只一亭、一松而已，却最大限度地保留了原始的自然风貌，做到了真正的原生态。[①]

点 评

我国古人虽然没有刻意地组建环保组织，然而他们并不缺乏环保意识、环保观念。生态景观一直是中国园林的核心。以承德避暑山庄和北京静宜园为例，人们在营建居住或生活环境时，始终遵循着不破坏原有自然生态的原则，基于充分利用原始自然生态环境进行加工，努力使创造出的人工生态系统与自然生态系统相互融合。这不仅保持了自然生态的完整，而且发挥了其生命力和连续性，展示了古人"天然去雕饰"的环保理念。

法国国王的铁腕治污

法国在中世纪时，城市街道并没有铺路石，很多街道狭窄、坑洼不平，

① 古代的生态审美思想于当今景观环境设计的应用与意义. http://tj.house.sina.com.cn.

其中的空气难以流通，而且见不到阳光，满地都是由腐水、垃圾、尘土、人畜粪便组成的烂泥浆。排水系统的不畅致使污水滞留，一遇雨天，马路甚至会轻易断行，平时最繁华的街道也会变成污水坑。法国历史上第一位在巴黎抑制“垃圾浪潮蔓延”的国王是菲利普二世。1184 年，他颁布命令给巴黎的资本家和市民，要求把城市的大街小巷都铺成砖道。400 多年后，巴黎一半的街道都已铺成砖道。从此，清扫首都成了一项重要的工作。

在巴黎，所有下水道都通往塞纳河，然而塞纳河同时也是居民的饮用水水源。由于很多巴黎人把垃圾倒进塞纳河，巴黎路政官颁布了一条法令：凡向塞纳河及其支流倾倒垃圾者，将被处以高额的罚金。后来，违法者受到的处罚越来越严厉：关进监狱、限食限水，甚至从 1395 年开始出现了“处以绞刑和示众柱刑”。

在中世纪时期，欧洲居民饱受流行性传染病的蹂躏，其中可怕的黑死病是最大的杀手，1346—1353 年期间夺走了欧洲几百万人的生命。经过诊断，当时的医学院认为：这是下水道（排水系统）及垃圾存放和处理不当造成的，垃圾发出的臭气是罪魁祸首。1348 年，当黑死病侵袭巴黎、造成大量人口死亡时，人们开始遵照希腊医生道克萨拉斯的建议，清除城市中所有的垃圾，将污泥和垃圾运到指定的场所，同时用酒泼洒路面。道克萨拉斯医生后来又在这一灾难中拯救了雅典。许多年后，弗朗索瓦一世提出了使巴黎变得卫生清洁的新举措，他沿用了先前的法令，要求使用箩筐装载垃圾，而不许把垃圾乱堆在公共道路上。多年后又颁布了一条法令，要求市民在运输垃圾的双轮车到来之前必须清扫门前的卫生，并将脏土、垃圾装进筐里。

从此以后，每当倾倒垃圾时都以摇铃的方式来提醒居民垃圾车的到来。这种好习惯一直延续下来，直到 1919 年改为汽车收运垃圾时才退出了历史舞台。

点评

近代世界的环保组织和环保组织的公关兴起于西方，远在中世纪，法国国王就开始使用铁腕实行我们所说的公关。面对“垃圾浪潮蔓延”的严峻形势，首先是菲利普二世颁布命令把巴黎城街道修成砖道，资本家们负责修建并维护砖道，被称为"巴黎路政官"的行政官员及其副手负责监督修路工作的进行。历时数百年，巴黎半数街道已经铺成了砖道。其次，就塞纳河水污染问题，颁布了高额罚金的法令，以至后来的处以绞刑和示众柱刑，治理污染决心不可谓不坚决！再次，为抑制黑死病，弗朗索瓦一世禁止将垃圾乱堆在公共道路上的行为，箩筐装载垃圾，运输垃圾，良好的巴黎市民卫生习惯得以延续。可谓是，开严酷法令保障环保历史之先河。

三刻拍案

拍案一　渭南柴油泄漏河南段环保公关纪实

2009年年底，中石油某成品油管道渭南支线发生泄漏，流入渭河，形成污染带流入黄河三门峡境内，黄河水质受到污染。尤为重要的是，这里是河南新乡、郑州、开封、濮阳及山东部分城市的饮用水源地……污染事件发生后，省部级环保部门高度重视舆论引导和公关工作，在污染处置过程中，把确保人民群众知情权和社会稳定放在首位。

接到相关方通报后，河南省环保厅立即启动环境应急预案和环境突发性事件舆论引导工作方案。组织宣教、应急办、环境监测等部门人员第一时间赶赴黄河入河南风凌渡断面及沿岸各重点监测断面，在积极应对污染、加强工程处置和水质监测监控等措施的同时，第一时间公开水质状况。

河南环保部门发布新闻通稿，向社会公布国务院联合工作组现场查看水质状况，连夜研究部署污染处置措施，进一步加快污染处置进程。随后，召开新闻发布会，环保部应急办通报了国务院联合工作组的6项综合措施，专家组从技术方面论证了综合处置方案，使社会各界充分了解到：通过采取工程措施，污染水体已经基本控制在三门峡库区以上，下游尚未受到明显影响。

组织新闻通稿，对各方落实国务院联合工作组要求，加快对三门峡水库库区及下游设置拦截、吸附和吸油船等综合处置措施，黄河闸坝逐步恢复正常调度等情况进行通报，及时让社会了解到污染处置工作所取得的重大进展情况。组织发布新闻通稿，向社会公布在严格污染监控、加强污染处置、加密水质监测的条件下，河南省三门峡水库启动第二台机组放水发电，再次强调了根据跟踪监测数据得出“水库下排水水质石油类浓度继续保持在地表水Ⅲ类标准，水库发电功能逐步恢复正常”这一最新进展情况，让社会及时了解到污染处置已经取得显著成效，沿黄城乡居民饮水安全得到充分保障，让群众更加安心。

发布国务院联合工作组会议对整个事件污染处置工作的相关结果评价：由于各方通力合作综合处置、科学治污，污染处置成效显著，取得了决定性胜利。黄河干流总体上水质平稳，上游来水基本达标，基本达到了国务院工作组提出的水污染处置目标要求。

组织发布新闻通稿，向社会通报通过黄河三门峡段污染处置设施的持续作用，三门峡库区水质逐步变好。三门峡大坝以下所有监测点位石油类污染物全部达到Ⅲ类水质标准。实现了河南省政府提出的“把污染控制在三门峡境内”的目标，下游沿黄城市居民饮水安全得到保障。把握和引导了舆论，避免了恶意炒作，维护了社会稳定。

为加强媒体记者接待服务，宣传组专门设立了记者接待办公室，并集中安排所有记者食宿，加强安全保障，便于沟通服务，为相关采访提供方便和必要的帮助，较好地保证了正常的采访报道秩序。

另外，在事件发生和污染处置的过程中，美国彭博新闻社、德国国家电视台等国外新闻媒体也来电、来访，宣传组按照相关程序积极应对、加强沟通，提供了污染处置各阶段进展情况的新闻通稿，保证了国外媒体总体上客观的报道，反映了污染处置效果。[①]

① 宋德永. 渭南柴油泄漏河南段处置信息公开纪实[J]. 环境保护，2010，(15)：55-56.

点 评

本案例中，中石油某成品油管道渭南支线发生泄漏后，首先，相关各方环保组织高度重视稳定舆情。由主要负责方组成的宣传组主动通过新闻发布会、每日发布新闻通稿等形式发布信息。环保部等相关部委联合工作组切实加强协调指导，靠前指挥、现场查看水质状况、充分听取各方意见建议尤其是专家论证意见、科学决策、连夜研究部署加快处置措施，环境事故相关各方通力合作，落实工作组部署，及时采取工程处置、污染防控、水质监测等科学有效的综合措施，加快污染处置工作，所取得的突出成效，彰显了各方积极应对污染、确保城乡居民饮水安全的决心、信心和行动，稳定了舆情、社情、群情。

其次，信息定期发布，媒体活动全面公开。此次事件宣传报道工作全面落实国务院联合工作组相关部署和要求，每日定期发布处置工作措施和工作节点取得的明显成效及水质变化情况，主动、及时、准确、全面地进行信息公开和新闻公布，有效地引导新闻舆论宣传，确保了大局稳定。

再次，做好媒体公关服务工作，积极引导社会舆论。为正确引导舆论、保证新闻采访报道的正确导向和及时全面，宣传组多次主动组织新闻记者深入到污染处置一线，现场特写等报道也增强了新闻的感染力。通过宣传组的安排和服务，新闻媒体的报道中很好地体现了河南省环保等各相关部门全面落实要求、通力合作、及时采取措施、确保沿黄城乡居民饮水安全的具体行动，实现了"力保在三门峡境内解决黄河水质污染问题，力保沿黄城乡居民饮水安全，力保信息公开和社会稳定"。

而在污染处置工作取得决定性胜利之后，后续处置工作也进入了常态。宣传组善始善终，继续尽力做好事件处置、水质监测和三门峡水库下排水质变化情况等的后续报道，深入总结、挖掘处置工作中涌现出来的先进经验和先进事迹；同时，全面总结本次事件中新闻报道和引导舆论的相关经验，继续总结突发环境事件公关经验和教训。

拍案二 大同煤焦油泄漏的环境公关

2009年9月20日，一载有34吨煤焦油的罐车在108国道灵丘县独峪乡木须台村大东湾段发生侧翻，车载煤焦油全部泄漏，大部分泄漏到公路路面和路侧沟渠中，少部分进入三楼河。泄漏点下游15千米花塔村处是三楼河出山西省境断面，在泄漏点下游45千米处三楼河汇入大沙河，泄漏点距北京市备用水源地王快水库约100千米。

灵丘县、大同市环保局先后接报后立即组织人员赶赴现场，开展应急工作。灵丘县政府组织实施了4项应急处置措施：一是对泄漏在路面上的煤焦油使用干土、石灰进行覆盖，对沟渠内的煤焦油进行封堵；二是在三楼河上构筑土坝拦截油污；三是组织人员利用各种器具回收河道内煤焦油，并使用草帘进行吸附；四是于9月20日上午将此事件情况通报河北省阜平县政府。

大同市环境监测站于9月20日12时和20时在花塔村省界断面进行了取样监测。20时监测结果显示：石油类不超标，氰化物未检出，挥发酚超标6倍，表明污染物已经进入阜平境内，该事件已构成跨省界污染。

环境保护部于9月21日3时将该事件通报河北省环境保护厅和保定市环保局，并向山西、河北两省环保部门提出要求：第一，两省环保部门务必提高认识，加大应急处置力度，协助当地政府妥善处理此事，确保阜平县饮用水源地和王快水库水质安全；第二，河北省立即组织对大沙河入境断面和王快水库水质进行监测，山西省加大监测力度，开展煤焦油特征污染物各项指标的监测；第三，大同和保定两市环保局、灵丘和阜平两地政府密切配合，建立完善沟通机制和信息通报制度，最大限度地减小污染损失。同时，环境保护部派出华北环保督查中心组成工作组赶赴现场，协调、指导两省开展应急工作。

环境保护部调查组赶到现场后，组织中国环科院专家和山西、河北应急部门领导分析污染态势，研究处置对策，指导污染事件的应急处置工作。专家要求山西省大同市对上游境内18千米范围加大监测频次，河北省要对下游入库前河段开展密集监测，并迅速提交监测数据报告。截至22日，水质采样监测结果显示监控断面水质均达到地表水Ⅲ类标准，煤焦油特征污染物挥发酚均未检出。

环境保护部调查组对下一步工作提出建议：第一，这次煤焦油泄漏事件，是事发地距离北京备用水源地100千米的敏感地点发生的，必须引起高度重视，采取果断措施；第二，要继续做好现场污染处置工作，严防发生二次污染；第三，要继续加强监测，增加监测频次，关注河北省两个水源地的水质情况；第四，掌握舆论主动权，密切关注舆论动向；第五，切实加强对境内或过境危化品及煤焦油之类的运输车辆的监管。①

点 评

面对车载煤焦油全部泄漏到公路路面、沟渠、三楼河的既成污染事实，展开了4波环保公关攻势。第一，灵丘县、大同市环保局开展应急处置，开展应急工作。第二，各部门紧急联动，环境保护部向山西、河北两省环保部门提出要求，加大应急处置力度，确保受污染河段饮用水源地水质安全，要求河北、山西两省加大监测力度，要求大同和保定两市环保局建立完善的沟通机制和信息通报制度。第三，发挥专家作用。中国环科院专家和山西、河北应急部门领导分析污染态势、研究处置对策、指导污染事件的应急处置工作。第四，做好后续处置。在此次煤焦油泄漏事件中，各级环保部门联动，有效地遏制了事态的蔓延，很好地维护了社会的稳定。

拍案三 香港水务署的饮用水问题公关

香港水务署供应市民的饮用水有80%是靠广东省输送来港的东江水生产而成。由于20世纪90年代以来广东省的经济发展迅速，人口增加，但环境保护措施未能配合，输送东江水来香港的石马河与此同时也受到严重污染。香港市民对这个问题非常关注，政府受到不少的舆论压力。

虽然来港的东江水出现了问题，但水务署生产饮用水的技术足以应付处理，供应优质饮用水给市民。为了令市民放心，水务署不断提高部门的透明度，并在2000年4月1日成立了一个独立的水质事务咨询委员会，监察水务署供水事务的工作。这个委员会由社会上知名的独立人士

① 张异凡，陈明，刘方．交通油污染事故的处置与防范——从3起油污染事件说起[J]．环境保护，2010，(8)：47-49．

任主席，其他成员包括学者、区议员、环保人士、专业人士、水务署人员及有关的其他政府部门代表。

东江水的问题引起了国家领导层的关注，广东省政府在过去几年也做了最大的努力，兴建了一条密封管道输送东江水来香港，避开了石马河的污染。这条密封管道在 2002 年 12 月开通了上半段，并在 2003 年 6 月全面贯通，完全解决了东江水污染的问题。

由于输送香港的东江水在过去数年受到污染，使部分香港市民误会自来水的水质受到影响，其实家居的自来水出现问题是大的供水系统缺乏维修引致。香港于 1995 年以前建成的楼宇都是采用了一种容易锈蚀的镀锌钢管，同时一些楼宇的管理不善，没有定时清洗大厦内的储水箱，影响自来水的水质。此外，部分瓶装水和家居滤水器的广告误导市民，指自来水不宜饮用。有鉴于此，水质事务咨询委员会在 2002 年 2 月成立了一个工作小组去解决这个问题，并支持水务署推行“食水系统优质维修认可计划”。

虽然水务署坚称本署生产的食水完全符合世界卫生组织的饮用水水质标准，适合直接饮用，然而调查显示，部分市民因楼宇内部锈蚀或天台地下储水箱保养欠佳而面对水质变黄的问题。

水务署决定在 2002 年 7 月，也是预计密封管道完成的前一年，开展推广“食水系统优质维修认可计划”，进行一连串的宣传活动。除了为市民能够尽早在此计划中受益外，也是等计划踏入成熟期时，可配合密封管道完成后的宣传，配合国家对保护东江水所作出的努力。

此计划推出后得到非常热烈的反应及支持，香港社区内的居民组织、各大主要及物业楼宇管理公司均纷纷参与，至 2003 年 12 月已有超过超过七八百幢楼宇获得证书。[①]

点 评

香港水务署开展“食水系统优质维修认可计划”所做的一连串的公关宣传活动，使市民充分意识到自来水出现问题是大的供水系统缺乏维修引致及部分瓶装水和家居滤水器的广告给市民的误导所致，完满

① 香港水务署“食水系统优质维修认可计划”案例. 中国公关网.

地做好了这次公关活动，不但使市民得到了优质饮水，而且令他们注意保养大厦设施。通过各项公关活动，市民更加了解及支持水务署对供应优质饮用水所做的工作。

回味隽永

当今时代，人类的生活越来越离不开电，工业生产、居民生活无时无刻不在消耗电力能源，可是我们知道电是发电厂输送来的，发电厂的电则是从煤炭或者由水利、核能等转化而来，无时无刻不在用电也就意味着人类无时无刻不在消耗着地球的资源，特别是化石能源这种不可再生资源，任何一个发电厂每天在吞噬着以火车皮计的煤炭。正是在这种背景下，WWF在全球范围号召开展“地球一小时”活动。我们所生活的城市真的就是离开了电将陷入可怕的黑暗和无尽的慌乱中去吗？“地球一小时”活动给了我们一个答案：在黑暗中生活的一个小时没有带来空虚与慌乱，相反它给了我们一个难得的机会，欣赏黑色夜幕中城市的美丽，同时，一个重新审视人类进入电力时代以来所谓的发展成就的机会。

与此同时，“地球一小时”的核心主题也不再仅仅是气候变化，而是更广泛的可持续环保行动。除了熄灯一小时外，“地球一小时”活动还从号召大家响应环保，变为动员个人和社会团体自发为环保作出一个行动改变。正如WWF(中国)首席执行官Gradoville说：“熄灯是一种信号，向他人传递你对保护地球的决心……越来越多的人开始思考：除了熄灯，我们还能做些什么？除了遏制全球变暖，还有哪些行为可以助力于地球的可持续发展……”

WWF倡议“地球一小时”的公关的成功之处，在于走“善小而为之”的公众参与路线，破解了“环保吊诡”。

“吊诡”在哲学语境下类似于“悖论”一词，常常引申出的意思就是处于左右两难的困境。环保的“吊诡”在于，我们大多数人并不是没有环保意识，而是环保行动力不够。通常人们会想一个人节省一两张纸、一两度电，有什么用？问题在于，正是因为全世界有很多这样想的“游离分子”，才使得环保工作的推进始终步履维艰。环保的“吊诡”还在于，通常一个人的环保努力看不到直接结果，但若所有人都不努力，就永远不会有真正的环保结果。其实从更广泛的角度看，任何一种推动社会进步和健康而可持续发展的事业，都会碰到类似的“吊诡”命题。

像“地球一小时”这类环保公关活动的聪明之处在于，抓住了人类意愿趋同的心理，更在于它降低了参与的门槛，把一个社会事件变成人人皆可参与的公众活动。一项事业要吸引大范围人群的普遍参与，营造归属感和认同感是不二法则，而形成“心向往之，趋之若鹜”的自由参与机制更是成功的关键。在那天的那一小时里，肯定很多人将会发现，原来全世界的人只要愿意，就都可以而且都在为环保出自己的一份力！而且很可能在他们今后的生活中，坚持环保做法的劲头也更足，时时刻刻人人皆可做环保的理念也深入人心了。

第八篇

环境保护——企业的社会责任

——一汽丰田主动承担环境保护的社会责任

企业的社会责任要求企业在创造利润最大化的同时，还要承担对员工、消费者、社区、环境等的责任，还强调对消费者、对环境、对社会的贡献。随着全球和我国经济的快速发展，我们所赖以生存的环境日益恶化，甚至由于不尊重自然规律，而正遭受自然的报复。野生动植物的生存面临危机，森林、矿产等资源的过度开采，给人类的生存和发展带来了很大威胁，环境问题已经成了经济发展的瓶颈。为了人类的生存和经济的持续发展，企业一定要担当起保护环境、维护自然和谐的重任。所以，企业必须自觉地承担起保护环境的社会责任，为企业、社区和全社会的发展创造和谐美好的环境。

开篇导例

开篇之述　一汽丰田主动承担环境保护的社会责任

一汽丰田汽车销售有限公司是由中国第一汽车集团和丰田汽车集团合资组建的一家大型汽车销售公司。一汽丰田汽车销售有限公司从成立之初，就将“安全、环保、育人”作为企业理念的核心内容，把关注社会公益、重视社会责任、做优秀企业当做企业文化的重要部分，并一直以此为指导，在创造企业价值的同时，积极开展各项社会公益活动。值得一提的是，在环境保护上，一汽丰田始终认为，面对日益恶化的地球生态环境，企业作为特殊的社会公民，更应当肩负起保护我们生存家园的历史责任。所以一汽丰田一直关注环保，并主动承担环境保护的社会责任。

为了保护环境，一汽丰田举行了系列的保护环境活动。

首先，开展了一系列的植树活动。2004 年 6 月，由一汽丰田全程赞助和支持的“绿色空间”大学生环保网站（www.green-china.org）正式开通，这是一汽丰田为宣传绿色文化、警醒人类珍惜日益稀少的绿色、面向大学生群体宣传环保理念的网站。2004 年，“绿色空间”大学生环保网站举办了第一届环保志愿者植树活动。截至 2010 年 5 月底，一汽丰田共举办了 6 次志愿者植树活动，累计参与人数达到 1 800 余人次，共栽下4 000余株树木。2007 年 5 月 19 日，一汽丰田汽车销售有限公司及其全程赞助的“绿色空间”大学生环保网站在北京精心组织了“一抹绿色　一份心愿”的植树活动，20 余所高校志愿者、一汽丰田企业员工、延庆县林业局领导、媒体记者等 300 余人，前往北京延庆八达岭植树基地进行绿化活动。2008 年，“一汽丰田 · 普锐斯林”正式命名。2009 年 5 月，北京地区的普锐斯车主参与植树活动，和一汽丰田的员工及高校的大学生一起，为“一汽丰田 · 普锐斯林”增添了新绿。

其次，开展“学长的火炬”大学生物品捐献传递活动。“学长的火炬”

大学生物品捐献传递活动是由“绿色空间”大学生环保网站(以下简称“绿色空间”)发起,并由一汽丰田全程赞助、专门面向高校学子的节约环保活动。本活动倡导“节约树木有形资源,传递知识无穷力量”的理念,号召大三、大四的学长和学姐用自身的节约环保行动为新入学的学弟、学妹作出表率,帮助他们培养节约习惯,并帮助他们树立环保意识,以此将“节约环保的火炬”代代相传。该活动共分两个主要部分:一为暑期前的毕业生及老生书籍捐献,二为开学后面向新生的传递派发。“学长的火炬”自2005年开展以来,已成功举办了6届,规模与数量不断突破,参与的高校越来越多,捐献和传递书籍的数量也大大增长;同时,为了方便同学进行捐赠和领取书籍,“绿色空间”还在网站上开辟了“网上易物专区”。

再次,开展暑期环保实践赞助活动。自2007年起,一汽丰田组织大学生暑期环保实践赞助活动。该活动以全国高校的社团为单位,由大学生自行策划暑期实践方案,要求方案具有可操作性,以环境保护为主题,为环境保护提供宝贵的建议,通过这个活动真正地践行环境保护。2009年,全国有23所高校社团提交了32个暑期实践方案,涉及全国各地的水资源利用、湿地保护、植被覆盖等多类热点环境问题。

最后,举行“我的绿色生活”高校环保摄影大赛。2008年起,一汽丰田组织“我的绿色生活”高校环保摄影大赛,比赛要求参赛者围绕“公益”、“环保”、“爱心”三个主题,用相机捕捉感人瞬间。通过线上网友投票与线下评委评分,选出优秀的大学生环保摄影作品进行高校巡展。这样的活动吸引许多高校广大学子的广泛参与,起到了良好的环保宣传效果。

另外,2007年,一汽丰田还赞助了由中国国家环保总局及中国环境新闻工作者协会设立的2006年度“地球奖”,表彰那些为环境保护作出突出贡献的杰出人士和团体,号召更多的人们关注环保节能、关注人类的可持续发展。丰田汽车公司与中国科学院中日科技与经济交流协会、河北省林业局、日本地球绿化中心四方自2001年4月开始,在河北省丰宁满族自治县实施了“21世纪中国首都圈环境绿化示范基地”合作项目。截至2010年9月,共完成了近2 945公顷的植树造林,沙漠重现绿洲,取得了显著的绿化效果。

总之,一直以来,一汽丰田都以“做中国社会的优秀企业公民”为共识,并努力践行。在环境保护上,一汽丰田也始终主动承担保护环境的社会责任,为中国社会和经济的发展做贡献。

开篇之论　社会责任要主动承担

从一汽丰田通过一系列活动主动承担环境保护的社会责任的案例中，我们看到了一汽丰田成功地扮演了一个中国优秀企业公民的角色，从而得到了社会各界的支持和认可。通过一系列的活动，一汽丰田为我们做出了巨大贡献：首先，提高了我国的环境质量，也提高了广大社区居民的生活环境，增加了绿化面积和绿色植被的覆盖率，有利于遏制环境的进一步恶化，缓解水土流失、土地风沙化和沙漠化等环境问题；其次，提高了人们的环境保护意识，特别是学生的环境保护意识，有利于他们从小养成保护环境、节约资源的习惯，有利于学生理论与实践相结合，努力践行环境保护，从而从身边的小事做起，为我国的环境保护做贡献；最后，一汽丰田主动承担环境保护的责任，有利于树立自己优秀公民的形象，赢得广大消费者的认可。所以，企业主动承担环境保护的社会责任不仅会带给企业无形的价值财富，也会使企业获取直接的经济效益。

（资料来源：http://auto.people.com.cn/GB/25959/112466/.）

史镜今鉴

浙江银泰百货有限公司主动参与社区道路整治工作

作为一家历史悠久的省属企业，浙江银泰百货有限公司一直秉承"传递新的生活美学"的理念，与周边社区共建共管，在取得较好的经济效益的同时，也积极为自己树立着良好的社会形象，包括积极参加社会公益事业，如开展了"关注社区特困群体，与社区共建美好新生活"和"参与社区道路整治活动，融洽社区关系"的活动等，而后一项活动是企业将绿色环境与社区公关相互结合、从而形成合力的优秀案例。

银泰百货有限公司从周边社区环境的实际出发，做出了参与社区道路整治的决定。位于银泰百货旁、连通延安新村社区与延安路的主要道路耶酥堂弄，以及银泰大楼与该社区楼房的隔离道，由于人来车往，道路的磨损十分严重，给居民尤其是老人及小朋友的出行带来很大的困难，特别是银泰大楼与社区的隔离道，基本为土路，一遇上下雨天，道路便变得泥泞不堪，给居民出行的安全造成了巨大的威胁。这两条道路的整治工作得到了社区的高度重视，银泰百货在了解情况后，主动配合社区的整治工作，参与了社区道路的整治。

银泰百货主要参与对耶苏堂弄最主要的100米路段和银泰大楼与社区的100米隔离道路的整治工作。在社区道路整治的活动中，银泰百货主要是投入资金和人力。在对耶苏堂弄最主要的100米路段进行施工的时候，银泰百货有限公司投入资金8万元，工期20天，花费800余工时；在2002年8月对银泰大楼与社区的100米隔离道路进行整治时，银泰百货投入资金15万元，工期40天，花费近千工时。

对两条道路进行整治后，道路变得更加整洁和宽阔了，既方便了社区居民的出行和车辆的进出，也更有利于社区环境质量的提高。

点 评

在本案例中，浙江银泰百货有限公司通过与社区共建共管的方式，特别是在改善社区环境质量方面，银泰百货做出了突出的贡献。银泰百货秉持着“传递新的生活美学”的理念，并把这个理念运用到处理与社区的关系中，取得了巨大的成功。银泰百货了解实际情况，为社区居民办实事，主动参与道路整治建设，有效地改善和提高了社区的环境质量，加快了社区的建设，有利于营造良好的社区生活环境和建立企业与社区的良好的人际关系。合适的人居环境、整洁的道路环境，都应该是绿色生态的组成部分。这一案例表明，企业通过关注周围的一些社区环境，并为社区公众提供更美好的生活家园，为自身树立了良好的形象，践行了绿色公关之路，从而得到了公众的广泛支持和认同。

（资料来源：何春辉.中外公关案例宝典[M].杭州：浙江大学出版社，2004：173-175.）

中国台湾地区的 IBM 进行“认养”活动

IBM(International Business Machines Corporation)是国际商业机器公司或万国商业机器公司的简称。总公司在纽约州阿蒙克市,1911 年创立于美国,是全球最大的信息技术和业务解决方案公司。

IBM 公司进驻中国台湾地区后,坚持“企业并非只是赢利,取之于社会,用之于社会”的经营理念,从事很多社会公益事业,如照顾弃婴、慈善义卖等,并取得了很大的社会影响,提高了公司的知名度。因此在 1992 年,IBM 公司获得了公关基金会评选的“最佳社区关系奖”。

该公司具有一个专门从事公益活动的公共服务部,专门负责选取社会亟须解决的社会问题,并设计方案,开展多种形式的社会公益活动。该公司组织了多项社会公益活动,其中最著名的是改善社区环境的“认养地下道”和“认养民权公园活动”。这两项活动主要针对的是社区环境质量的下降,为的是提高社区环境质量、改善社区环境、创造社区居民美好的居住环境。

为了清除社区环境的死角、消除地下道脏乱和犯罪根源,IBM 公司首先开始了别人不易想到的具有首创性的“认养地下道”活动。在开展这项活动时,该公司综合各方面的因素,制订了周密的计划。活动按照以下的步骤进行:第一,估计该活动需要的经费;第二,邀集社区伙伴,发挥众人力量,再找市政府协商,共同解决所需要的庞大经费;第三,在取得政府支持后,在 1990 年 8 月与另外 4 家企业共同认养了部分地下道。在各方的帮助和配合下,该活动取得了极大的成功,1993 年《卓越》杂志以投票的方式选举重视社会责任的企业和积极参与社会公益事务的企业,IBM 公司分居第二名和第三名。

在“认养地下道”活动的成功带动下,IBM 公司的公关服务部又组织进行了“认养台北民生区民权公园”的活动。此次活动的主题是环保,该公司在认养民权公园之后,发动员工以及员工家属三百余人参与民权公园的清理工作。此次活动的主体主要是员工及员工家属,重要的是提高了企业员工的环境保护意识,鼓励员工为企业和社会的环保做贡献。在 IBM 公司的精心护理下,民权公园焕然一新,环境更加优美,并连续两年被台北市政府公园路灯管理处评选为认养绩效第一名。

这些科学、有序的社区环境保护,使 IBM 公司在台湾公众心目中树立起了良好的正面形象,赢得了公众的喜爱与支持。

点评

在本案例中,IBM 公司特别注意企业在所处社区中的位置,通过改善社区环境的活动,从而营造一个良好的社区关系,得到了公众的认可和支持。IBM 台湾公司进行“认养”计划活动给我们的启示:第一,重视企业与社区的关系,不可忽视自己的社会责任,要主动承担保护环境的社会责任;第二,要有组织、有计划地进行社区环境保护的活动,要有专门的组织机构和周密的计划,如 IBM 公司拥有一个专门的从事公益活动的公共服务部门和制订了周密的计划;第三,要具有创新精神,力求前瞻,IBM 公司就选择了一个别人不易想到的“认养”计划;第四,要与各方互相配合、协调,调动各方的积极性,吸引各方的参与,力求取得最大的效果。

(资料来源:何春辉. 中外公关案例宝典[M]. 杭州:浙江大学出版社,2004:170-171.)

台湾上海商业储蓄银行认养地下道出入口花圃

上海商业储蓄银行的前身——上海银行曾经是中国最大的民营银行,成立于 1915 年 6 月 2 日,后随国民政府迁往我国台湾地区。上海商业储蓄银行创立“财团法人上海商业储蓄银行文教基金会”,以从事社会文化教育及公益事业为宗旨,希望能深入社会、回馈社会。基金会自成立以来,秉持“以文化灌溉人群、用爱心温暖社会”的理念,积极从事社会公益活动,如设立图书馆、举办学术、倡导公益活动及宣导环保观念等活动,希望造福更多的社会大众。

2010 年,台湾上海商业储蓄银行响应台北市政府“城市花园绿美化设施认养计划”,认养台北市民权东路、中山北路交叉口二处地下道出入口的绿美化设施,并于 2010 年 10 月 25 日举行竣工典礼。

上海商业储蓄银行坐落于台北市民权东路与中山北路交叉口的总行大楼，2010 年初完成外墙重新装修工程，又恰逢台北市将在 11 月举办台北国际花卉博览会，于是该行首先考虑到台北国际花卉博览会即将举行，而上海银行总行大楼靠近花博圆山公园及美术公园的展览会场，因此，特别响应台北市政府认养总行大楼前两处地下道出入口的绿美化设施，除了主动承担企业社会责任、美化市容市貌、宣传花博外，也可以衬托新装修的总行大楼，使其更加亮眼，为银行树立良好的社会形象。

上海商业储蓄银行委托专家结合花卉、艺术与景观设计，以花开富贵为主轴，除配合花博设计美化景观，让台北市街头更加缤纷美丽外，也在地下道屋顶摆置造型可爱的竹编吉祥物 Pukii 和 LuLu，模样讨喜。此外，该行还在两处地下道出入口的外侧设计铜雕钱币，象征上海商业储蓄银行是金融业，广纳各界储蓄、融通工商及社会大众，非常有创意。

上海商业储蓄银行通过此次认养活动，取得了巨大的成功，大大地提高了企业的形象。

点　评

在本案例中，我们可以看到上海商业储蓄银行取得成功的原因是多方面的。第一，有正确的公关理念指导，能够积极从事社会公益事业，并能够投身于环境保护的活动。第二，抓住时机，把握机会。上海商业储蓄银行抓住了当时要举办国际花卉博览会的时机，扩大了影响。第三，一切从实际出发，制订了切实可行的方案。该银行考虑到了政府、社会、自身的实际情况，根据实际情况举行了活动。第四，把环境保护与自身形象的树立有效地结合起来。该银行在配合花博美化景观的同时，又融合了公司的象征，这样更有利于使企业的形象深入人心。

（资料来源：http://edn.gmg.tw/article/view.jsp? aid=329521.）

三刻拍案

拍案一 远洋地产的“老社区，新绿色”环保公益活动

远洋地产认识到当前环境问题越来越严重，深感未来危机重重，于是远洋地产响应政府号召，以“老社区，新绿色；小改造，大环保；不浪费，可持续；全社会，一心意”为口号，出资出力，参与了“老社区，新绿色”的环保公益活动。

“老社区，新绿色”环保公益活动是由远洋地产、北京电视台财经频道和北京外企志愿者协会联合发起、旨在改变老旧社区环境状况的大型公益活动。2006—2010 年，已经到达北京超过 500 个社区，资助了近 100 个社区和学校的环境改善项目。示范项目包括乡土植物与自助绿化、安装太阳能灯、垂直绿化、绿荫停车场、雨水和空调冷凝水回收利用、绘制文化墙、楼门文化、落叶堆肥、可再生资源的回收利用等。在环保部宣教中心的大力推动下，“老社区，新绿色”已经推广到全国 17 个省(市)，是具有相当影响力和公益精神的社区环保行动。

2008 年，远洋地产“老社区，新绿色” 环保公益活动走进南锣鼓巷社区。由于南锣鼓巷有历史悠久的胡同文化的遗址，属于文物保护的范围，于是“老社区，新绿色”结合南鼓楼巷的需求及现状，将原有坑洼路道铺设一新，使“穿堂门”内旧貌换新颜；而且在改造前，“老社区，新绿色”在南锣鼓巷社区开展了专家与居民对话会活动，活动中，专家与居民针对改造方案进行了沟通与交流。

此次改造主要是用老砖将南北门道整旧如新，通道内用透水砖重新铺设了道路，并在通道内增设了太阳能灯，补种了耐阴的乡土植物，在解决了居民出行难的基础上，达到实用与美观相结合，并保留了老北京的胡同文化气息，吸引了更多的游客；另外“老社区，新绿色”环保公益活动为配合北京奥运会开幕而推出的一系列“绿色奥运，绿色出行”活动在南锣鼓巷文化街隆重展开。

2010 年 10 月 15 日，远洋地产“老社区，新绿色” 环保公益活动走进南开社区。此次活动特邀北京环保专家周又红女士为天津市环保局、南开区环保局、远洋地产和南开区观园里社区居民奉献了一堂生动的环保课，在环保课上，周老师为大家着重讲授了“社区堆肥栏的制作和应用”。堆肥栏是“老社区，新绿色”环保公益活动在老社区环保示范中大力推行的一项简而易行的环保项目。堆肥栏的设置，能解决社区内落叶无处存放、影响社区环境整洁的难题，又可将落叶堆积、腐烂、发酵成肥料，既可肥地，又可涵养水源，也增加了地面和空气的湿度，调节社区内的小气候，有利于改善社区环境。此次讲座不但指导居民们使用堆肥栏进行落叶堆肥，把社区落叶变废为宝，更重要的是，通过“老社区，新绿色”环保公益活动，居民学到了更多的环保知识，并一齐动手参与到社区环境的改造中来。

另外，还举行大学生环保创意大赛、增设“四合院的零运动”、“零废弃”、“生态家庭种植大赛”、“绿色办公”等项目，开展了形式多样的环保活动。总之，“老社区，新绿色”环保公益活动不断发展，影响力不断提高，吸引了更多的企业和公众参与到环境保护中来。

点　评

在本案例中，我们看到远洋地产的“老社区，新绿色”环保公益活动取得了良好的公关影响。该企业能够对环境教育和环境保护问题有深刻认识，积极响应政府环保部门的号召，并提出自身的解决方案。在本案例中突出的一点是，远洋地产与各方的议题相关者进行了有效沟通，充分利用管理者、研究者、参与者和关注者等多方社会力量，达到了充分整合资源并为其所用的目的。在进行了广泛的动员之后，开展了形式多样、内容丰富的“老社区，新绿色”环保公益活动。通过多层面的社区公关，不仅提高了社区的环境质量，有利于社区建设，而且通过居民的广泛参与，推动了环保意识和环保理念的广泛传播，发动了更多的居民主动参与环保活动，取得了社会公众的认可，树立了自身的品牌形象。

（资料来源：http://house.focus.cn/ztdir/xinlvse/index.php.）

拍案二　富春江集团把治污做成一项“事业”

浙江富春江通信集团创建于1985年，企业创立后的二十多年中，在法定代表人孙庆炎的带领下，秉着“永续创新发展、通力回报社会”的经营理念，凭着“刻苦、励志、实干、创新”的企业精神，通过艰苦奋斗、自强不息的创业，企业走上了健康、快速的发展道路，现在的富春江集团综合实力跻身中国民营企业竞争力50强，集团总资产不断增长，已取得了骄人的成绩。从1985年3月创业以来，富春江集团在经营理念的指导下，一直把社会责任扛在自己的肩上，特别是在环境保护方面作出了自己应尽的贡献。

富春江集团董事长孙庆炎针对社会环保和生态要求不断提高的实际情况，经过深思熟虑，最后提出要建一个环保热电公司，搞垃圾发电供热。究其原因，第一，富春江两岸造纸厂的环境污染日益严重。富阳造纸，历史悠久，富春江两岸，造纸厂遍布；但是随着造纸工业产值的递增，环境污染也日益严重。造纸垃圾运往露天垃圾场，日积月累，堆积如山，臭不可闻，还发生自燃，造成火灾，严重影响当地居民的正常生活，对当地居民的健康也造成了巨大威胁。第二，富阳市的城市垃圾和生活垃圾源源不断。一个又一个垃圾填埋场填满了，就换一个垃圾填埋场。第三，经济社会的发展、社区居民的生活与环境保护的矛盾日益突出。当地政府采取了一些措施，关停并转了一些造纸小企业；但是，造纸产业不可能全部砍掉，所以环境问题依然严峻。第四，孙庆炎去外地考察，做了市场调研。这样环保热电公司就应运而生了。

但是环保热电公司的诞生并非一帆风顺，期间也遇到过困难、遭到过质疑。在董事会上，有人说那是政府的事，企业何必去承担这个社会责任，但董事长孙庆炎却说：“当今社会经济发展面临着两大问题，一是环境污染，二是能源资源不足。垃圾焚烧发电工程，既处理了垃圾、保护了环境，又发电供热，非常符合循环经济、节约型社会和可持续发展战略。不管别人怎样说三道四，我就是要来挑这个担子！”最后，在孙庆炎的坚持下，总投资9.4亿元的富春江环保热电工程启动了。2004年被列入浙江省重点工程建设项目；2005年6月开始发电，同年9月垃圾焚烧炉投运；2006年9月，“七炉四机”全部建成投运。

可喜的是，富春江环保热电公司的建成投运给社会各界带来了巨大的益处。公司每天处理垃圾 800 吨，使富阳市城区及周边乡镇的生活垃圾和工业废弃物全部得到了减量化、无害化、资源化处理，缓解了供用电紧张局面，还承担富阳市江南片春江东区、灵桥、大源三个镇、街道近 160 家造纸企业和今后功能区发展企业的集中供热任务。

环保热电公司变废为宝，保护了环境，使周边的居民以及企业都受益，而且社会效益和经济效益显著，形成了企业、政府、社会、生态多赢的发展格局。

点　评

在本案例中，富春江集团通过创立环保热电公司，变废为宝，治理环境污染，主动承担了环境保护的社会责任。值得一提的是，富春江集团在建立环保热电公司时，做了万全的准备，特别是开展了市场调研。这个举措值得其他企业借鉴，在了解自身情况的同时，也要考虑到市场的反映；而且建立的环保热电公司运用了创新理念，变废为宝，进行了资源循环利用，正符合我们当前提倡的建设资源节约型社会和环境友好型社会的宗旨。

（资料来源：http://www.envir.gov.cn/info/2007/4/416593.htm.）

拍案三　企业承担环保责任，社区践行低碳生活

2010 年“6·5”世界环境日，珠海市启动了“低碳减排绿色行动”，全市 22 家企业代表和社区、学校结成“减排对子”，签订了“碳减排”协议书。企业承诺出资援助社区、学校开展为期一年的减排活动；社区、学校则承诺要开展多种低碳、环保活动，减少碳排放。

鸿运社区与珠海紫翔电子科技有限公司结成“减排对子”，在企业资金的支持下，社区采取多种形式宣传低碳环保理念，如“节约用水”、“保护环境，造福后代”等宣传牌悬挂在小区入口、道路、健身广场等处，提醒社区居民践行环保，并在社区内栽种了 100 多株树木。

平沙连湾社区与晓星集团结成“减排对子”，在平沙连湾社区的北水水闸至卫东水闸堤围，2010 年 6 月，社区居民种植了 2 000 多株树；并且在结对企业的资金支持下，社区通过以旧换新的形式，给居民免费发放了 5 000 只节能灯。

铁炉村与珠海金湾发电厂结成“减排对子”，珠海金湾发电厂先后投入了 20 万元对社区污水管网进行改造，生活污水告别“直接排放”。珠海金湾发电厂一方面积极帮助社区开展各种环境整治活动，同时也切实承担起企业的社会责任。作为大型企业，它通过大规模的技术装置投入实现低碳减排的最大化；还通过环境卫生清洁、煤场喷淋等方式对废水实现回收利用，实现了绿色生产和生产绿色能源这一企业理念。

半年来，此次活动取得了巨大的成功。珠海市结对的企业和社区、学校开展各种环境宣传活动 50 多场、派发宣传资料手册 6 万多份、植树 1 万多株、换发节能灯近 5 万只。实践证明，这种新型的“结对减排”方式操作性强、成效明显。通过这次活动，企业增强了参与环保的社会责任感，居民也践行了低碳的生活理念。

点　评

本案例的亮点在于，这次活动组织形式的特别——采取了结对的形式，组成“减排对子”。互动、共创、双赢是公共关系工作的最佳态势，而这种政府与企业、社会群体的携手合作，能够加强企业与社区的联系，并能够充分发挥企业和社区自身的优势，充分整合和利用资源，达到环境保护、节能减排多方成效。这次活动充分调动了企业和社区居民的积极性，企业增强了参与环保的社会责任感，居民也践行了低碳的生活理念，从而也达到了企业与社区的良性互动。

（资料来源：http://www.jieyue.net/html/shequ/page/homepage_show200837.htm.）

回味隽永

企业作为社会的一个基体，本来就应该肩负起环境保护的责任；而企业与社区也日益密切，企业在处理与社区关系时，如何承担环境保护的社会责任也越来越成为企业关注的问题。以上的案例，对各类企业如何借生态这一东风，从小事做起，从眼前做起，实现“扫一屋，然后扫天下”，有着重要的借鉴意义。

首先，企业必须进行实地考察，从实际出发，尽可能掌握全面的信息，以便制订周密的计划。这样制订的计划具有科学性、可操作性，这也是保证企业环保社区公关成功的前提。其次，要发挥团队合作的力量，充分整合资源，发挥各方资源的优势互补，从而达到资源利用的最大化。再次，企业的环保过程应具备创新精神，进行科技创新、理念创新，从而为目标的实现服务，采用多种形式开展活动，吸引各方参与到活动中来。最后，目标的实现并不是一帆风顺、一蹴而就的，所以在计划的施行中必须坚持不懈，要迎难而上，争取解决问题。

总之，企业在追求自身利润最大化的同时，千万不可忽视与社区保持良好的关系，为改善社区的环境贡献自己的力量。企业要深切地领悟：在为改善社区的环境做贡献时，其实也是一种在无形中树立自身良好形象的有效手段。

第九篇

运用环保理念　正确处理企业与社区的关系

——新创建集团：幼儿绿校网

由于企业的地域位置，企业与附近社区的联系越来越密切。企业要想取得良好的发展，就必须处理好与附近社区的关系。社区居民追求的是舒适的环境，企业为了与社区和谐相处，必须利用环保理念打造企业，为企业自身和居民社区营造良好的环境。对于企业来说，它所在的社区是其生存和发展的根基。在当前我国建设和谐社会、资源节约型和环境友好型社会的情形下，环保理念在企业的运用，不仅能为企业在其所处的环境中树立良好的形象，能争取得到社区公民的爱护、合作和支持，而且适应了时代的需要，为我国和谐社会的建设贡献了自己的力量。

开篇导例

开篇之述　新创建集团：幼儿绿校网

新创建集团有限公司的业务遍及中国香港、澳门及内地。香港作为国际大都会，面临着社会急促发展所带来的种种环境问题。政府、教育机构以及环保团体不断加大推广环保教育的力度，市民的环保意识也逐渐提高。新创建集团深深明白环保教育对于社会、下一代的重要性，认为教育开展得越早成效越好，认为环保意识应该从小开始培养。因此新创建集团与香港主要的环保团体之一“绿色力量”合作，于2005年年初推出全港首个以学前儿童为对象的“幼儿绿校网”计划，通过免费提供教材、师资培训、实地考察等协助幼儿园推行环保教育，提高孩子的环保意识。

“幼儿绿校网”为期两年，分别以“大自然与野生生态”和“废物与环保”为主题，配合主题设计了一系列活动与项目，全面而广泛地推动幼儿园进行环保教育。“幼儿绿校网”计划陆续开展了多种多样的活动。

2005年4月22日，在地球日这个具有深刻意义的日子，举行“幼儿绿校网”揭幕礼暨制作全球最大掌印画的活动。在开幕典礼上，3 100多位来自65家“幼儿绿校网”成员——幼儿园的学童及老师，在一幅面积约370平方米的巨型画布上印上各种颜色的手印，绘制全球最大掌印画，挑战吉尼斯纪录，提出“热爱大自然”的主题。

2005年5月25日，举行“绿一绿”环保教育巴士的活动。在活动上，超过100名幼儿园学生及老师参加仪式，除了率先乘坐两辆“绿一绿”环保巴士外，还参观了巴士厂的日常运作和先进的环保设施。借由两辆行走香港各区的巴士，让车厢内的乘客以及街道上的路人都能透过它们认识“幼儿绿校网”，提醒市民爱护自然环境。

2005年9月，举行“大自然与我”教材免费派送活动。此次教材的特别之处在于将环保元素融入教材，并带入课堂，教材免费派送给每个登记成为“幼儿绿校网”会员的幼儿园。

2005年9月10日，开展“大自然与我”义工训练活动。此次活动的目的是训练义工成为“教师工作坊”的环保导师，指导幼儿园老师利用公园做环保教学用。

2005年9—10月，开展“大自然与我”教师工作坊活动。通过这次活动，让教师了解“大自然与我”系列教材套件的使用，实习在公园内进行的教学活动。

2005年12月19日，开展参观植物园的活动。这次活动的目的主要是为了引起学生对自然的兴趣。

在2006年还陆续举行了一系列活动。2006年9月1日，正式推出“幼儿绿校网”网站，为幼儿园提供一个环保教育资源平台。此外也趁开学期间在巴士上播放广告，推广学前环保教育的重要性。为了提高对香港废物问题和废物处理方法的认识，“幼儿绿校网”在2006年6月举办多个工作坊，安排幼儿园教师分别参观位于打鼓岭和屯门的堆填区，从而向学生教授更多环保知识，提高学生的环保意识。另外就有关环境认知和环境教育的问题，还进行了环保教育的问卷调查。

2007年，“幼儿绿校网”的活动还在继续。以“认识香港野外生态”为题，于2007年1月举办多个湿地公园教师工作坊，安排幼儿园教师参观香港湿地公园，从而丰富教师对湿地保育的认识。

“幼儿绿校网”计划推出以来，得到了幼儿园、媒体和广大市民的广泛支持和积极响应。目前已经吸引了更多的幼儿园参加“幼儿绿校网”的活动，也提高了新创建集团有限公司的知名度和影响力，许多企业都从新创建集团分享了企业实践社会责任的经验；但更重要的是践行了“环保意识要从小开始培养”的教育理念，提高了大家的环保意识，增强了大家的环保知识。

开篇之论　环保理念，从小抓起

从新创建集团“幼儿绿校网”的案例中，我们看到了新创建集团运用环保理念，正确处理好了企业与社区的关系，并取得了巨大的成功。新创建集团从环保和幼儿教育入手，不仅抓住了社会关注的热点话题——环保，又把这次活动的主体设定为“幼儿”这一极其特殊的群体，而且取得了巨大的成效。通过这次活动，不仅培养了幼儿的环保意识，而且潜移默化中也提高了广大民众的环保意识。

对企业自身来说，通过这次活动达到了打造企业品牌和提升企业社会责任感的目的，也为香港地区的幼儿环保教育奠定了长远发展的坚实基础，为培育爱护环境、珍惜地球资源的下一代做出了突出的贡献。

（资料来源：齐小华，殷娟娟，陈光红．公共关系案例研究[M]．武汉：武汉大学出版社，2009：56-63.）

史镜今鉴

成吉思汗杀戮拯救大片森林，成为环保帝王

成吉思汗，世界历史上最伟大和杰出的政治家、军事家。毛泽东在《沁园春·雪》中曾写道："一代天骄，成吉思汗，只识弯弓射大雕。"马克思在谈到成吉思汗时曾说："成吉思汗戎马倥偬，征战终生，统一了蒙古，为中国统一而战，祖孙三代鏖战六七十年，其后征服民族多至720部。"但是作为历史上最残暴的征服者之一，除了为我国的统一做出了不朽的贡献之外，最近一项最新研究称，成吉思汗对欧亚的血腥征讨，帮助从大气层吸收了7亿吨的二氧化碳。

据英国《每日邮报》报道：最新一项研究称，蒙古帝国统治者成吉思汗是历史上"最环保"的君主，而理由则是他在位期间东征西讨，多次发动对外战争，大约4 000万人遭到杀戮，但也正因为如此，大片耕地重新变成森林，由此大大减少了大气中的二氧化碳含量。成吉思汗率领蒙古铁骑在13和14世纪期间横扫欧亚，创建了幅员辽阔的蒙古帝国；同时也因为他的杀戮，许多人丧失生命，由于大片耕地上的人民的丧失使耕地再次变成森林，提高了森林的覆盖率，进而从大气层中吸收了更多的二氧化碳。二氧化碳的吸收主要通过森林中树木的光合作用，而传统的农耕文化从几千年前就开始破坏地球的植被，将吸收二氧化碳的森林变成了耕

地，所以成吉思汗被称为“环保帝王”。虽然成吉思汗通过如此残忍的杀戮达到环保的目的不被环保主义者和爱好和平者所接受，但是也许能启示我们重新认识成吉思汗和环境保护。

点 评

虽然本案例是颇受争议的，但是在颇受争议的案例中也许能更加启发我们的思考。毫无疑问，我们都知道成吉思汗的对外征伐是为了扩大自己的帝国，由于当时人们知识有限，根本没有环保意识的成吉思汗却成为史上的“环保帝王”，根本就是他的无心为之的。反观现在，我们已经深刻认识到了人与自然要和谐相处，要走可持续发展的道路。但是我们仍然缺少环保意识，总是为了获取自己的利益，不惜代价地牺牲大自然。所以，对于能够认识、掌握、运用自然规律的我们最重要的是要树立环保意识，对于企业也要运用环保理念打造企业，为企业树立良好的形象。

（资料来源：http://yxk.cn.yahoo.com/articles/20110127/5s9b.html.）

企业正确处理建筑地扰民事件

1982 年 3 月 3 日，英国伦敦的巴比肯会议和展览中心在英国女王陛下的主持下举行了盛大的落成典礼。1959 年，伦敦决定让查柏林、鲍尔和邦三家公司进行合作建造巴比肯中心；但是直到 1982 年，该中心才正式完工。也许很少有人知道曾被伊丽莎白女王赞誉为“现代世界的奇迹”的巴比肯中心在其历时 20 年的建筑过程中，曾遇到过困难，在公共顾问毛斯的建议下，巴比肯中心才得以顺利完成。

巴比肯处在伦敦金融城的中心，离著名的圣保罗大教堂只有 2 分钟的距离，步行到南岸的泰特艺术中心也只有 10 分钟的路程。正由于它得天独厚的地理位置，在其建设的过程中带来了麻烦。当它开始动工的时候，周围有 5 000 户居民。由于它的工程期过长，周围的居民必须长时间地忍受建筑施工所带来的所有嘈杂、灰尘和各种的不便，所以在它的建筑过程中，遭到了居民的抱怨和不满。

针对居民的反映，巴比肯中心管理层接受了其公关顾问毛斯的建议，采取了以下的对策：第一，帮助受影响最严重的居民减轻房租；第二，定期召开会议，向所有居民通报工程进展状况；第三，设置咨询机构，回答居民提出的问题并记录居民意见和建议，及时反馈至管理层；第四，按照政府政策，把房屋和公寓以优惠价格卖给现住、租用户。

巴比肯中心的以上措施，有效地安抚了周围居民的不满，也大大减轻了周围居民的敌对情绪，并且做到了信息公开，使居民能及时地了解工程的进度。这无疑为工程的顺利进行扫清了障碍，确保了工程的顺利完成。

在本案中，巴比肯中心管理层及时地采取了有效的措施，确保了工程的顺利进行，正确处理了建筑工程与居民社区的关系。建筑工程在施工过程中，难免产生噪声污染、空气污染等环境问题，所以，建筑工程必须考虑到环保的问题，运用环保理念解决环境问题，否则将遭到居民的强烈反对。

近年来，我国的“建筑扰民”和“民扰建筑”的现象屡见不鲜，国内报刊、电视、网络等大众新闻媒体不断爆出这样的事件。

据报道：北京市海淀区一家建筑工地昼夜施工，特别是其在深夜施工时，采用大功率照明灯照明，使得亮如白天，加上施工的噪声在夜深人静时就显得更加响亮，严重地打扰了周围居民的正常休息，特别影响周围居民的睡眠质量；而且建筑工地不及时接受周围居民反映的意见，并未及时地做出整改。因此，周围居民就到其主管部门投诉，新闻单位也同样接到许多的投诉。

我们再把目光投向广州。在广州羊城铁路总公司家属附近，建筑工地也昼夜施工，其强烈的光线和嘈杂的噪声，使得铁路职工彻夜难眠。而对于铁路职工来说，良好的睡眠质量对于他们十分重要，否则他们没法拥有良好的工作状态进入工作，万一铁路职工工作中出了事故，那样将威胁到火车上乘客的安全，造成不可估量的损失。所以，居民将此事投诉到新闻单位，而且也受到了政府有关部门的关注与干预，并努力解决问题，为居民营造良好的生活环境。

点 评

在我国,这样的事件为什么会屡见不鲜呢?原因就在于,建筑企业在处理居民与社区关系时,没能考虑到社区居民的需求,没能意识到自己的行为已经侵扰了周围居民的正常生活,甚至对于居民的投诉漠不关心,这样就招致了居民的更加不满。所以,建筑企业在生产之前就要运用环保理念,考虑到企业在生产过程中有可能产生的环境问题。在居民反映问题时,企业更是要及时积极地采取措施解决问题;否则,企业面临的只能是居民的投诉和大众媒体的舆论谴责,更严重的是政府将强制干预,从而导致工程无法顺利进行。

(资料来源:何春晖.中外公关案例宝典.杭州:浙江大学出版社,2004:167-169.)

三刻拍案

拍案一 杜邦郑州蛋白有限公司主动搬迁

杜邦公司是美国大型化学公司,1802 年成立,1984 年在北京设立办事处,1988 年在深圳成立杜邦中国集团有限公司,现已在广州、上海、北京等地设有 5 家办事处,在华共有 18 家独资/合资企业,总投资逾 6 亿美元,在华企业员工逾 3 000 名。在新的世纪,杜邦公司也将加强在中国的投资,更加深入地了解国内工业界和消费者的需求,加强自身中国业务的知识实力,加快知识的更新与利用,从而更好地协助推动中国的工业进步和社会发展,满足国内用户和消费者的需要;但是杜邦公司在中国快速发展给我国的经济繁荣做出贡献的同时，也不可避免地带来了一些问题。

2002 年，美国杜邦公司与河南郑州市人民政府共同签署大豆蛋白项目合作协议，并且杜邦蛋白有限公司与郑州市政府、郑州市油脂化学厂签订三方协议，由杜邦公司收购油脂化学厂组建新厂，杜邦郑州蛋白有限公司正式成立。

2002 年，杜邦郑州蛋白有限公司正式成立时，公司的附近还没有完全开发。后来城市不断扩大，周围土地被不断开发利用，于是就造成了企业与居民区过近的情况。由于公司逐渐被新的居民小区包围和作为化工企业的杜邦郑州蛋白有限公司在生产中难免存在污染，所以公司与周边市民长期矛盾不断。

公司生产中存在空气、噪声等污染，附近居民普遍反映与化工企业为邻，常抱怨生活状况很糟糕，激起了居民的不满。2008 年 6 月 5 日，世界环境日，在位于农业路的文博广场上，数十名市民高举条幅，公开投诉杜邦郑州蛋白有限公司。他们称杜邦公司周边有“沙口路绿苑小区、民政局家属院、三段九队铁路家属院、大孟砦村及郑州市军供站等单位，人口数万。其中绿苑小区和民政局家属院与杜邦公司只有一墙之隔，每天都能闻到臭味，家里落满烟尘，一年四季不敢开窗透气”。

针对居民反映的问题，企业在各方面都做出了不懈的努力。首先，公司为了降低污染，加大了治理污染的投入。自完成收购以来，杜邦郑州蛋白有限公司仅用于环境保护方面的投资已多达 1 000 万元人民币。与收购前比较，工厂环境、噪声、气味等指标均得到极大幅度的改善。2008 年 5 月，郑州市环境保护监测中心站先后对其污水、烟尘、恶臭气体、噪声等进行监测，监测的结果表明都达到或超过国家排放标准；但国家排放标准与居民居住环境所需的标准仍有一定差距。该厂环保工程师李怀军告诉记者，从 2002 年收购后，他们就在进行各种努力，将对周边居民的影响降到最低。其次，公司为了更好地解决问题，也通过各种渠道加强与社区居民的沟通，并虚心接受社区居民的意见。据公司经理介绍，公司经常邀请居民代表参观厂区，向居民介绍工厂为改善环境所采取的具体措施和所达到的效果，以及进一步改进的设想和计划。对于每一次工艺或设备改进，工厂都通过“环保公开信”的形式向社区介绍。这些努力也得到了周边社区多数居民、特别是在 2002 年之前就居住于此的居民的广泛认可。然而，随着工厂周围土地越来越多地被开发成民用住宅，原本周围住户较少的杜邦公司，逐渐被民用住宅包围起来，新居民开始对杜邦公司提出抗议，到“挂牌”事件发生，反对的声音达到了一个顶峰。

但是问题还是没能彻底地解决。原因是多方面的。一是企业与居民小区挨太近,解决很难。按照国家《工业企业设计卫生标准》规定:“产生有害因素的工业企业与居住区之间,应设置800米的卫生防护距离……在卫生防护距离内不得设置经常居住的房屋,并应绿化。”而该公司北厂界距居民楼实际距离为17米,几乎没有卫生防护距离。因此,尽管杜邦公司采取了多种治理措施,但其达标后排放的噪声、臭气仍影响到周边居民,致使居民多年来反复上访投诉。二是作为化工企业的杜邦公司也难以做到零排放。对于能否彻底解决杜邦问题,公司也不抱乐观态度。公司认为:即使再努力,作为化工企业的杜邦公司也难以做到零排放,居民与企业的矛盾也无法彻底解决。

面对这样尴尬的局面,公司从社区居民的利益和环境保护的角度出发,已同意搬迁。杜邦公司最后决定:杜邦将尊重现在工厂所在社区居民意见,在郑州市政府的协助下,工厂自身承担搬迁费用,将工厂搬迁至郑州城郊的开发区。

针对这一搬迁事件,杜邦公司内部员工普遍持肯定态度。杜邦中国集团有限公司总经理李江告诉记者:“可持续发展是杜邦发展的核心理念。我们说的可持续发展,一方面是企业自身的可持续发展;另一方面,也包括企业所在地的可持续发展。两者相辅相成,缺一不可。正是基于这个目的,杜邦公司决定将郑州蛋白工厂转移至开发区并计划增加产能。虽然短期内搬迁会花费公司大量的资金,但是长远来看,这将是一个企业、周边居民和当地政府实现三赢的结局。”

点 评

在解决与附近居民的冲突事件中,杜邦公司在坚持可持续发展的核心理念下,运用环保理念,顺利解决了问题。杜邦公司始终坚持积极主动的态度,主动与社区居民进行有效的沟通,认真听取居民的意见,尽最大的诚意和努力来解决问题,这样就缓和了居民的不满;再综合分析,考虑到各方面的因素,作出主动搬迁的决定,这样就得到了居民的谅解。在本案例中,杜邦公司成功解决矛盾的关键在于坚持可持续发展的核心理念,真正做到环境保护。

(资料来源:http://www.hnepb.cn/tabid/75/InfoID/8456/Default.aspx.)

拍案二　神密胶带公司取得社区公众的谅解

1953年，美国波斯顿公司所属的“神密胶带”公司(Mysitik Tape)，由于业务的扩大，在芝加哥郊外一处人口稀少的北因村设立了一座分厂；但是随着经济的发展，到1973年该地区变得越来越繁荣，成为一个人口众多的住宅区，这座分厂的规模也越来越大。虽然该厂多年来一直注意生产胶带过程中产生的环境污染，积极采取措施控制环境污染，但是在生产过程中排放的臭气问题，仍然得不到有效的控制。凑巧的是，在该厂的对面，有一所公司捐助的中学，长期以来，这所学校都遭受环境污染，于是在这种环境下学习的学生们常常抱怨，该公司造成的环境污染严重影响了他们的身体健康和学习，特别是由于受臭气的影响，许多学生感到不适。这种情况的持续，自然引起了学生的家长以及社区居民的强烈不满，他们要求该公司尽快解决臭气排放问题；否则，他们将诉诸法律。

面对大家的不满，公司并没有置之不理，而是通过积极的公共关系活动，争取妥善的办法解决问题，缓和紧张的关系。该厂采取了以下步骤：第一，投资制作一座焚化炉，专门处理一切能散发臭气的废料，使其变为无气、无味的废料；第二，聘请公共关系公司帮助发展和制订长期的社区公共关系计划，并雇用一名擅长听取社区公众抱怨又能采取相应行动的副经理，作为处理社区关系的主要人物；第三，对社区公众做意见调查，了解公众对该厂的态度及意见，并编印一本介绍该厂的产品及对社区做的贡献的小册子寄给公众和新闻媒体；第四，在焚化炉运抵工厂后，先放在厂房展示两周，并邀请各界人士参加焚化炉安装意识和观看现场焚化表演；第五，派公司的高级主管到学校进行演讲，向学生讲述该厂的产品及其性能，以及该厂与学校之间友好关系的历史；同时在学校设置“优异科学学生奖”，奖励学习成绩优异的学生。

在采取了以上公关措施后，该厂终于得到了社区大众的理解。公司收到了大量的公众来信，对该公司所做的努力给予了充分的肯定。在公司的努力下，改善了社区的环境，特别是学校的环境得了良好的改善，营造了适宜学生学习的环境。社区公众，特别是学生，对该厂的抱怨和不满也逐渐消失，该公司的形象也日益提高了。

点　评

在本案例中,该公司及时采取公关行动,成功地得到了社区公众的谅解,挽回了公司的形象。在处理与社区的矛盾时,公司没有推诿和逃避,而是怀着真诚的态度,积极地承担环境保护的责任,切实地解决问题。另外,面对问题时,公司聘请公关公司和专业人士帮助公司解决问题,制订科学的方案。这使得问题的解决就显得事半功倍了。

(资料来源:陈春燕.海外公共关系纪实[M].北京:人民出版社,2004:156-158.)

拍案三　上海搪瓷一厂虚心接受社区居民意见

上海搪瓷一厂是一家历史悠久的老厂。该厂原先厂房狭小,设备陈旧,环境问题也严重。烟囱灰、矽尘和噪声不仅严重影响本厂职工的身体健康,而且也严重影响周围居民的正常生活,其中最为严重的是喷花车间喷出的矽尘,使天空总是黄烟滚滚,弄得周围居民家中满是灰尘,连花木都枯死了。周围居民意见很大,抱怨声不断。许多居民向上级政府部门写投诉信函,甚至还不断有人上门质问。在这种情况下,企业与社区居民的关系处于紧张的气氛中。

为了改善本企业同社区居民的关系、在社区中树立良好的形象,上海搪瓷一厂组织起一个领导小组,一方面抓除尘工作,另一方面积极开展社区公关活动。他们邀请附近居民代表来厂参观,了解生产中的具体情况;召开居民委员会座谈会,虚心听取居民们的批评和意见,诚恳地表示道歉。

经过一段时间的努力,矽尘被控制住了,噪声也减小了;同时,厂区周围居民也感到上海搪瓷一厂是真心对社区民众负责的,怒气也逐渐消除了。上海搪瓷一厂在社区中的声誉迅速好转,重新赢得了社区居民的信任。

点　评

在本案例中，上海搪瓷一厂通过一系列公关活动的开展，迅速扭转了社区居民对该厂的不良看法，并在社区居民心中树立了良好的形象。面对企业与社区居民的矛盾，企业并不是逃避，而是采取诚恳的态度来解决问题，这是问题解决的前提条件。接着，企业通过自己的努力，开展了一系列的公关活动，缓和了与社区居民的矛盾，并且树立了良好的形象。最值得一提的是，该厂通过多种渠道与社区居民进行沟通，虚心接受社区居民的意见，并根据社区居民的意见采取相应的措施。所以，要想顺利解决问题，企业必须与社区居民进行有效的沟通，了解民意。

（资料来源：吴建勋，于建华，丁华. 公关关系案例与分析教程[M]. 北京：中国物资出版社，2003：154-155.）

回味隽永

企业与社区关系密不可分，企业只有正确处理好和社区的关系，才能立足扎根，才能在与社区的和谐相处中，获得更好的发展；而环保理念的运用则显得十分重要。在当今生态环境日益恶化，我们追求可持续发展，努力建设资源节约型、环境友好型社会的形势下，企业环保理念的运用能够为社区、企业和整个社会的发展创造良好的环境。

通过以上的案例，我们可以总结出在涉及环境问题时，企业在处理与社区的关系的措施：首先，应自觉树立环保意识，在环保理念的指导下着手解决问题；其次，环保理念必须贯穿企业生产的全过程，在投产前、生产中和生产后的过程中，企业都必须进行周密的考虑，对可能出现的环境问题提前进行预防；再次，在企业产生环境污染影响社区居民时，企业一定要本着积极主动的态度、怀着十足的诚意，从社区居民的利益出发，从而彻底地解决问题，在解决问题的过程中，企业千万不能抱着敷衍的态度；最后，企业与社区必须做到信息公开，及时与社区居民进行沟通，这样才利于问题的顺利解决。

唯有如此，企业才能与社区居民共同营造良好的环境，企业才能在取得经济增长的同时，为自己树立良好形象。

第十篇

环保先行——增强企业的竞争力

——英特尔环保科技进社区

面对环境形势依然严峻的情况，企业必须主动承担保护环境的社会责任。企业必须深刻认识到：环境保护是企业生存和发展中不容忽视的，它不仅关系到企业的生存，更牵涉广大人民群众的根本利益，特别是关系到企业周边社区居民的切身利益。所以，企业必须注重周边社区的环境保护；而且，从长远角度来讲，企业在生产经营中做到环保先行，将会产生深远的影响，取得巨大的成效。企业不仅将为自己树立良好的形象，而且在当今越来越注重环保的情况下，企业在环境保护方面的贡献，无疑会成为衡量企业综合实力的一项重要指标。所以，环保先行，将增强企业的竞争力。

开篇导例

开篇之述　英特尔环保科技进社区

1985年,英特尔公司在北京设立了第一个代表处,至今英特尔进入中国已经超过20年。英特尔公司是世界上最大的芯片制造商,作为根植于中国超过20年的全球技术领先厂商,英特尔公司在中国的影响远远超出了IT产业本身,其影响扩展到了环境保护方面,特别是"英特尔环保科技进社区"的活动产生了深远的影响。

"英特尔环保科技进社区"项目启动于英特尔产品(上海)有限公司成立之初,"我们是社区中有责任感的一员"已经成为英特尔公司从管理层到一线员工共有的理念。为了带动更多的企业以及社区人士共襄盛举,也为了让更多的人真正了解英特尔,了解其对中国经济发展无法磨灭的贡献以及其作为优秀企业公民所体现的责任感,英特尔(中国)有限公司举行了声势浩大并且取得重大成果的"英特尔环保科技进社区"的活动。

在活动开展之前,英特尔公关团队进行了充分的调研与分析,制订了富有吸引力且实践性强的计划,以十六届四中全会首次完整提出的"构建社会主义和谐社会"的概念作为自己纲领性的指导思想;并且根据"高科技推动社会持续发展"、"构建和谐社会"与"青少年教育"是政府注重的三大重要主题的情况,结合英特尔公司作为先进科技代表和社区活动宗旨的实际情况,开展了"英特尔环保科技进社区"的活动。

2004年,英特尔产品(上海)有限公司携手上海青少年科技教育中心开展了主题为"大手牵小手,生活更美好"的社区活动,其主旨在于推动"环保科技"理念。在此次活动中,举行了"我伴某某网上行"征文比赛、环保科技小制作评比等系列活动。如举行家庭EHS DIY比赛,要求参赛家庭提交社区或家庭回收垃圾箱的设计作品,这很好地使科技和环保结合起来,而且很好地引导了社区家庭的创新意识和环保意识。

2005年，英特尔公司协同中国福利会少年宫、上海市青少年科技教育中心共同举办了“高科技助力构建和谐社区”的推广活动。通过让社区居民亲身体验“数字家庭”环境，在娱乐的同时潜移默化地融入“科技美好生活”和“和谐促进发展”的理念。活动主办方将“社区、家庭网页制作”、“数字、环保网上知识竞赛”、“社区环保标志牌设计”等数字套餐送入社区，以社区嘉年华的方式让社区居民参与体验活动；并且开展了“寻找数字家庭”的活动。

2010年，英特尔公司和中国福利会少年宫主办了以“发现、成长、快乐，世博会环保知识知多少”为主题的活动。该活动紧密结合“科技世博”、“创新世博”理念，开展了“世博环保知识巡回展”、“我所发现的世博会10大环保建筑”和“争当世博风尚好少年”等10大板块的活动。

“英特尔科技环保进社区”是一项年度署名计划，最初于2004年在上海启动，随后的几年内扩展至成都、大连、北京和深圳等城市。作为科技创新的领先者，英特尔在中国通过该计划深入社区，承担和履行企业的社会责任；而且“环保科技进社区”活动对社区维护与发展有着重要的意义，英特尔公司在社区的环境保护方面做出了突出的贡献，从而也使英特尔良好的企业公民形象深入人心。具有深远意义的“英特尔环保科技进社区”活动将不断延续下去。

开篇之论　有效结合，促进发展

“英特尔环保科技进社区”的案例对我们的公关活动具有重要的借鉴意义。本案例的特别之处在于：第一，英特尔公司正确地把握了国家的大政方针，在“构建社会主义和谐社会”概念提出的时政背景下提出，这样就更有利于得到政府的帮助和社会大众的积极响应，顺应了时代潮流；第二，充分发挥了英特尔公司自身的优势，把科技、环保、社区三者有效地结合起来，更好地促进了三者的良性循环，实现了三者的良性发展。所以，深深根植于中国二十多年的英特尔公司，有效地改善了与社区的关系，在让社区居民了解英特尔先进技术及理念的同时，也使英特尔得以树立自己在未来环保技术中的领先地位及良好的企业公民形象，增强了企业的市场竞争力。

（资料来源：毛经权. 公关人的创意：2005优秀公关案例集[M]. 上海：上海外语教育出版社，2006：212-220.）

史镜今鉴

柯尔斯公司举行“反脏乱”活动

位于美国科罗拉多州的以生产酒类产品而闻名的柯尔斯公司是美国第四大酒厂，其业务广及11个州，向来以注意环保著称。20世纪60年代末，随地丢弃盛装饮料的废铝罐成了美国的一大社会公害，严重污染了环境。为此，柯尔斯公司开展了持续近两年的一系列以“反脏乱”为主题的废旧铝罐回收活动。

1970年，“反脏乱”活动揭开帷幕。柯尔斯公司宣布，它将以现金收购本厂及其他厂家的废旧铝罐，并通过该公司遍及全国的166个分销处定点收购。这一以自己的资金不仅回收自家的废弃物，而且回收别家废弃物而承担社会责任的义举，赢得了美国公众的一致好评，人们将柯尔斯公司视为文明社会生活环境的卫士。此时，有利的舆论已经形成，公关活动也本可就此结束。但柯尔斯公司并没有就此停止自己保护环境的步伐，在深思熟虑之后，郑重推出一部“反脏乱”活动的全面详细的计划，并摄制了一部有关此活动的电影特写片，向社会宣传活动的重要意义。于是，柯尔斯公司的“反脏乱”深入人心，得到公众的大力支持，而且潜移默化地帮公众树立了环境保护的意识，进一步扩大了影响。社会舆论对柯尔斯公司形成了良好的印象。

接着，公司董事长柯尔斯认为应该将回收旧铝罐行动的意义扩大深化。于是，他以个人名义分别向1 500名与社会环境保护工作有关的国会议员及专家写信，阐述了“反脏乱”计划的意义，并希望通过国会把他的想法告诉大家。一时间，柯尔斯公司回收废铝罐的活动成为国会议题而震动朝野。

随着“反脏乱”活动的不断深入，公司不断地撰写“柯尔斯公司回收废铝罐消息”专刊向社会散发，报告用现金收购铝罐的统计资料，并刊登大力帮助这项活动的有关人士的照片。公司把这些专刊定期送到1 500多名环保专家和舆论界代表手里，使活动始终保持着对全社会的持续不断的影响。

最后，柯尔斯公司在活动激起了全社会普遍参与之后，拨出1 800万美元专款鼓励参与这项活动的个人或团体，这一举措极大地刺激了人们对收集废旧铝罐的热情。柯尔斯这种无私地为环境保护做贡献的精神感动了大批公众，使人们纷纷自觉地投入到“反脏乱”的活动中来。

柯尔斯公司的“反脏乱”活动持续了近两年时间，在活动期间，该公司始终处于社会舆论的中心，知名度与美誉度不断扩大和提高，完全赢得了公众的支持和信赖。

点 评

在本案例中，柯尔斯公司通过以“反脏乱”为主题的废旧铝罐回收活动，为自己在公众心中树立了具有高度社会责任感的社会公共代言人的杰出形象。在活动中，公司努力做好环境保护，使得自己的形象越来越好，其效益也随之越来越好，从而增强了自己的市场竞争力。在此案例中，柯尔斯公司表现了自己无私奉献的精神，值得其他企业学习。公司以自己的资金回收自家废弃物，还收购别家废弃物，这种积极承担社会责任的举动，自然会得到公众的一致拥护。另外，柯尔斯公司的公关活动取得如此成功的另一关键之处在于，该公司很好地利用了媒体进行了广泛的宣传，扩大了自己的社会影响力；还利用书信、报刊等方式传递自己的环境保护的理念。

（资料来源：白巍. 公关成功典范200例[M]. 北京：农村读物出版社，1994：48-50.）

本田形成“你买车，我种树”的理念

汽车销售与植树是一对不可调和的矛盾，汽车的排气污染会使城市的绿树枯萎，直接影响着城市的环境。然而，日本横滨本田汽车业主青木勤社长，却别出心裁地做出了一个令人击案称绝的为销售汽车而绿化街道的"本田妙案",使本田汽车独领风骚。

每天乘车外出的青木勤社长,看到公路上多如蚂蚁的汽车,突获灵感:假如我们不顾一切地生产汽车、销售汽车,汽车排放的废气将加剧空气污染、恶化城市环境,最终还会引起社会公众的不满。他认为,这个问题应当由生产者加以解决。他觉得不能只顾卖车,还应通过卖车来促进城市绿化。于是,青木勤社长便定下一条方针:"今后每卖一部车,便在街上种一棵纪念树。"后来,本田汽车公司将卖车所得利润的一部分转为植树费用,以美化城市街道。

为销售汽车而绿化城市的绝妙方案,在消费者中形成了一种特有观念:"同样汽车,何不买绿化街道的本田汽车!"这种"你买我汽车,我为你植树"的销售方式,使得本田汽车的销售量由此猛增,一路领先;而且这一举措使得本田公司在公众中形成了良好的形象。

点 评

在本案例中,本田公司形成的"你买车,我种树"的理念,为环境保护做出了巨大的贡献,这一理念的践行也成为本田公司树立良好形象的有效公关手段。汽车在给生活带来便利、为经济做出贡献的同时,也对环境造成了影响,在这种情况下,本田考虑到自身对人类生存环境造成不良影响时,独创性地提出"你买车,我种树"的理念,致力于改善环境,这是值得企业学习的。在这种理念的指导下,本田不仅赢得了消费者的好感,客源不断,而且给我们带来了舒适优美的生活环境。

(资料来源:白巍.公关成功典范200例[M].北京:农村读物出版社,1994:39-40.)

必胜客环保周 支援绿色社区建设

必胜客是全球最大的比萨专卖连锁企业之一,遍布世界各地100多个国家。自1990年在北京开出第一家店以来,必胜客在中国保持迅猛发展的势头,现在的必胜客可谓已在全国遍地开花。作为扎根中国的必胜客,也积极承担社会责任,努力践行环境保护。必胜客开展了具有深远意义的“必胜客环保周”活动，从2009年开始，将每年5月的最后一周命名为“必胜客环保周”。“必胜客环保周”活动的最大意义是扶持高校环保社团的健康发展，并通过大学生环保行动社区实践基地的落成，让大学生走出校园、走进社区，宣传和普及节能减排常识，建立家庭节能减排卡，使环保意识渗透到社区，进而影响社区中的每一个家庭。

2009年5月27日，黑龙江省哈尔滨市首批大学生环保行动社区实践基地正式落户中植、黑大、龙泰、铁路、理东5个社区。此次大学生环保社团社区环保行动由哈尔滨市环境保护志愿者联合会与必胜客品牌联合发起，也契合了“必胜客环保周”的活动。

哈尔滨把创建“环保社区”列为城市的工作重点之一，力推环保项目，让百姓享受高质量的居住环境。项目开始之初，哈尔滨市与必胜客作为公关主体，就充分发动社会力量广泛参与。活动开展一年间，全国已有21个城市的大学生环保社团与当地社区结对，协助达标绿色社区；同时，作为哈尔滨市环境保护志愿者联合会理事会员，支持和推动大学生环保社团在哈尔滨市开展社区环保行动也是响应哈尔滨市环保局、环境保护志愿者联合会2009年度制定的“节能减排进社区”的大主题方针。

环保工作是一项造福子孙万代的工作，是一项任重而道远的工作，它不仅仅要靠政府的努力，更要靠全社会的共同努力。2009年“必胜客环保周”提出“让7天成为每一天”的口号，得到了社会的广泛支持和积极响应。这样的活动将延续下去，也将促使环保真正地走进每一个家庭、每一个社区，走进我们的身边。

通过“必胜客环保周　支援绿色社区建设”的活动，更好地促进了社区环保建设，宣传了环保知识；同时为大学生环保社团开展环保实践行动提供平台和支持，大学生也提高了自己环境保护的意识。

点　评

在本案例中，必胜客通过环保周的活动，向公众展示了自己负责任的企业形象，极大地促进了社区的环保建设。企业虽然不是造成污染的企业，但是开展社区环保活动也是处理好企业与社区关系的一种策略，通过主动、积极地关心社区建设，对改善社区环境等尽可能给予支持和帮助，从而得到社区的赞扬与合作，这也是企业在社区中树立一个环保形象的手段；特别是通过活动能提高社区居民的环境保护意识，为社区环保建设提供了良好的思想基础。

（资料来源：http://www.hlj.xinhuanet.com/zfzq/2009-06/01/content_16679256.htm.）

三刻拍案

拍案一　储灰场搬迁　创造巨大的效益

大唐保定热电厂位于河北省保定市西郊，成立于1958年，是我国华北地区第一座高温高压热电联产厂。至今已超过半个世纪的大唐保定热电厂，现在仍担负着保定市区的全部工业用电和绝大部分的城市供暖用电任务；但是热电厂在为城市的发展做出贡献的同时，也为我们生存的环境造成一定的威胁。

热电厂生产一天，就会产生大约2万吨粉煤灰，一年就超过700万吨。经过近半个世纪的累积，热电厂储灰场已经形成了一座占地约153公顷、高10多米的巨型粉煤灰山；再加上储灰场位于城区的上风向，每逢春秋多风季节，一道2千米宽的黑灰色粉煤灰带直扑市区，污染的最大受害者就是比邻而居的保定市高开区。高开区茗畅园小区的居民反映了这样的情况：春天刮大风，一旦刮起了西北风，储灰场扬起的粉煤灰黑压压的铺天盖地，即使把窗户关得死死的，屋里还是落满了煤灰；而且深受粉煤灰之害的，绝不仅仅是储灰场周边的居民。据保定市环保部门监测，这个储灰场是保定市区沙尘的主要源头，其中粉煤灰占到了全市粉尘污染总量的80%以上，除了造成粉尘污染外，还造成了水、电资源的巨大浪费。热电厂每天要用4万吨水，将粉煤灰通过6千米长的管道输送到储灰场，除去每天回收利用的2万吨水，热电厂1年仅冲灰排放的水量就达720万吨，相当于保定市城市居民全部生活用水的1/5，排灰每年消耗的电能价值也多达3 000万元。这些都将对城市的供水和供电造成一定的压力。面对热电厂造成的环境问题，近年来，要求储灰场搬迁的呼声一直没有停止过。

然而，搬迁又困难重重。大唐保定热电厂要解决三大难题：首先要对11台发电机组进行干法排灰改造；其次要清理现有的约153公顷储灰场；最后要另选新址建设备用储灰场。据估算，仅发电机组干法排灰改造一项就需要近4亿元的资金。巨额的搬迁费用让大唐保定热电厂这个老企业陷入了困境，储灰场搬迁的计划一次次搁浅。

与此同时，与储灰场一街之隔的保定市高新区管委会正在为园区扩建的土地问题发愁。

以高新区为依托的保定中国电谷是目前国内唯一的国家级新能源与能源设备产业基地。2006年以来，保定中国电谷的建设进入快速发展期，吸引了越来越多的企业入园建厂；但是，由于土地这条不可逾越的红线，将许多优秀的企业挡在了园区之外。一方是有土地、缺资金，污染严重，一方是缺土地、有资金，清洁能源，如果两家联手合作，一切难题就可以迎刃而解。保定市政府经多方协调后提议，高新区出资将热电厂发电锅炉湿法排灰改为干法排灰，用腾出的土地建设中国电谷风电设备产业园，发展国家急需的新能源产业。保定市政府的提议得到了大唐保定热电厂和高新区管委会的大力支持。2006年10月12日，保定市政府与大唐河北发电有限公司就储灰场搬迁项目正式签约。至此，市民热盼多年的项目终于迈出了实质性的一步。

2007年夏天，虽然连日细雨不断，但是大唐保定热电厂储灰场清理现场仍然是一片繁忙景象。高新区管委会投资3.4亿元实施了热电厂干法排灰改造工程和风电设备产业园基础设施建设工程，其中包括粉煤灰的清运、剩余灰尘的清理和土地平整等基础建设。不到一年的环保治理，占地80公顷的一期改造工程已经完工。按照计划，用两年左右的时间，总面积约153公顷的储灰场将被全部清空，一个以新型能源——风电为主的“中国电谷风电设备产业园”在这里崛起。

储灰场搬迁项目带来的好处是综合性的，可以说是一举多得。首先，这一项目使百万市民告别了“吃煤灰”的日子，也意味着保定城区80%的粉尘来源将被彻底根除，从而治理了环境污染，为居民创造了良好的生存环境；另外，这一项目也创造了巨大的经济效益。据介绍，采用干法排灰后，电厂每年可节约冲灰用水 700 多万吨，节约资金 2 300 万元，还可节省输送煤灰用电 6 400 万度。此外，粉煤灰也可以被广泛再利用。电厂的干法排灰改造工程完工之后，排出的粉煤灰品质会有所提高，可以大量用于铺路烧砖，每年可为电厂带来 3 000 万～7 000 万元的收入。搬迁也促成了大唐保定热电厂储灰场的升级换代，增强了热电厂的市场竞争力。

点　评

在本案例中，储灰场的搬迁为热电厂带来巨大的经济效益的同时，也彰显了企业承担环境保护的良好形象。取得这些成效的关键在于，企业采取了正确的公关手段。本案例中有两大亮点：第一，创新治污思路，以土地置换资金进行污染治理，既解决了热电厂资金短缺的问题又解决了园区扩建缺少土地的问题；第二，采取政府牵线、两家企业合作各取所需的模式，促进了资源的优化配置。另外，在本案例中，储灰场积极采取措施，配合搬迁工作，通过这次搬迁取得环境效益也是巨大的，不仅使百万市民告别了“吃煤灰”的日子，也意味着保定城区 80% 的粉尘来源将被彻底根除，从而治理了环境污染，为居民创造了良好的生存环境，从而，在最大程度上增强了企业的市场竞争力。

（资料来源：http://www.cenews.com.cn/historynews/06_07/200712/t20071229_40040.html.）

拍案二　惠普致力于电子垃圾的回收

多年来，中国惠普积极支持中国的环保事业，为环保事业做出了突出的贡献：惠普参与了保护可可西里自然环境保护区的“数字中国”项目、2004—2005 年连续两年鼎力支持“珠峰环保行动”等，特别是惠普结合自身企业的实际情况，陆续开展了一系列回收电子垃圾的活动。

惠普启动了“环球伙伴计划”(Planet Partner)，这是惠普在全球范围内开展的电子垃圾回收计划。该计划于 1991 年正式推出，目的是减少环境污染，并尽可能地减少垃圾场的废物，同时为客户提供一个方便的、符合环保标准的废弃产品的解决方案。十多年以前，惠普就开创了以免费便利的方式为客户提供激光打印耗材回收服务的先河，如今，回收计划的范围已经扩展到喷墨打印机耗材，客户在世界任何地方都可以享受到这种便利的服务。通过该计划，数千万激光打印机硒鼓和喷墨打印墨盒被回收，上千吨材料变废为宝。从 2003 年开始，“环球伙伴计划”将其回收服务扩展到亚太区和欧洲，而且取得了显著的成果。

2002 年，惠普公司在全球电子产品回收中收效显著的“环球伙伴计划”进入中国，面向中国用户开展电脑硬件与耗材回收工作。2008 年，惠普回收了 3.4 万吨废旧硬件，同比增长 16%。在中国，惠普与渠道伙伴合作，将原有的全国 33 个回收点增加到 83 个，进一步扩展面向个人消费者的回收体系。2009 年 3 月 3 日，惠普与富士康科技集团宣布，将联手扩大在中国的电子垃圾回收再利用项目，此次合作将推动两家公司在新产品的制造过程中更多使用可回收材料，从而实现对自然资源的保护，并利用合作双方在中国现有的回收再利用能力，改变废旧电子产品只能由垃圾场处理的命运。2009 年 4 月 22 日，在世界地球日 40 周年之际，中国惠普有限公司联手环保动漫先锋“胖兔子粥粥”推出电子产品回收活动，倡导大众以正确途径处理废旧电子产品，以减轻电子垃圾对环境污染所带来的危害。

面对电子垃圾日益成为人们关注的环境问题，惠普回收电子垃圾的活动，得到了企业和社会大众的广泛支持，并在中国掀起了绿色回收的热潮。

点　评

在本案例中，惠普公司以环境保护为己任，致力于电子垃圾的回收，树立了企业自身良好的形象。在目前电子产品使用普及化、电子垃圾日益增长的形势下，生产电子产品的惠普公司致力于电子垃圾的回收就显得至关重要了。而且这一举措有利于维持社区生态平衡、营造良好的社区生存环境。对企业来说，这一做法极大地提高了企业的社会形象，提高了企业的声誉。

（资料来源：http://h20430.www2.hp.com/program/csr/cn/zh/070813_2_02.asp；http://www.it.com.cn/f/market/056/7/125998.htm.）

拍案三　中华牙膏举行“中华好儿童，环保快行动”活动

联合利华公司作为全球 500 强企业，旗下拥有众多的世界知名品牌。1949 年 10 月 1 日诞生的“中华牙膏”有着悠久的历史，而且是中国牙膏市场的主导品牌之一；但是，随着众多国际品牌纷纷涌入中国市场，给中华牙膏造成了巨大的竞争压力。面对强大的竞争，中华牙膏必须进一步巩固和强化自身优势，以确保品牌的持续发展。于是，中华牙膏在其 2004 年的公关策划中，力图把环保和教育结合起来，推出了“中华好儿童，环保快行动”的活动。

“中华好儿童，环保快行动”的活动分为校内活动和现场颁奖活动。校内活动阶段(2004 年 3 月 10 日—5 月 14 日)：在活动开展前期展开“当代小学生环保意识网上大调查”，受到了北京、上海等全国各城市小学生的热烈响应和支持；在校内发放活动宣传单和海报，开展宣传；展开“中华好儿童，环保快行动”小记者动员会，布置采访要求，发布“中华环保明星小记者”评选条件；进行了 4 次校园巡访，了解各学校的情况，范围覆盖全市 63 所小学。现场颁奖活动(2004 年 6 月 5 日现场活动)于 6 月 5 日“世界环境日”当天在浦东新区少年宫举行，现场活动包括“少儿环保时装秀”、“中华牙膏盒创意手工作品展示”、“发出环保倡议、放飞环保心愿”等丰富多彩的活动。

此次活动历时两个多月顺利完成。通过活动，一方面，帮助学生从小树立环境保护意识，并深入家庭、学校、社区传达环保“从小做起，从身边做起“的理念，自然而然地帮助大家增强环境保护意识，从而利于社区的环保建设；另一方面，本次活动取得了良好的社会效益，把环保问题再次提升到重要的地位，也加深了大家对中华牙膏的了解，增强了企业的市场竞争力。

点　评

在本案例中，通过“中华好儿童，环保快行动”的活动，公司塑造了积极健康、环保的公司形象，增强了公司的市场竞争力。该活动以“环保”和“教育”为主题，并把两者良好地结合起来，从教育方面提高人们

的环境保护意识；而且该案例的受众对象确定为儿童这一特殊的群体，寓意深远，为环境保护事业做长远的打算。这是本案例的独到之处，值得借鉴。另外，通过公关活动，公司向公众和社会传达环境保护意识，并践行环境保护，增强了企业的市场竞争力。

（资料来源：毛经权. 公关人的创意：2005 优秀公关案例集[M]. 上海：上海外语教育出版社，2006：255-264.）

回味隽永

生态发展不仅成为关乎人类生存与发展的迫切问题，而且逐渐转化为现代企业生产模式的考量标准。将环境保护纳入企业社会责任是当前发展的客观要求，只有做好环保工作，企业才能在未来竞争格局中占据主动、赢得成功。在企业的生态公关中，企业良好地处理好生态公关主要体现在做好环境保护。生态和环境问题不仅是政府和环保组织的责任，也是全社会的责任。现在，企业环保责任的履行不再是锦上添花，而是企业立命之本。如果把环保方面的投入比做企业的投资计划，从短期来看，也许并没有产生直接的经济效益；但长远来讲，将有效促进整个产业的良性发展，不论是在经济效益还是在品牌价值方面，都会让企业获得丰厚收益，最终，将提高企业的市场竞争力，使企业立于不败之地。

以上的案例生动形象地告诉我们，环境保护是企业应承担的社会责任。企业承担环境保护的责任，有利于彰显企业良好的社会公益形象，提高企业良好的知名度和美誉度，从而，企业自然而然地就能增强市场竞争力。企业主动承担环境保护的社会责任将成为企业树立良好形象和增强市场竞争力的有效手段。

但是，企业在通过环境保护增强市场竞争力时，必须做到：第一，要有环保理念，并努力践行环保理念；第二，要顺应时代潮流，顺应时代的发展，结合国家的大政方针，这无形中会增强影响力，能更好地引起政府、企业等社会各界的关注；第三，要有创新精神，创新思维方式，使自己的方针有创意，与众不同，这样才能吸引大众的眼球，深入人心；第四，巧妙地运用媒体进行宣传，这会扩大企业的知名度和影响力，增强企业的市场竞争力。

第十一篇

绿色环保，理念先行

——蒙牛：让牛奶与绿色有约

生态危机公关是现代公共关系发展的一种重要形式，是以保护人类生态环境、实施可持续发展战略思想为指导而开展的一种公共关系活动。企业生态危机公关旨在塑造企业和产品的绿色形象，以一种具有可持续发展思想的、有社会责任感的形象出现在公众面前，由此获得公众的认同与支持，为企业树立良好的形象。生态平衡与环境保护是生态危机公关的基本点和出发点。企业生态危机公关的最高境界和终极价值在于创设一种以最小的环境代价取得最佳经济、社会效率的和谐状态，走可持续发展的道路，达到企业自身发展稳定和环境生态平衡的“双赢”效果。

开篇导例

开篇之述　蒙牛：让牛奶与绿色有约

2008年“三聚氰胺”事件在整个中国乳制品行业引起强烈震荡，2009年特仑苏OMP事件又给蒙牛带来了极大的冲击。这两个大型危机的产生虽然在一段时间对蒙牛的影响很大，但是蒙牛却通过巧妙的危机公关处理化险为夷。它主要采用了以下几个原则。

1. 速度原则之急速掌控局势

早在2008年9月17日，蒙牛就在不合格奶粉事件中做出了郑重承诺，成为“三聚氰胺”乳业危机中首批意识到并启动危机公关的企业之一。在本次乳业危机事件中，蒙牛采用了先人一步的市场“救急”策略，在第一时间内掌控了自身在本次市场危机中的局势。

2. 尊重事实原则之承认错误

事发之初，蒙牛就采取了诚恳的、尊重事实的态度去解决本次市场信任危机，不仅如此，为了表达认错诚意，蒙牛还在各大平面、网络媒体上传播其对广大消费者真诚致歉的公告书。在蒙牛此项“救急”措施实施后，对于消费者来说，面对这种勇于承认错误的企业，他们即使有气，也会发到其他问题企业上。这样，蒙牛的市场危机压力也就得到了进一步的缓解。

3. 承担责任原则之为“五大”负责

事发之后，蒙牛为了稳定企业军心及消费市场，当即提出了为奶农负责、为经销商负责、为股民负责、为消费者负责、为企业负责的“五大”负责原则。随后，董事长牛根生又在新闻发布会上郑重宣布了“如果这件事情处理得不好，我这个董事长将引咎辞职”的讲话。

4. 权威证实原则之完全检测

在奶业危机发生的第三周，蒙牛就在其最新的广告片中传播了蒙牛产品经层层检测,质量放心！通过蒙牛自身专业检测后又经过第三方权威机构检测,然后再进入消费市场的产品广告。经过此番传播后,各种质量“认证”已经让消费者重新感受到蒙牛的产品依然是优质的、可靠的、可以放心饮用的。

5. 转移注意力原则之绿色公关：让牛奶与绿色有约

这里所谓的绿色公关主要体现在两方面：一个是生产绿色产业。蒙牛在节能减排和循环经济方面累计投入资金超过 4 亿元,绿色已逐步植入蒙牛发展的每一个环节,包括绿色的奶源、绿色的工厂、绿色的生产、绿色的运输再到绿色的包装和绿色的消费等,形成了一个完整且辐射深广的全产业链条。蒙牛用了三年多时间,建成世界上最大的畜禽类沼气发电项目,将牛粪转化为能源,每年还能向国家电网提供 1 000 万度电力；此外,蒙牛还建成国内领先的万吨级污水厂,利用高科技变废为宝。这些绿色产业,都给蒙牛带来了实际的经济效益。另外一个是开展一系列的绿色环保活动。在 2008 年 9—12 月,由中国国际民间组织合作促进会、北京市人民广播电台、人民网及搜狐网共同发起蒙牛倡议全体员工积极参加,提倡职工乘坐地铁、公共汽车等公共交通或骑自行车、步行等方式出行,蒙牛在此次活动中被评为“2008 绿色出行‘碳’路先锋企业”。自 2009 年夏季开始,“桌面绿植认养活动”就在京城各大写字楼悄然风靡,这是蒙牛参与发起的另一波低碳环保公益宣传活动,蒙牛所提倡的“减法生活,储蓄明天”等环保理念为钢筋水泥的都市生活带来了一抹清新的绿色。2009 年 9 月,蒙牛向中国绿化基金会捐资 600 万元作为中国首个“生态草原基金”的项目启动资金,该笔捐资对由全国绿化委员会、国家林业局和中国绿化基金会联合主办的“生态中国体验行”这一大型公益活动给予了全力的支持。2010 年 4 月 17 日起,蒙牛集团“生态行动,助力中国”大型生态体验活动正式拉开帷幕,一场以杭州、上海、南京、苏州等城市为核心、辐射全国的全民生态活动,掀起了史无前例的低碳热潮,也成了全球步入 2010 年绿色经济元年后中国民族企业应对环境危机与挑战所启动的首场全国揭幕战。

开篇之论　绿色环保　从我做起

现代物质文明给人类带来了极大的物质满足,同时却使人类生活的地球环境遭到了巨大的破坏。随着人类和环境的冲突越来越严重,人们逐步认识到保护生态环境的重要性。蒙牛作为我国乳业的领头人,不仅认识到要保护环境，更是把“生态环保理念”从实践上阐述得淋漓尽致——生产绿色产品、举办各种绿色生态公益活动等。蒙牛采取的这种生态公关手段——强调环保理念的宣传、把理念运用于实际中、制定环保措施、增加环保投入、主动积极地向绿色环保靠近，从而实现了蒙牛自身的良好发展与绿色环保的同步性。

史镜今鉴

中国古代的“生态环保理念”

古代中国环境保护的机构和法令一般是从崇尚自然出发或从儒家的仁义思想出发、从宗教不杀生的观念出发，其保护行动是不自觉的。虽然主流是政府采取保护行动，但是事实上，古代由政府采取的环境保护措施也是从这些思想理论发展演变而成的。

早在春秋时期，齐相管仲就十分注意保护山林川泽，他认为“为人君不能谨守其山林菹泽草莱，不可以立为天下王”，这是因为山泽林薮是“天财之所出”，“天财”者，自然资源也，即只有保护好山林川泽中的自然资源，人们吃的用的东西才不会缺乏。由此可见，保护环境是为了防止物质资源的匮乏。《管子·八观》又说：“山林虽广，草木虽美，禁发必有时；国虽充盈，金玉虽多，宫室必有度；江海虽广，池泽虽博，鱼鳖虽多，罔罟必有正，船网不可一财而成也。非私草木爱鱼鳖也，恶废民于生谷也。”从这里我们可以窥视出管子可持续发展的思想，注重生态的平衡。

战国时的荀子也有一段著名的保护言论：“草木荣华滋硕之时，则斧斤不入山林，不夭其生，不绝其长也；鼋鼍鱼鳖鳅孕别之时，罔罟毒药不入泽，不夭其生，不绝其长也；春耕、夏耘、秋收、冬藏，四者不失时，故五谷不绝，而百姓有余食也；污池渊沼川泽，谨其是禁，故鱼鳖尤多，而百姓有余用也；斩伐养长不失其实，故山林不童，而百姓有余材也。”不难看出，荀子的环境保护思想和管子有类似之处——都提出要尊重自然界、合理地利用资源、保护自然环境和生态平衡；否则就会像恩格斯所说的“我们不要过分陶醉于我们对自然界的胜利。对于每一次这样的胜利，自然界都报复了我们”。

从管子和荀子的言论中，我们不难看出保护环境、注重生态平衡的意识在我国源远流长，不是政府三令五申的结果，而是思想家观察和总结出来的“生态环保理念”。下面就让我们来看国外汽车行业对“生态环保理念”的认识。

点 评

理念的树立往往是行动的先导。正如今天科学发展观、生态文明等认识被推广后，人们的环保行为才更加明确一样，古时候人们保护生态、量地力而为的举动，也与朴素的“天人合一”思想有关系。因此，今天在利用生态作为公关的主题和媒介之时，仍然必须注重对公众环保理念的培养。这也是为何多数环境保护为主题的公关活动，总是将环保知识宣传和教育作为重要策划环节。

福特汽车环保奖

“福特汽车环保奖”由世界领先的汽车企业——福特汽车公司举办，是世界上规模最大的环保奖评比活动之一，其前身是1983年在英国首次发起的“亨利·福特环保奖”，宗旨是鼓励各阶层人士积极参与有助于保护环境和自然资源的活动。在过去的二十多年中，已有遍及全球五大洲的62个国家和地区、超过12万个团体和个人加入到此项活动中。

2000年，“福特汽车环保奖”首次进入中国，并成为中国目前规模最大的由企业举办的环保奖评选活动。截至2010年，“福特汽车环保奖”总计授予奖金930万元人民币（140万美元），共有196个优秀环保团体或个人获得了奖金资助和提名鼓励，超过320家民间环保组织参加了能力建设培训，并出版了“福特汽车环保奖”在华10周年纪念书册及纪录片。

秉承福特汽车全球的环境政策，福特汽车在为中国消费者制造世界级产品的同时，也始终致力于持续提升环保绩效，做保护环境、负责任的优秀企业公民。秉持“使世界更加美好”的企业社会责任理念，2010年“福特汽车环保奖”以“节能减排、低碳生活”为主题，再次设立奖金人民币150万元，继续支持中国民间环保个人与团体，紧扣当前我国环境保护的热点和社会发展的主旋律，大力倡导社会各界积极参与发展循环经济、节约资源、降低排放、倡导节能减排、研发低碳技术、消除碳足迹、倡导低碳生活，共同建设资源节约型和环境友好型社会。连续10年的评奖与环保宣传活动，不仅使“福特汽车环保奖”得到了广大热爱环保事业人士的热情支持和积极参与，而且得到了政府部门、环保组织、新闻界和公众的肯定和大力支持。

福特汽车（中国）有限公司董事长兼首席执行官程美玮表示：“福特汽车环保奖”是福特汽车公司秉承“企业公民”准则，以实际行动支持中国环境保护和可持续发展的具体实践。100年来福特汽车始终坚信：凡业务涉及的国家和地区，也努力为其创造更大的经济、社会和环境效益。当一个市场成为福特汽车公司全局的一部分、当其雇员成为福特全球大家庭的成员，我们就不再仅仅把自己视为在这个国家做生意的外国公司，我们将自己视为那个国家的“企业公民”——一个具有国家感和责任感的公民。

点　评

福特汽车利用设立“福特汽车环保奖”，主动出击，一方面宣传公司的生态环保理念，从事公益活动为自己获得好的形象；另一方面通过这个奖项，通过舆论造势，为福特汽车做免费的广告。通过这种以生态为媒介的公关活动，让消费者信任其产品，传播绿色消费观念，树立福特汽车在公众心目中的绿色环保形象。

三洋爱乐普演绎“绿色传奇”

三洋爱乐普（eneloop）是三洋电机株式会社发售的一款基于“能源（energy）的循环（loop）”为理念的新一代环保型充电电池。爱乐普采用了特意为循环利用而设计的组织结构，例如镍等珍贵材料的回收极其方便，增加了使用效率、减少了对资源的需求量；爱乐普(eneloop)的套管及包装都使用了可回收的PET(Polyethylene Terephthalate，聚对苯二甲酸乙二醇酯)材料，重复使用性好、环境污染少，从电池本身到包装都是“对环境友好的”，一直履行着在全球倡导的“循环使用生活新理念”。

作为全球最具知名度的环保型电池品牌之一，爱乐普现已畅销60多个国家，截至2010年12月底，爱乐普全球累计出货量已经达到1.5亿节，源源不断地将“三洋绿色革命”传播到世界的每一个角落。自2005年11月在日本正式推出以来，出厂时已预先充电的爱乐普电池凭借即买即用、可反复使用和用后投入再循环等卓越的经济和环保性能，赢得了市场的高度好评，得到了许多厂商和消费者的青睐。2009年11月，三洋通过对材料、制造工艺和结构的全面改进，成功实现了约1 500次的循环使用次数，并充分利用“绿色电力证书制度”，在出厂时采用太阳能发电为电池进行绿色充电。自面世以来，爱乐普充电电池在性能、概念、设计和使用乐趣方面实现了持续进化，不断实践并更新“能源循环”的卓越理念。

进入中国市场以来，爱乐普发挥其特有的优势，影响力与日俱增，并保持着良好的销售势头。在大力倡导低碳环保的中国，爱乐普不断调整市场策略，使“循环使用、绿色生态的生活方式”更加深入人心。三洋电机株式会社在“Think GAIA”品牌蓝图的指引下，为了积极响应中国政府提出的建立环境友好型和资源节约型社会的政策号召，在北京举行了三洋电机向中华环境保护基金会捐赠部分“eneloop爱乐普”在华利润的捐赠仪式，会上发表了关于新一代环保充电电池“eneloop爱乐普”在中国开展环境资源保护活动的决定。具体实施办法是：2008年起一年内在中国每售出一包“eneloop爱乐普”电池，就将其中的1元人民币捐赠给中华环境保护基金会，用于支持废电池环保宣传公益活动，其中包括我国第一支专业化环保志愿者队伍“绿色之星废电池志愿者服务队”的环境资源保护工作；2008年7月22日，以“传递践行绿色奥运理念，让我们共同给旧电池安个家”的活动在北京市开阳里社区举行，并在活动中为现场居民赠送环保购物袋；上海世博会期间，三洋电机在联合国馆举办了一场别开生面的爱乐普环保教育课堂，培养青少年学生的环保意识；2010年8月，三洋电机召开“爱乐普中国销售一周年纪念新品发布会”，隆重推出可循环使用约1 500次的新品电池。

“每年，全球的电池销售总量为400亿节，其中环保电池的用量不足1%，通过反复使用环保型二次电池来减少垃圾的排放，成为三洋研发爱乐普的出发点。”三洋电机负责人表示，“今后，三洋电机将继续推广爱乐普系列产品，倡导生活方式‘从消耗型向循环型的转变’。”

（资料来源：根据中国家电网资料整理）

点　评

从三洋爱乐普的案例中，我们可以明显地看见生态公关的影子。首先体现在产品上，生产环保型的充电电池，从产品的本身宣传“环保”理念，不仅为自己的产品找到一个好的创新点，而且也在社会同行中起到模范带头作用，在全社会全世界传播环保；其次体现在各种宣传活动中，通过部分利润给中华环境保护基金会、赠送环保购物袋、举办环保教育课堂等种种宣传手段和公关活动，使得三洋爱乐普赢得了消费者的好评。

三刻拍案

拍案一　佰草集：创造绿色生活　支持中国申奥

“佰草集”，作为中国第一套现代中草药个人护理产品系列，自1998年创立以来，一直坚持树立“自然、清新、健康”的品牌形象，以传统中医药学的“平衡理论和整体观念”为品牌理念，更以环保为其重要的品牌特色，将环保理念贯穿至产品的生产和销售全过程中。“佰草集”一贯坚持最简单的包装原则，在包装设计上，使用圆形包装，因为这是最合理、最经济的方法；同时还尽量减少纸包装，并做到最小程度地使用花盒；另外，由于“佰草集”使用可回收降解的材料（包括印刷的油墨），因此所有产品的包装均可以回收重复使用；“佰草集”所有产品的外包装上都印有“支持环保，建议回收”的字样，并在各专卖店都设有回收箱，提倡集中回收包裹。“从我做起，从点滴做起”是“佰草集”始终奉行的宗旨。

为了尽心尽力地支持环保大业，同时为了全力声援中国申办2008年奥运会，“佰草集”于2001年4月22日—7月12日举行“创造绿色生活 支持中国申奥”的全国大型公关活动，旨在号召我们每个人通过创造身边的点滴绿色生活来为中国申奥出一份力。

活动期间，在上海、北京、无锡、大连和深圳5个城市的“佰草集”专卖店购买“佰草集”产品或回收“佰草集”空瓶的消费者，若向地球村环境文化中心和中华慈善总会合办的、以开发儿童环保教育为主题的“绿天使工程”捐款1元并签署绿色承诺卡，便可成为“佰草集”的环保使者，获得“佰草集”赠送的环保纪念品和环保宣传册，更可以留名、留祝福的方式表达消费者对中国申奥的支持和祝愿；同时，“佰草集”出售的每件产品或回收的每件“佰草集”产品包装，都将按一件1元的价格向“绿天使工程”捐款，并计划在活动结束时举行隆重的捐款仪式，将活动期间募得的所有款项赠给地球村环境文化中心和中华慈善总会。

此次“佰草集”全国公关活动将“佰草集”一贯倡导的环保理念和社会热点话题，即环保和申奥联系起来，并在一定程度上提高了“佰草集”的社会知名度，同时巩固并提升了“佰草集”环保使者的公益形象。各个年龄层次、社会背景不同的人士都纷纷热情参与，更有来自不同国家的消费者留下祝福并献出爱心，他们都积极响应了“佰草集”的号召，表达了对环保事业的支持、对中国申奥的祝愿。

点　评

“佰草集”借助中国申奥这个全国人民都关注的热点话题展开了一系列的生态公关活动，表现出“佰草集”对社会公益事务的支持、对环保事业的关心、对生态平衡和环境的保护。无论是理念还是行动，“佰草集”都在营造一种环保、健康、无污染的新文化氛围，即绿色的企业文化，倡导做负责任的企业。这种企业文化突出了环保意识和特色，创造了一种氛围、一种感觉、一种感染人心的力量，能在潜移默化中使企业内外的公众产生共鸣。

拍案二　APP(中国)："立足中国，绿色承诺"

2009年4月23日，隶属于印度尼西亚亚洲浆纸业有限公司旗下的金光纸业(中国)投资有限公司[简称APP(中国)]向社会公布了"立足中国，绿色承诺"2009年第一季度报告。这份"立足中国，绿色承诺"季度报告从林业可持续发展、清洁生产和节能减排以及企业社会责任等三方面回顾了APP(中国)进行的努力和取得的成绩，包括金东纸业(江苏)通过引进先进设备、研究新技术大大提高企业运行效率和人工林的生产力和固碳能力；APP(中国)顺利完成了集团首个"碳足迹"评估项目，成为国内制浆造纸行业中首家进行大规模碳排放评估的企业；APP(中国)参加2009年由WWF发起倡导的"地球一小时"活动，通过对公司合作伙伴的宣传并以自己具体的行动，对缓解气候变暖做出贡献；黄奕聪慈善基金会于2009年2月下旬在APP(中国)上海总部发起了"寒春送暖"冬衣捐赠活动，帮助西北偏僻地区人民。

该报告显示，APP(中国)在可持续发展上面取得的成绩，也获得了社会和行业的广泛认可。公司以"立足中国，绿色承诺"为主题的企业社会责任项目在2010年3月份由《中国企业报》和中国企业社会责任研究中心主办的评选中，从200多个案例中脱颖而出，入选2008年跨国公司企业社会责任优秀案例榜单。

2009年第一季度，中国造纸行业遭遇了金融危机的巨大冲击，全行业出现了价格下滑、库存增加的情况；另外，国际领域的贸易保护主义抬头，致使行业竞争更为激烈。公众对企业能否继续履行企业社会责任、坚持走可持续发展的道路普遍存有疑虑。尽管如此，APP(中国)仍然坚持把实践《"立足中国，绿色承诺"可持续发展宣言》作为企业发展的首要任务，秉承倡导生态文明、建设环境友好型社会的理念，加强对可持续人工林的研究与开发，引进高效节能造纸设备，实施节能减排技术改造，并积极投入公益事业。

点　评

APP(中国)自2008年6月制定《"立足中国，绿色承诺"可持续发展宣言》起，每年每个季度都向社会公布"立足中国，绿色承诺"报告。

这种生态公关采取的是以公开信息的形式，让公众了解并监督，一方面宣传其“绿色环保”的理念，一方面履行“绿色承诺”，从而树立起良好的绿色形象。

拍案三　海尔集团的“绿色冰箱”

2010年11月25日，由国家环保部主办的“绿色环保大会”在北京召开。会上，中国环境保护部发布了第一个有关家电产品绿色低碳的标准。据参会专家介绍，此次家电绿色低碳产品的认证比之前的绿色环保认证更严格，也更权威，不仅仅关注产品的能耗，更全面考察产品在整个生命周期内对环境的影响。这次只有11家企业通过本次低碳认证，其中冰箱行业只有海尔一家获得了认证，反映海尔冰箱在低碳技术、低碳产品、低碳经营方面的全面升级，更代表着中国家电业的低碳转型。

“低碳转型并不是一个一蹴而就的过程，它需要技术的积累、市场的培养和企业文化的积淀，这必须是一个庞大的战略架构下才能完成的巨大工程。”有关专家分析指出，“海尔冰箱之所以此次能够成为唯一通过家电绿色低碳认证，与其一贯执行的低碳战略密不可分。”

海尔集团全球品牌运营总监张铁燕在采访中表示：海尔长期以来奉行的“绿色设计、绿色制造、绿色回收和绿色经营”的绿色战略与低碳理念一脉相承，在经济发展与气候环境双重压力下，海尔以低碳为导向，加快低碳产品的研发、设计、生产和服务的进程，以低消耗、低排放和低污染的新型低碳经济发展模式，走一条21世纪家电行业绿色发展的新道路。实际上，在当前的经济结构中，传统模式已经不能满足经济可持续发展的要求，产品结构整体优化与企业全面升级已经势在必行，谁能在向低碳转型的大潮中取得先机，谁就把握了市场的主动权。海尔冰箱正是凭借着战略的前瞻性，才成为低碳时代的领路人。

在全球化战略的指引下，海尔冰箱在世界各地布局下29个三位一体的生产基地和众多的设计中心，这一战略架构让海尔拥有了与世界同步沟通的桥梁，也让海尔冰箱拥有了整合全球优势资源的能力。在节能冰箱领域，海尔整合了日本先进的核心动力技术、美国芯片智能控制技术和欧洲顶尖的设计理念和质量检测标准，并将这些全球顶级的节能技术融会贯通，在研发、生产、物流、营销等各个环节都凝聚了全球的低碳智慧和经验。正是凭借着这种全球资源的整合能力，海尔冰箱实现了低碳领域的不断突破。

海尔冰箱正在将全球冰箱行业带入“中国时代”，这种行业的影响力不仅体现在低碳领域，还体现在技术与产品创新领域。未来，相信在海尔和全球冰箱企业的不断努力下，低碳理念将融入每一位冰箱使用者的生活。

（资料来源：http://green.sohu.com）

点评

海尔“绿色冰箱”的成功正如美国孟山都公司负责人夏皮罗所言：走向绿色必有黄金。海尔一方面采取新型低碳经济发展模式，从低碳理念出发，秉承“世界多一个海尔，地球多一份安全”的企业绿色文化，把保护环境视为己任，主动承担起保护环境的社会责任，以积极的态度参与环境保护工作；另一方面根据市场上对“绿色、低碳”的偏好，能动地适应市场变化，及时地调整企业的绿色营销，积极地改进技术，生产出消费者满意的绿色产品。

回味隽永

在穿越中外时空后，又通过对三个企业案例的“拍案点击”，“环保理念”已经通过各种生态公关活动深入各公司的“骨髓”，成为企业生存的根本之道。本章案例中生态公关采取的操作策略为进攻型的策略，即组织主动出击，在公众心中树立起组织绿色形象的策略，包括以下几个内容。

首先，组织利用一切宣传机会对组织的绿色环保理念、产品的绿色信息进行宣传。传播绿色消费观念，实行绿色营销，树立组织在公众心目中的绿色形象。

其次，开展绿色生态环保活动。如参与环保活动，发起绿色生态倡议，编制环保宣传手册，开展与环保有关的赞助、慈善活动等。根据组织实际，抓住每个宣传机会开展公关活动，带来比较好的公关效果。

再次，生产绿色生态产品，为产品进行绿色包装。产品的绿色标志不仅标志着质量的过关，而且表明产品在生产、使用和处置过程中符合环境保护的规定和要求。绿色标志是组织绿色生态形象最直接的表现，也是冲破绿色生态壁垒的有力武器，为组织产品进入国际市场创造了有利条件。

第十二篇

绿色环保，“危”可为“机”

——普利司通“绿”装突围

西方管理学有一句格言：危机就如死亡与税收，对于企业及组织来说，都是不可避免的。如今生态问题越来越受到社会关注，许多企业都会遭遇到生态危机。如何有效化解危机，把危机带来的损失降到最低，如何在危中求机，努力转危为机，牢牢掌握发展的主动权，这正是生态危机公关所要做的。

开篇导例

开篇之述　普利司通“绿”装突围

致力于中国水污染问题的环保 NGO 组织——公众环境研究中心(IPE)一直跟踪普利司通(云南)天然橡胶有限公司在云南省西双版纳引起的两次超标排污记录(2005 年和 2008 年)问题、普利司通(沈阳)钢丝帘线有限公司的超标排污记录以及普利司通(惠州)轮胎有限公司的建设项目中的总磷超标问题(广东省)。

面对这一企业生态危机事件,普利司通数次访问 IPE,并于 2009 年 11 月 19 日由其总公司相关人员再次访问 IPE,希望征询环保 NGO 的意见,做好环保工作。

在双方会议中,对于 IPE 揭示的以下三项事实,普利司通表示如下意见。

(1) 针对安达普利司通(云南)天然橡胶有限公司的违规情况,普利司通方解释 2005 年与 2008 年的两次违规情况是当地发洪水冲毁、淹没污染处理设施造成的事故,并称已经在 2008 年完成了整改。

(2) 对于普利司通(沈阳)钢丝帘线有限公司的超标排污行为,普方承认了这个事实,并说明该公司被处罚 10 万元,也进行了整改。

(3) 对于普利司通(惠州)轮胎有限公司的建设项目中的总磷超标问题,普方表示不太清楚,需要先查看情况,之后普利司通于 2009 年 12 月 13 日发来了材料,对其总磷超标问题进行了解释说明。

2005 年和 2008 年两次超标排污记录,对普利司通公司产生了严重的负面后果,这场生态危机的产生,让普利司通认识到绿色环保的重要性。2009 年 6 月 6 日,普利司通安全环保嘉年华大型公益活动登陆北京,该活动围绕“牵手普利司通,共筑绿色承诺”的主题展开。普利司通轮胎事业中国区总裁武田邦俊在简短讲话中着重阐述了普利司通安全与环保并重的理念，并希望通过此次大型公益宣传活动，将“绿色”驾驶理念传递给更多车友。2009 年 7 月，普利司通踏上了新征途——“绿动之旅”，这是围绕“绿色驾驶”展开的以环保宣传为主题内容、以车友对抗竞赛为形式的大型环保公益活动，在普通车主中倡导节能环保、促进人与自然和谐共处的绿色汽车生活。普利司通的工作人员说：“随着中国汽车的快速普及，今后每年约有超过 1 000 万辆新车投向社会，这其中有很多车辆原装配套的就是普利司通轮胎。我们的目标是成为中国用户所信赖的企业。未来的几年里，普利司通会把一些更有震撼力的环保产品引入中国。”在 2010 年的广州亚运会期间，普利司通作为全球轮胎企业的领军者，接过“绿色”接力棒，以“科技成就无限梦想，环保创造美好生活”为主题，把席卷全国的“ECOPIA 绿歌伴卡车巡展”的绿色风潮带进广东的同时，也将点燃包括为期 8 天的普利司通广州车展活动在内的一系列绿色之旅的主火炬。

（资料来源：http://news.xinhuanet.com/topbrands/2009-09/16/content_12065104.htm.）

开篇之论　只有站得高，才能看得远

普利司通公司在对“生态危机”的公关上有几处亮点。第一，坦白事情，勇于承担责任。承认超标排污的行为，并对此产生的法律责任表示接受，同时还抓紧整改其污染行为，减少对环境的破坏。第二，策划各种环保活动，转移公众的注意力。通过绿色活动的展开，消散其排污留给公众的阴影，扭转公众对其的不良印象。然而，对于一个企业而言，其处理危机的终极指向，不能没有对商业本质的认识、不能没有对自己品牌的珍视、不能缺少对环境的保护、不能放弃对消费者权益的尊重。一个站的高度不够、目光不远的企业，其公关手段是无论如何也不会高明到哪里去的。对环境的保护就等于是对自己、对社会的负责，只有有“绿色生态”思想的公关才是高明的。

史镜今鉴

我国古代的环保法律

大量的植被和原始森林被砍伐，珍稀、野生动物遭到捕杀，工业废水、废气和有毒物质大量排放、泄漏，河流、海岸和山川被污染，酸雨、沙尘暴、赤潮接踵而来……人类正在遭受大自然的惩罚。当现代人如梦初醒、意识到面临的生存危机时，却不知我们的祖先曾经重视保护自己赖以生存的生态环境，以至把环境立法和环境执法作为治理国家的重要举措。

公元前11世纪，西周颁布了《代崇令》，规定“毋坏屋，毋填井，毋伐树木，毋动六畜。有不如令者，死无赦。”法令严厉，可见古人对蓄意破坏生态环境和自然资源者的惩治力度。据《周记》记载，周代就设立“山虞”掌管森林、“司空”掌管城廓、“职方氏”掌管灭害、“土方氏”掌管土地，可见古代环境保护责任到人，分工明确。

古人十分尊重自然规律，对自然环境和聚居环境予以立法，禁止污染。《韩非子·内储说上》载：“殷之法，刑弃灰于街者。”商鞅在秦国实行法治，也曾制定“弃灰于道者被刑”的环保法律。

2 000年前秦朝制定的《田律》，内容翔实、条文严谨，不愧为一部完整的环保法典。《田律》明确规定：每年从春季二月起，不准进山砍伐森林；不准堵塞林间水道；不准进山采樵；不准焚烧草木；不准设置捕鸟的网罟陷阱；不准诱捕幼兽、幼鸟和掏鸟卵；不准毒杀鱼鳖。这些条款，对今天保护森林、保护山川河流、防止森林火灾、防止水土流失，仍行之有效。

唐朝《唐律·杂律》载：“诸部内，有旱、涝、霜、雹、虫、蝗为害之处，主司应言不言，及妄言者，杖七十。”“诸部内田畴荒芜者，以十分论，一分笞三十，一分加一等，罪止徒一年。户主犯者，亦计所在荒、芜，五分论，一分笞三十，一分加一等。”“诸不修堤防，及修而失时者，主司杖七十。毁害人家，漂失财务者，坐赃论，减五等……”“诸失火，及非时烧田野者笞五十……”“其穿垣出秽者杖六十”“诸弃毁官私器物及毁伐树木、庄稼者，准盗论。”

在苏州有一块“禁染碑”，此碑立于清乾隆二年，上有文字1 500字左右，颁布了严禁在虎丘周围地区设立染坊、保护河流水质的有关环保法令。据有关史料记载：明清时期，苏州的棉纺业日益发展，虎丘、山唐一带出现大量染坊、作坊，染坊的污水大量排入河中，河水污浊不堪，良好的江南自然环境遭到破坏。于是人们纷纷呼吁，虎丘山僧人也为之积极奔走，经过各方努力，当地的地方政府便颁布了“禁染法”，并立碑于虎丘。

点　评

古代的环保法，对走向文明、和谐和依法治国的当代人来说，仍不失借鉴意义。当今社会出现那么多生态破坏的问题，主要有两个方面的原因：一方面体现在不少企业本身没有保护环境的意识，在经济利益的驱使下，缺乏善待自然的观念；另一方面则是我国部分地方政府的急功近利，与古代社会对自然的敬畏相比，管理者缺乏生态平衡的意识，从而对破坏生态的企业监管不周，执法不严。

威盛电子的环保先行

一直以来，IT业的发展为人们带来诸多便利，但其对环境造成的诸多负面影响也已经引起越来越多人的反思。随着高新技术的迅猛发展，电子产品更新换代的周期越来越短，由此而产生的电子垃圾每年在以18%的速度增长。电子产品元件含有铅、溴、铍、铬、镉等几百种高度有害的化学物质，因此电子垃圾正在成为人类最大的污染源。而其中，电脑是大众消费品，由于追逐新技术而不断加速的升级潮流，其巨大的污染规模已非重工业所能比拟。除了产品本身的有毒有害物质外，IT产品在使用中消耗的大量电能更是制造环境负面影响的“隐形杀手”。调查显示：仅在全国每年800亿元的政府能源消耗中，就有50%是IT产品能源消耗。在各种电子产品的最低能耗排名中，电脑主机高居榜首。

随着近年来全世界对环境日益紧密的关注，节能降耗、绿色环保已经成为IT产业发展的新坐标。当然，并不是所有的IT企业都需要紧急应对这样的发展局面，对于那些已经在环保节能领域做出相应部署的企业来说，这样的时刻反而成为它们发展的契机。IC 设计厂商威盛电子就是其典范。威盛电子在这一方面的起步早于全球同行业竞争者 10 年——作为世界三大芯片设计企业之一，威盛电子在成立之初就确定了以绿色节能为技术方向和发展理念，并在 10 年间始终致力于环保节能产品的研究和技术创新；同时，威盛电子还主持推动包括“无碳净氧”计划在内的一系列回馈社会的主题活动。作为对威盛绿色计算主题行动的支持，尽管产品功耗最小，威盛开始为自己旗下 CPU 的环境消耗埋单，并有计划实施植树造林等环保行动来抵消 CPU 耗电所产生的二氧化碳。

2007 年 3 月 1 日，由信息产业部、国家发改委、商务部、海关总署、国家工商总局、国家质检总局、国家环保总局共同制定的《电子信息产品污染控制管理办法》(简称《办法》)正式生效。3 月 14 日，由中国电子报社主办、国家环保总局指导，包括威盛电子、索尼爱立信、夏普、长虹等在内的数十家国内外厂商共同参加了“2007 首届中国绿色制造年会暨电子信息产品环保标识企业明示大会”，集体发起《2007 中国绿色制造企业宣言》。在“中国绿色制造年会”上，威盛电子曾提供了一组数据：1 度电将要消耗 0.4 千克标准煤、4 升净水，并产生 0.272 千克粉尘、0.997 千克二氧化碳和 0.03 千克二氧化硫的排放。由于 2007 年度所有 IT 产品预计耗电总量为 300 亿～500 亿度，由此可以保守计算得出当年由于 IT 耗电而排放的二氧化碳最少将达到 3 000 万吨。威盛电子于 2008 年宣布，已经为自己生产的威盛处理器购买了一份碳排量，这是国内第一家企业为自己产品因耗电所排放的二氧化碳“埋单”。

（资料来源：http://news.qq.com/a/20070919/002689.htm.）

点　评

“居安思危”是企业应对危机的第一步。威盛在危机还没有产生时就采取各种公关手段，主动地参与环保节能，起到事半功倍的效果：首先，在公司确立绿色的理念，致力于环保节能产品的研究和技术创新，把绿色理念贯穿于其产品中；其次，积极地策划各种绿色公关活动，根据公众的兴趣和娱乐心里，策划出符合其心理需求、无明显商业色彩、强调绿色观念的活动，让绿色吸引公众的眼球；再次，发表承诺。威盛在 2007 年中国绿色制造企业的宣言，不仅是其自愿参与环保的体现，也是对公众负责的体现，更是对生态环保的承诺。

苹果的“沉默不言”

2010 年 4 月，国内民间环保组织联合发布了第一期《IT 品牌供应链重金属污染调研》，报告指出 29 家 IT 品牌的供应链有污染现象，牵头该项目的是公众环境研究中心。在 2010 年 4 月发布第一期调查报告后，36 家 NGO 向 29 家 IT 企业发出信件，开始了长达 9 个月的沟通和对话。9 个月以来，28 家企业都做出了不同程度的回应，只有苹果公司以“不能透露供应链信息”为由，始终拒绝正面回复。“苹果品牌的产品主要通过代工企业生产加工，而与面临激烈竞争的代工企业相比，作为买家企业的苹果处于强势地位。如果苹果在采购时只问质量和价格，不问社会责任表现，实际上就会诱导甚至压迫其供应商通过牺牲环境、健康和劳工标准降低成本，去赢得苹果公司的订单。”公众环境研究中心主任马军说，在他看来，要解决现代供应链底层企业的污染问题，除了供应商企业自身责任以及政府责任外，位居供应链上层的品牌拥有者也有其责任。

据中央电视台《焦点访谈》、《每日经济新闻》及《经济观察报》等媒体报道，为苹果等多个知名 IT 品牌代工的联建（中国）科技有限公司违法使用有毒化学溶剂正己烷擦拭手机显示屏，忽视现场的职业危害防治与员工的防护，造成多名员工中毒。2010 年 7 月 15 日，苹果公司供应商责任经理曾以电子邮件的形式进行了回应，否认与环保组织提到的几家问题供应商有关，并转而要求环保组织提供这些企业是其供应商的证据。公众环境研究中心主任马军此前接受《南方周末》采访时说，苹果公司“在长达几个月时间里，完全陷入了沉默”。

2011 年 1 月 20 日，36 家环保组织召开针对苹果的第四期报告——《IT 企业环境责任“苹果专场”创意会》，提出“拯救‘白雪公主’，为‘苹果’清毒”。报告指出，苹果企业引以为豪的《供应商行为准则》实已成为空话。2 月 15 日，苹果公司发布了 2011 年度“供应商责任进展报告”，公布了供应商联建科技 137 名员工正己烷中毒事件。对此，马军称，此前苹果一直以拒绝透露供应链信息为由回避，或表示不能确定出现中毒事件的联建科技是其供应商，要求环保组织提供证据证明联建与苹果公司的供货关系，现在出台的报告可以视为对环保组织的间接回应，“比起往年，应该说苹果已经有所进步”。但马军同时也提出，苹果对在华供应商的生产和管理上其实都是有干预的，出了事却把责任全推给供应商，有逃避责任之嫌。

（资料来源：http://tech.huanqiu.com/net/it/2011-02/1502780.html.）

点评

苹果和威盛电子同为 IT 行业，同样会产生电子垃圾，但是其对待污染环境这一问题却采取截然不同的态度：威盛是在意识到自己对环境产生破坏时自己就主动采取措施；而苹果却是在公众都发现而且问题很严重时还一直“沉默不言”，对其产生的负面效果不及时地给予回应和处理。可以说，苹果在这件事情上其公关是完全失败的，主要体现在：第一，没有第一时间发布声明。好事不出门，坏事行千里。在危机出现的最初 12～24 小时内，消息会像病毒一样以裂变方式高速传播，而这时候，可靠的消息往往不多，社会上充斥着谣言和猜测。公司的一举一动将是外界评判公司如何处理这次危机的主要根据，苹果的“沉默不言”导致公众对其产品的不信任。第二，没有及时地承担责任，虽然在后面苹果承认了其污染事件，并采取了一定的措施，但那已经是过去好几个月了，产生不了什么效果。第三，没有主动与新闻媒介联系、与公众进行真诚的沟通。在事件发生后的第一时间，苹果公司的高层没有向公众说明情况，并致以歉意，没有将事件的进展告知公众。

三刻拍案

拍案一　泰格房地产的生态“公关牌”

湖北泰格实业股份有限公司是一家以房地产开发为主业的民营股份制公司。1996 年年末，该公司开始在处于武汉市城区边缘地带的楚雄大道边开发一个中型住宅区——泰格生态公寓。当时的楚雄大道建筑稀少，交通不便，人气不旺，因此不少人认为这个项目必会成为“烂尾楼盘”。[①] 为了克服房地产项目的先天劣势，泰格公司创造性地提出了生态地产这个概念，并打响了三步曲。

第一步是推出了“生态地产”的概念，并进行公关活动宣传。1997 年植树节，泰格公司针对武昌公众推出了主题为“绿色世界、绿色家园”的“请大家免费看电影”的活动，目的是由公众从植树节联想到绿色，再联想到生态，从而联想到泰格生态公寓。“电影”只是本次活动的沟通媒介而已。3 月 11 日、12 日的《长江日报》上登出了广告：《别忘了，3 月 12 日是“春节”》。

报纸广告和条幅吸引了大量“爱好绿色的人们”。在每个电影院入口，礼仪小姐身披印有“泰格生态公寓”字样的绶带，微笑着向每一位观众发放礼品——一本精致的通讯录。通讯录封面上印有“泰然而居，格调超凡”的宣传口号，扉页上则介绍了“泰格生态公寓五大优势”：立体绿化系统、业主子女可上某著名小学并有专车接送等。电影正式放映前，一组幻灯片打了出来：“植树节，您辛苦了！”“为了江城春常在，请植树吧。”……这次“绿色公关”之后，不仅泰格公司知名度和美誉度大大提高，泰格生态公寓销售收入也直线上升。

第二步是对小区环境进行全面的绿色延展。首先，泰格公司在其开发的第一个住宅区——泰格桂子山庄开展主题为“共建绿色家园”的树苗认养活动。上百棵树苗被业主们一抢而空，种在小区的休闲道旁，上面有认养者资料塑封卡。不少业主填上了子女的名字，说是让小树与孩子共同成长。这一活动被媒体公开后，一时被传为美谈，来泰格生态公寓购房者更多了。其次，将小区环境从单纯的平面绿化延展到立体绿化。绿化上了房，花园、假山和环艺小品美化了小区，甚至小区大门也被设计成了江城唯一的巨大的连体“古榕树”，而且树上被置入鸟笼，营造出了鸟语花香的自然环境。最后，将业主生活空间由大都市延展到山村。泰格公司本来在武汉市郊区星光湖购买了 100 公顷(1 500)亩山水用于生态农业开发。利用这片风光，泰格组织生态公寓的业主每单元 14 户共同出资建造一栋乡村别墅，各家轮流去度假，无人去时则由物业部对外出租，利润与投资人共享。这样，业主投资不多，却享有 50 年产权，而且在不长时间内可以收回投资。“城里工作两天，山村休闲两天”已不是梦想。

---

① 张联雄. 泰格巧打“生态牌”——公关增强房地产品牌亲和力[J]. 公关世界，2000(8).

第三步则是将“自然生态”公关上升到了“人文生态”的高度。泰格公司强调对业主人文生态的关怀，分别推出了关心业主子女成才的“朝阳战略”、关心业主事业发展的“中天战略”和关心业主父母健康的“夕阳战略”。其中具体活动包括开展丰富多彩的社区文化活动，如中秋节的“多彩团圆夜”、元宵节的“千家灯火”晚会、新年的“泰格春早”晚会；还有特别针对业主子女进行的“假期儿童团”、“小天才大赛”。这些活动使得业主之间的沟通十分顺畅，只在乡村中看到的“端着饭碗串门”的和睦景象，在其楼盘小区中屡见不鲜。

泰格生态公寓通过打出一系列具有一致性、连续性主题的“生态牌”，在不景气的大环境中销量逐渐上升，而且单价比周边同类地产高出500元/平方米左右，产生了可喜的品牌郊应，有的顾客一连介绍四五个朋友来购房。同时，这些“生态牌”还引起了境内外媒体的广泛关注。本地各大媒体及《中国房地产报》等全国性媒体都做过专题报道。1997年10月18日的香港《文汇报》称这种策略“在国内尚为空白，使得泰格生态公寓在遵循环保国策、提高市民生活品味上率先在全国摸索出了一条新路子”。

点评

该案例虽然是20世纪90年代末的公关策划，但其不少策略在今天看来仍然具有先进性。泰格公司以绿色生态作为创意基点，结合房地产销售行业的具体实际和社会公众的利益和心态，打出了一系列令人眼花缭乱的公关“组合拳”。尤其令人称道的是，其没有满足于仅仅停留在自然生态层面，而是努力上升公关高度，超越了一般的生态解释，将人文生态关怀也纳入其公关主题。其实，不要忘了“人”本身就是自然生态的一份子，不应该被视为孤立于自然之外的。正是领悟到了这一点，泰格才在其公关传播中，获得了无与伦比的传播效果，也为自己赢得了市场份额。

拍案二　APP 毁林事件

亚洲最大的纸浆和纸张公司金光集团(简称为 APP)，2004 年年底遇到了其进入中国市场以来最大的争议。事情起因于 2004 年 11 月 16 日国际环保组织“绿色和平组织”向媒体公布一份 APP 在云南“圈地毁林”的报告。报告认为，金光 APP 在云南启动的“林纸一体化”项目存在非法采伐林木、毁林种植人工桉树，并导致云南森林告危。①

报告公布之后，APP、金光集团等字眼在媒体上扑面而来，随之迅速形成了一个舆论漩涡，APP 等在网络上的点击量也暴涨，很多门户网站专门做出专题。但是让人想不通的是，APP 保持沉默。直到“绿色和平组织”报告公布两个月后的 2005 年 1 月 12 日，APP 才在上海召开情况说明会。说明会上，APP 对“绿色和平组织”的报告逐条反驳，包括 APP 在云南是否存在“圈地毁林”、“严重影响生态”、“侵害国家、林农利益”等行为，以及 APP 所种植的桉树是否真的如绿色和平组织所言是“抽水机”和“抽肥机”、损害生物的多样性等问题。

新闻说明会为了加强权威性，专门邀请云南浆林事业部总负责人以及云南省政府有关负责人，期间还安排了桉树专家以研究成果来回答有关桉树的问题。

为何 APP 在两个月后才出面澄清事实？APP 是不是心虚？媒体的疑虑不减反增。如果按照上海说明会的说法，APP 一直“遵纪守法”，早就应该对蒙受的不白之冤给予还击啊！APP 的解释是，一方面，公司在中国种了这么多树，是明摆着的事实，不用宣传。而且，APP 认为自己在中国确实是遵守环保准则，造林工程合法合规，对“绿色和平”没有回应的必要。另外，APP 认为，公司一贯作风低调，不事张扬，缺乏危机公关的经验和手段，一开始对于舆论的态度没有足够的重视，抱着“没有做错事，不怕别人说，让他们说去吧，真相自然会回击流言”的心理。

如果真的没做错事，就可以任由舆论去说，那么企业危机公关就没有存在的必要了。在危机事件中，企业无可避免地成为媒体集中报道的对象，这是一种公众的需求，同时也是媒体的需求。生态议题因为日益成为现代人的关注焦点，使得生态危机事件更是如此。正是对生态危机的防御不及时到位，加上该事件涉及多方政府部门、企业、公共组织和农民群

① 曹海东，梁桦．APP 事件：失策危机公关[J]．经济，2005(4)．

体，其复杂性使得APP在该事件中步步被动，疲于应付。

点　评

中国国际公共关系协会常务副会长兼秘书长郑砚农认为，遇到危机的时候，你绝对不可以改变事实，但是你可以改变公众对你的看法。对于生态型危机公关来讲，最坏的防御莫过于改变事实。案例中，金光集团无论在云南是否破坏生态环境，绿色和平组织所发布的报告肯定都不是虚妄之言。仅仅通过时隔两个月后的调查反馈和权威出面，真的能够为自己的生态失语筑起一道防火墙吗？

生态事件相比一般企业的危机事件而言，其受关注程度和企业所承担的道义风险更高，需要及时、有效和审慎的应对。尤其是面对绿色和平组织这样在国内外都享有盛誉的、具有纯粹环保性质的非政府组织，更是不应该单纯通过抗辩、解释，甚至诉讼手段来解决公关问题，而应该在媒体面前表现得更加真诚。尽管不是绝对有效，但应对生态危机的防御，最好也能用生态的方式来进行。

拍案三　“我管不了全球变暖，但至少我好看”

近几年来，国内服饰品牌——森马，借力于谢霆锋等大牌的助阵，通过以网络广告为主的宣传方式，在业内迅速蹿红而成为知名时尚休闲服饰品牌。“穿什么就是什么”——这一极富个性号召力的广告语，再加上多位当红演艺界明星的代言，无疑最大化地传达了森马服饰的产品特质，成为森马迅速成名的关键因素之一。由于受益于个性化的广告宣传，所以森马又推出了以“但至少我好看”为主题的广告系列，该系列包括“我没有幽默感，但至少我好看”、“我打球很烂，但至少我好看”、“我管不了全球变暖，但至少我好看”等。

在森马“全球变暖”篇的广告中，画面上，一名年轻人戴着耳机享受音乐，“我管不了全球变暖，但至少我好看”的广告词占据了显眼的位置。此广告在腾讯网站刚刚发布不久，便因其广告词内容体现出的对环保的漠视而遭到网民的炮轰。中国矿业大学的一名学生在看到森马“全球变暖”

篇广告之后，他在题为“森马，你在干什么?”博客中表示：作为知名企业的森马，在全球变暖的严峻形势下，利用环保这个社会各界瞩目的焦点来哗众取宠，当众声明“我管不了全球变暖”。他希望森马立即撤销此广告并郑重发表道歉书，并呼吁高校青年及社会各界人士共同声讨这种行为。该博文在很短时间内便吸引了上万的点击数。与此同时，在上海部分高校的BBS上有关这则广告的讨论帖已经被“顶”成热门帖，一些学生网友评论称：森马集团设计的相关广告词，可能是出于年轻人标榜个性的考虑；但该广告体现出的自私让人愤怒，一个有责任感的企业，不应该让类似的广告出现在媒体上。

在“但至少我好看”系列广告“全球变暖”篇引发网络热议、网友指责森马集团“缺乏公德心和起码的社会责任感”之后，森马集团就此事通过媒体发表声明，对广告“可能误导部分网友对此产生曲解所带来的负面效果表示道歉，同时表示深深的遗憾”。森马集团在声明中澄清，森马休闲服品牌推出的系列“至少我好看”主题广告创意，包括“我没有幽默感，但至少我好看”、“我没有粉丝，但至少我好看”、“我打球很烂，但至少我好看”等。森马此系列广告意在体现当今时尚青年积极向上的生活态度，所以在“至少我好看”的前面加了各种形式的修辞。森马集团表示：“‘全球变暖’篇在网络上投放之后引起了部分网友的负面评价，是我们前期没有预料到的，对于出现这次令人遗憾的事件，我们为工作上的疏忽再次表示歉意。”

点　评

森马方面的道歉虽说给人以“亡羊补牢”的感觉，但其能在广告风波发生之后，较为积极主动地承认错误，并且态度比较坦诚，这是危机事件发生后当事企业所必须采取的应对措施。森马的这场“生态”危机，采用了危机公关中“勇于承认错误”的原则，第一时间内通过媒体发表声明，及时地表示道歉，扭转公众对森马的不良印象。其实从这场“生态”危机中，我们可以看出森马对“环保”的意识不强，生态环保的理念还没有深入到其公司内部。此外，生态意识已经作为企业形象识别系统的重要一环而存在，只有企业在构建自身理念和价值的诸多层面进行生态自省，才能避免此类危机的发生。

回味隽永

我国古代《兵经一百》里说："目前为机，转瞬为机；乘之为机，失之无机。""危机"两字，着力在"机"字，能够转"危"为"机"、力挽狂澜、扭转局面，方显沧海本色，才是真英雄的气度；在动态中、在不平衡中取得平衡，在逆境中变劣势为优势，才是真本事。在企业生态危机公关方面主要从以下几个方面入手。

首先，要建立危机预警机制。要不断监控各种传播平台，诸如各种有影响力的电视、报纸、新闻网站、论坛、博客等。留意是否出现有关信息，从这些传播方式中随时搜寻各种关于本企业的评论和讨论，然后仔细分析其中是否存在潜在的危机。如果发现公关危机苗头，必须在第一时间加以反应，不要忽视了每一个微小的环节，即使是一个误会的评议，也需要寻找合适的途径去加以化解。

其次，要建立危机应对预备机制。当危机真的来临时，企业能够有一套稳定有序的危机处理机制。第一，找出公关危机的根源，解决它。例如排污超标是什么原因引起的等。只有找到问题的根本，生态危机公关才能从本质上解决危机，并转危为安。第二，企业需要寻找一些合适的传播渠道，将事实的真相告诉大众，增加企业的透明度。在这里企业要学会放低姿态，以"柔"克"刚"，公关传播考虑的是如何影响"人"的心理，如果是自己真的有破坏生态的行为，那么就要在第一时间向公众道歉，并承担责任；如果有误会，就应该在第一时间通过媒体澄清误会，让公众了解事情的真相。

最后，还要创造性地利用一切媒介，从公众的普遍价值认识上挖掘自身公关潜力。生态问题对许多企业而言是一柄双刃剑，用得好，能够充分展现企业的责任感和使命感、打造良好的形象，从而与公众的生态价值理念达到契合，上文中的星巴克和大亚湾核电站的公关案例都是如此；而用得不好，则会同公众认识相对抗，相互冲突，从而危及企业自身的品牌安全。

第十三篇

绿色环保——亡羊补牢，未为晚矣

——“2009寻源千岛湖”

“亡羊补牢，未为晚矣”可以说是家喻户晓的语句。绿色环保首先需要的是理念先行；其次，在有可能产生环保危机时，应该立刻处理好潜在的危机，转危为安，转“危”为“机”；再次，在已经产生不绿色、不环保的行为时，赶紧“亡羊补牢”，采取各种措施把对环境、对社会的危害降到最低。

开篇导例

开篇之述 “2009 寻源千岛湖”

2009 年 6 月 11 日，浙江省外几家媒体援引中国环境监测总站公布的 2009 年 1 月《中国地表水水质月报》，称千岛湖水源的质量已经被列入第Ⅳ类，不适合饮用，只适合于工业用水。这篇报道使得以千岛湖为重要水源基地的农夫山泉遭受重创，此次千岛湖水质被质疑，无疑也让公众对“有点甜”的农夫山泉产生质疑；但是环保部门对“千岛湖水质事件”给出正面回应及时化解了危机；随后，农夫山泉以“报道不客观”为由，对其中三家媒体提起诉讼。

根据农夫山泉水源门事件生态危机公关开展的先后顺序，可以按照危机发展的三个阶段来分析其生态危机公关策略。

首先，危机前兆期：沉默公关。从 6 月 11 日千岛湖水源质疑的报道到 6 月 16 日浙江省环保厅首次对此作出回应，相隔整整 5 天。这 5 天里，农夫山泉并未采取任何积极应对措施，完全是沉默公关。正是因为企业的沉默不语，使得负面信息迅速蔓延而得不到控制，危机影响不断加剧。消费者对于农夫山泉的信任受到了严重的打击，纷纷提出农夫山泉是不是“问题水”的质疑；而经销商则要求农夫山泉给出合理解释，并有部分经销商要求退货。农夫山泉对公众的质疑沉默以对，贻误了最佳的处理时机，失去了对整个事件的主控权，被动地处于负面信息的漩涡之中，逐渐失去了舆论主控权。

其次，危机处理期：真相公关。所谓的“真相公关”，其实就是危机公关中的“揭示真相策略”，指在危机事件发生后企业坦诚面对公众，将事件的真实情况反映给公众以体现企业诚意的策略。浙江省环保部门在组织专家对千岛湖的水质进行评估之后，通过媒体发表声明表示：“千岛湖水质总体良好，是全国水质最好的水库之一，作为饮用水水源地完全没有问题。”千岛湖当地环保局也表示：中国环境监测总站的报告是客观的，但是被“非专业误读”了。通过政府部门、权威机构为其产品质量证言，起到了事半功倍的效果。

最后，危机消除期：持久公关。从 2009 年 7 月起，农夫山泉在全国范围内组织 2 000 人历时两个月的“2009 寻源千岛湖”活动，邀请全国各地的消费者代表陆续前赴水源地——千岛湖进行实地考察，见证农夫山泉。这次活动在全国范围内海选，其宣传效果不言而喻，不仅让人们见证了农夫山泉的真实面貌，也让人们更进一步地喜欢上了农夫山泉。

开篇之论　隐身事外、清者自清

面对舆论的质疑，农夫山泉一直采取的是“隐身事外、清者自清”的策略来应对，通过政府部门、权威机构为其产品质量证言，在一定程度上避开了恶意攻击的伤害，也使得企业能够顺利地度过此次危机；但是，在处理方式上还有很多可以提升的空间。具体的公关操作建议是：首先，对于快速消费品行业来说，原产地概念非常重要，必须加大危机防范意识，建立完善的危机管理机制，对产品水源地和产品名称进行保护；其次，要与政府建立良好的沟通机制，获得主管部门的信任和支持，并且提高企业与政府的联动性；再次，增进与消费者和经销商的沟通，化解质疑和指责，以郑重承诺和实际行动，获得消费者和经销商的同情和支持；最后，当企业面对不良竞争或者恶意炒作时，应当增强维权意识，运用法律武器保护自身的利益。

史镜今鉴

甘南古代的森林保护

历史上，由于交通闭塞，藏族群众的生产、生活方式以及宗教信仰等原因，甘南的森林被保存了下来。藏族人民在古代信仰本教，他们对森林的态度是：凡山林都有神，唯有树处不得触犯，即不能随便砍树。寺院喇嘛把森林封成风水林、神林，禁伐禁樵。藏族以游牧为主，逐水草而居，以畜粪为薪，不尚造房，这在很大程度上保护了森林资源。

但是随着藏传佛教的盛行，各地寺院的修建都需要大量的木材。特别是清代的同治、光绪年间，由于社会动乱，人民流离失所，纷纷逃难，退居到甘南境内定居，毁林开荒，不断扩大耕地面积，于是“烈火而毁之”。又随着省内各地木材需求量的急剧增加，木商乘机而入，兜揽购伐。据临潭县新堡陈喜德老人撰文《新堡十六世纪的贸易》载，早在隆庆元年（公元1567年）临潭新堡农历六月十三日庙会，临洮、陇西、岷县等地商贩云集，历时三天，会场十分兴盛，直到清末宣统年间。庙会上交易的物品除贝母、秦艽、野牲皮张外，尚有檩子、椽子等。这里的男子除农忙外，大多从事伐木、筏运木材等工作。

清道光年间，洮河林区已是“历年木商伐购兰州，以资庀材”的采伐之地；各处寺院“大兴土木……向其下属部落摊派征购原木，大量采伐森林，同治、光绪年间……河州洮西区域的人民……避难迁居藏区定居，毁林开荒”并不断扩大耕地面积，于是“烈山泽而毁之”；清代中叶至1931年，洮河林区“每年运出木材约四万余株，且多属小材，计合约五千余立方米。”

与此同时，生活在这片美丽山河的祖先们，也在竭力保护他们赖以生存的森林资源。他们或将森林封为“风水林”、“神林”，禁伐禁樵；或在村边树立护林石碑（如卓尼纳浪、夏河清水等地）铭文“护林光荣，毁林可耻”等内容，或成立民间群众性的护林组织，如迭部的“俄洛”、夏河的“俄尔瓦”、临潭的“青苗会”等，护林人员由群众推选，轮流担任，订有乡规民约，自觉遵守。据临潭县龙元乡王家坟武修身老人讲，临潭县龙元乡王家坟村历史上就有民间护林组织“青苗会”，这一组织主要是依靠神的威力来管理树林、庄稼的。农历五月初五（端阳节）给神献羊后，山林就交给神管理，从此至秋收前，谁要是砍了树（含四旁树）就会使神发怒而下暴雨，所以人们都不敢砍树，除神管理的时间外，由青苗会成员共同管理，护林时由青苗会敲锣，召集村民进林抓偷砍树木的贼；婚丧嫁娶需要木材时，要先向青苗会申请，研究同意后才能砍伐；买树时亦如此。这种护林组织一直延续到了民国时期。光绪二十四年现卓尼县纳浪村，订立护林公约，敕于石碑，碑文序中，除讲明缘由外，公议将四处树林重定为“护林”进行公护，并规定“若有不法之徒偷入护林砍伐者，罚猪一口，酒一缸，倘有不受者，指名禀官，以全会而重民生灵”。

（资料来源：http://bbs. sciencenet. cn/forum. php? mod=viewthread &tid=5013.）

点　评

祖先们面对如此伐木毁林的行为，他们采取的策略主要有三个：第一，利用大家的良心、荣辱公德之心，在石碑上刻字宣传保护森林资源的重要性，从文字上抑制和劝诫毁林行为；第二，自发建立护林组织，通过护林组织成员的监督和管理，保护森林；第三，订立护林公约，用法律的形式、用法律的权威保护森林。绿色环保已经成为当前最热门的词语，保护生态已经成了刻不容缓的事情。唐太宗李世民曾经说过：“夫以铜为镜，可以正衣冠，以古为镜，可以知兴替，以人为镜，可以知得失。”我们不仅可以借鉴古代保护森林的措施，更应该根据实际情况加以改进，保护好生态平衡。

应对全球水危机　陶氏启动大型环保活动

水资源匮乏问题影响着全球各地的多个国家、地区及无数家庭，约 1/8 的人无法获得安全、洁净的饮用水。非洲、拉丁美洲及亚洲地区因水资源基础设施的缺乏，导致每年近 180 万人死于痢疾，每天更有近 5 000 名儿童相继死亡。在缺水地区，妇女和儿童为了取水，每天被迫行走长达 6 千米(3.7 英里)的路程，且所取之水未必适合饮用。水资源危机不仅仅局限于发展中国家，在洛杉矶和悉尼等大城市，不断增长的水资源需求也对有限的供应形成了巨大的压力，迫使上述地区不得不实施水资源配给，并导致水费不断上升。除现有的问题外，全球各地的气候变化对可用淡水的供应及质量的影响日益显著，包括传统降雨格局的变化、水生态系统的改变以及污染作用的日益加剧。

全球水资源危机并非无法解决。陶氏 Live Earth Run for Water(应对全球水资源危机)活动致力于在本地、全国以及国际范围内关注全球水资源危机的源头及影响，并鼓励人们采取行动，有效缓解这一问题。2010年4月18日举行的陶氏 Live Earth Run for Water 是有史以来规模最大的、致力于解决全球水资源危机的环保活动。此项活动由一系列6千米赛跑(或竞走)活动组成(6千米代表着全球许多妇女儿童为了取水每天必须行走的平均路程)，持续时间长达24小时。活动期间将举办音乐会及水资源保护教育讲座，致力于掀起一场声势浩大的全球运动，帮助解决水资源危机。陶氏 Live Earth Run for Water 活动将在全球多个国家和地区的城市举行，包括柏林、布宜诺斯艾利斯、开普敦、芝加哥、香港、洛杉矶、墨尔本、墨西哥城、明尼阿波利斯、纽约、里约热内卢和新加坡。

此项活动鼓励人们从今天开始，着手缓解水资源危机；在他们所在的城市举办一场赛跑(或竞走)活动，或通过 Live Earth 好友会自行组织本地的赛跑(或竞走)活动；在家庭或社区范围内实施保护举措，拯救水资源；通过资助的方式进行奉献，支持发展中国家的洁净、安全水资源项目；畅所欲言并在 Live Earth 请愿书上签字，将水资源作为一项基本的人权，添加至《联合国人权宣言》。登录 Live Earth 组织的官方网站，通过 Live Earth 好友会注册本地的赛跑(或竞走)活动。成功注册后，活动策划者将获得相关的批准材料，包括活动指南、标识、视频及照片等资料，以及一份邀请加入 Live Earth 好友会社交网络，定期收取更新信息的信函。另外，登录 Live Earth 组织的官方网站，将获取水资源匮乏问题的事实说明、水资源稀缺地区的地图、水资源保护行动建议以及水消耗计算器，并以此作为辅助工具，就全球水资源匮乏问题及个人通过实际行动所能产生的影响对活动参与者进行教育。

陶氏 Live Earth Run for Water 活动将通过跨平台全球募捐活动筹集善款，用于资助可持续发展，并具扩展潜力的水资源项目。该活动将通过由全球应对用水问题促进会、儿童权利组织、印尼水资源合作组织、连氏援助组织以及荒野保护基金会等非政府组织合作伙伴共同组成的全球网络筹款，为世界各地的发展中国家带去(如地下水开采、泉水保护及太阳能过滤装置、水井、供水站和反渗透过滤系统等)成功的水资源项目。

(资料来源：由 http://news.mso.com.cn/232_jingzou/994545.html 整理.)

点评

水资源危机是当今备受关注的话题，面对全球变暖、水源污染等一系列影响水资源的因素，我们需要采取实际行动从身边每一个人每一件小事开始做起。陶氏 Live Earth Run for Water 活动通过举办各种保护水资源的讲座、举办赛跑（或竞走）活动、筹集善款资助水资源项目等各种公关手段，一方面宣传水资源危机，提醒我们时刻不忘节约用水；另一方面对其公司本身也是一种很有效果的宣传，通过互联网快速地把信息传递到世界的每一个角落，让人们更全面地认识了陶氏。陶氏借助水资源危机而采取的一系列生态公关达到了双赢的效果。

壳牌(中国)有限公司“环保·人人动手”

20 世纪初，壳牌（中国）有限公司以环保为主题，开展全方位的公司形象公关，其举措包括“壳牌美境行动”、在北京密云县认养“壳牌林”、赞助出版全国第一本《儿童环保行为规范》、支持中国探险学会等，其中“壳牌美境行动”是这些活动中的重头戏，其活动实施以来社会各方面的好评如潮，也大大提升了公司的形象和公众的认同度。开展绿色生态公关、树立公司绿色环保形象，不但对提高壳牌的经营绩效具有重大作用，还能使公司博得社会公众的好感和信任，增强公司的竞争力。壳牌公司的绿色形象也有利于增强它的凝聚力，激发员工的荣誉感和奋进精神，使形象力转化为生产力，从而提高公司的经营质量和经营效益。壳牌公司的绿色招牌还能赢得求职者的青睐。

点评

1. 环境保护是 21 世纪的主题，而生态公关作为企业公关的一种手段则越来越受到人们的重视。作为一家以开采、利用自然资源为主要经营手段的全球500强企业，壳牌集团以“做负责的企业公民”为企业宗旨，积极在环境保护、道路安全以及教育等三方面进行社会投资，不断回报社会，确保其经营行为得到社会认同，显示了高超的公关战略。特别是壳牌(中国)有限公司以“环境保护”为主题，开展全方位企业形象生态公关，受到社会各界的广泛好评。

2. “美境行动”旨在以动手和动脑相结合的方式培养和提高下一代对环境的保护意识。活动鼓励学生去观察发现身边种种环境问题，同时自己提出具体改进方案，并身体力行地去实施这些方案，从而培养自然而实在的社会责任感，以自己是社会主人的姿态去思考和行动。此外，孩子的行动会带动成人，最终实现小手拉大手、共同美化环境的愿望。该项目通过一系列实实在在的动手行动，将环境保护与教育相结合，以帮助中小学生从小培养环保意识，正如壳牌(中国)所说的：环保工作要从娃娃抓起。从该活动中，我们可以看到壳牌对强烈的社会责任感和真诚回报社会的决心，以及所带来的长远的社会影响。

3. 本案例最大的成功之处，除了将环保教育与环保行动结合外，还表现在实施过程中壳牌(中国)能最大限度地调动社会力量。这项旨在培养中小学生从小保护环境的活动从一开始就得到了北京、上海、广州三地地方教委、环保部门和民间组织的大力支持，以及众多中小学的积极参与。20 000余名中小学生的参与、1 000余个环保方案的提交，足以说明这项活动的影响力；而活动方案的设计充分反映了壳牌(中国)对中国中小学生的了解，以及与这个群体的沟通能力；另外，在没有广泛邀请媒介参与的情况下，众多媒体对此项活动予以了充分报道，这也是其公关策略的高超之处。

4. 最后，我们看到此项环保公关项目不是一时之需，而是壳牌(中国)的一项长期工程，已经连续举行了十几届，且每年活动形式都有所创新，相信这项持之以恒的工程必定吸引越来越多的人参与，并将得到社会广大民众和组织的响应和支持。

(资料来源：根据 http://www.chinapr.com.cn/anli/hjbh/200804/19257_7.shtml 整理。)

三刻拍案

拍案一 低碳生活“衣”起来

一件衣服的碳排放量有多少？比我们想象的要多！从纤维提取、染色、加工成布料到制作成衣，以及运输、洗涤、熨烫等一系列过程都会产生碳排放。

根据英国剑桥大学制造研究所的研究，一件质量250克的纯棉T恤在其“一生”中大约排放7千克二氧化碳，是其自身质量的28倍，这还不包括T恤所产生的环境污染；而化纤材质的服装的碳排放量更高。根据环境资源管理公司的计算，一条质量约400克的涤纶裤，假设它在中国台湾生产原料，在印度尼西亚制作成衣，运到英国销售，假设其使用寿命为2年，用50℃的水和洗衣机洗涤过92次，洗后用烘干机烘干，再平均花2分钟熨烫，它“一生”所消耗的能量大约是200千瓦时，相当于排放47千克二氧化碳，是其自身质量的117倍。

中国是服装大国，根据国家统计局的统计，2007年我国全行业服装产量为406亿件，按照这一数字计算总碳排放量，结果无疑将是惊人的；而且在美国等一些环保发达的国家，已经出现了服饰上的“碳标签”。可见我国纺织服装业正面临国内外双重“绿色”压力。中国服装业如何面对低碳经济时代？作为中国服装业的风向标，CHIC2010（第十八届中国国际服装服饰博览会）举起“低碳”大旗，首次推出“绿色环保创意展台设计评比活动”。CHIC2010正式推出以围绕品牌风格和产品定位为核心，以绿色、环保、创意为主题的展台设计评选活动，实现保护环境、节约支出、促进创新的展会效果。为了打造一个更好地体现品牌文化、展现品牌定位的综合平台，CHIC一直坚持倡导以绿色环保为主题的展台设计与施工观念——“讲创意，弃奢华，少浪费，无污染”。

2010年3月28日，中国服装协会和网易、中华环保基金会联合发起“低碳生活‘衣’起来”环保公益活动倡议，希望2010年有越来越多的服饰企业关注绿色环保，切实具有“低碳发展意识”“节能减排”。活动倡导服装企业要想发展低碳经济，技术创新是首要的，文化发展也不可或缺。具体来说，需要三个方面的系统行动：一是能源环节，用太阳能、风能、生物能等低碳的可再生能源或其他清洁能源替代传统的高碳的化石能源；二是原材料环节，开发低碳材质，改良各种化学染料，研发可回收再利用的纤维，将纤维生产、染色等环节对环境的损害降到最低；三是文化环节，服装不仅能满足人们的物质需求，更能满足人们的精神需求，要树立低碳、负责任的消费观念，倡导绿色时尚文化，而不是以刺激、快速消费为特征的时尚文化。倡导树立企业绿色价值观，从我做起，从企业内部做起，积极履行企业的社会责任。让企业成为认真承担经济增长、生态保护和社会发展的企业公民，多支持并参与更多促使气候变化减缓和低碳环保的活动。

（资料来源：由 http://gongyi.163.com/10/0315/15/61QUC3QM00934813.html 整理.）

点　评

在哥本哈根世界气候大会之后，“低碳”的概念如雨后春笋般兴盛起来。一时间，“低碳经济”、“低碳社会”、“低碳城市”、“低碳生活”等新名词，以崭新的姿态高调亮相，融入了所有人的生活，未来人们的生活方式也会发生深刻的变化。全面推进服装节能、发展生态低碳经济、加大节能减排力度，是未来经济社会发展的必然趋势。中国服装协会举办的绿色环保创意展台设计评比活动和让低碳生活“衣”起来的环保倡议活动，体现了我国负责任的态度，不仅实现“理念低碳”，更是践行实践低碳。

拍案二　今麦郎环保危机

2005 年，今麦郎公司决定投资近亿元落户彭州，仅用 9 个月时间就建成投产，“发展势头迅猛”，是当地“新的经济增长点”；然而，四川环保部门多次发现其环境违法行为。2006 年，该公司被发现没有环评手续，属于“未批先建”，后被责令补齐了环评手续；此外，该公司“三同时”（同时设计、同时施工、同时投入生产和使用）设施未完全到位，污水超标排放，环保设施未经验收，也未提出延期试生产申请，主体工程就已投入生产。鉴于此，2008 年 1 月 4 日，四川省环保局向今麦郎公司开了罚单：停止生产，罚款人民币 10 万元。2008 年 1 月 9 日，国家环保总局把这一情况向媒体做了通报，通报称，今麦郎公司等三家跨国公司对中国的环境法律置若罔闻，数次被发现有违法行为。在这一信息发布两天后，今麦郎总裁范现国亲自从位于河北邢台的今麦郎总部赶到北京，找中国公众与环境研究中心主任马军沟通，承认其公司确实存在问题，希望中国公众与环境研究中心能协助他们找到适当的技术，并建立一个废水处理体系。今麦郎公司总部当即指派一位副总率专家小组到达成都，组织对工厂生产、生活废水和油烟净化处理系统进行调试运行，严格按照当地环保部门要求进行全面整改。2008 年 1 月 18 日，四川省环保局组织成都市与彭州市环保局对今麦郎成都工厂进行现场检查后认为，今麦郎食品（成都）有限公司整改合格，同意企业恢复试生产。

点 评

一份中国企业平均寿命延长的统计的数据表明，我国本土企业寿命已经分别走过了 2 年、3.5 年、5 年、8 年的过程，这与欧美企业平均为 40 年的寿命尚有本质的差距。差距的主要原因是我国本土企业对危机的处理和管理还远远达不到欧美企业的水平。当企业在面临复杂多变的经营环境时，就有可能第一时间通过趋利避害的专业手段，帮助企业安度危机。从今麦郎的事件中，我们可以看出其生态危机公关的得失之处。成功之处在于：第一，及时与有关部门进行沟通，承认其错误；第二，快速根据环保局的要求进行整改，最终达到合格，把对环境的破坏降到较低的程度。失败之处在于：第一，没有第一时间发布声明，让公众了解其事实真相，对公众隐藏其信息，没有利用大众媒体、网络等方式公布其如何整改，没有将信息透明化；第二，事后也没有采取其他的公关手段来吹散这次生态危机的负面影响，公众对其整改结果还是持怀疑态度；第三，今麦郎作为一家大型公司更应该主动地承担起保护环境、保护生态的社会责任，而不是被动地采取措施。

拍案三　太阳纸业　公众开放日

2008年6月初，有报道称山东太阳纸业存在严重的污染问题，危及南水北调，并以记者暗访的形式进行追踪报道。此事立即引起了社会反响，对于媒体报道和来自网络的指责，太阳纸业以董事会公告形式宣称，"报道与事实严重不符"。2008年6月11日，太阳纸业在其公司网站上还发布一份《山东太阳纸业股份有限公司澄清公告》(以下简称《太阳纸业公告》)，否认污染。太阳纸业在第一时间发表正式公告，表示该报道严重失实，太阳纸业在污染治理方面完全符合国家和地方的相关规定要求。2008年6月20日，山东省济宁市政府新闻办公室召开新闻发布会，就"太阳纸业排污争议"事件的调查结果向媒体进行了正式发布。调查组认为：数据表明，太阳纸业污染物排放完全达标，但对环境仍有一定影响，固体废弃物处置方式也须进一步完善。为进一步解除投资者的疑惑，太阳纸业在报纸上刊登一则广告，宣布2008年6月26日—7月10日为"太阳纸业公众开放日"。开放日期间，企业诚挚邀请广大投资者、各大新闻媒体的朋友们以及所有关心中国造纸业发展的海内外人士到太阳纸业参观考察，监督指导。太阳纸业主要领导原则上不离岗位，随时接受投资者的各种咨询；同时，企业的各个厂区全部开放，供来访者随时参观。谣言攻破之后，真相大白，太阳纸业站得正、走得直，保持了持续健康的发展。正如太阳纸业董事长李洪信所说："企业要与社会和谐共处，就要注重可持续发展、注重环保、注重社会事业的进步；作为上市公司，还需要与股东们和谐共处，这就要信息透明、诚信为上、不断创造健康的利润。"

点　评

太阳纸业这次生态危机公关无疑是非常成功的。首先，第一时间发表正式公告，表示该报道严重失实，否认污染。其次，通过权威机构的认证。通过环保局和市委市政府的调查，澄清了报道的错误。权威机构的信息真实性、权威性让受众更加相信太阳纸业是被冤枉的。再次，主动出击，正面、坦诚地面对媒体。危机的发生，常常源于媒体、受众对事实的误解和企业的不透明。太阳纸业通过召开新闻发布会等形式，对此事进行了澄清，让受众及时地了解事实真相。最后，太阳纸业的生态危机公关最大的成功之处在于太阳纸业以积极的心态举办公众开放日，把一个真实的太阳纸业展示给社会。太阳纸业将信息公开化、透明化，把公众带进太阳纸业，身临其境地体会太阳纸业，进一步宣传了公司形象。

回味隽永

虽然农夫山泉、今麦郎和太阳纸业三个公司在面对生态危机时采取的手段不同，但其所运用的操作策略都是一样——纠正型的策略，即在企业因自身行为或外部因素使企业的绿色形象受损时，为消除这种负面影响，组织利用绿色公关挽回影响的一种策略。在工业化社会，企业的生产行为极有可能产生破坏环境的结果，从而引起公众的不满。在这种情况下，企业应做以下几个方面的公关。

第一，信息公开化、透明化。如果的确是由于企业自身的原因破坏了环境，企业应该第一时间公开道歉；如果是被冤枉的，企业更应该第一时间公布事情的真相，减少公众的怀疑。

第二，采取各种措施，改进和发展污染处理技术。加强绿色生产意识和生产实践，在生产中加大材料的利用率，对废料废水进行回收综合利用，改进设备和工艺流程，搞好污染的防范和处理工作，通过实际工作使公众认识到组织在处理污染、保护环境方面的努力，从而达到对组织的理解，扭转对组织的不良印象。

第三，针对危机产生的源头，举办各种绿色环保活动。俗话说得好，

"从哪里跌倒就从哪里站起来",企业应该开展一些与该事件有关的活动,比如农夫山泉的"2009 寻源千岛湖"、太阳纸业的"公众开放日",让公众身临其境地去了解企业,一方面转移危机的负面影响,另一方面进一步宣传公司的绿色形象,此举可谓"一石二鸟"之计!

第十四篇

新媒体环保绿色之旅

——人民网环保频道的环保妙用

谁都见过蜘蛛网，偌大的一张网，密密麻麻地罩在空中。然而，只要蛛网上的一点稍受震动，每根细丝都会把震动传到蛛网的任何一个角落。这是一种很美妙的传递方式！

如今，人们也建立起了人类世纪的蛛网——互联网。在互联网上，知识迅猛增长，信息高速传递，当今在互联网上却出现了一大特点——环境保护。环境保护随着工业的高速发展而产生，与人类的生存息息相关。随着全球生态环境的进一步恶化，人们对环境的关注提升到了前所未有的高度。以互联网为代表的新媒体生态公关使得人们获取关于环境的信息更加及时和便捷。通过网络平台传播生态环保思想，让环保理念深入人心已经是时代所趋。

开篇导例

开篇之述　人民网环保频道的环保妙用

人民网环保频道成立于2001年，这是国内网站媒体中首家设立的有关环保的专业频道。环保频道设立以“荟萃环保信息，推动环保产业，倡导绿色生活，共建绿色家园”为己任，致力于大力普及和宣传环保知识，力图通过网络媒体提高社会公众的生态环保意识，正视我们越发凸显的环境问题；同时对我们的环保事业给予认同和支持，在增强公众的环保意识的同时践行社会环保行动、履行社会责任。人民网环保频道从成立至今，已经形成了自己一系列的独特、鲜明的新闻报道风格。

如今的环保频道主要设有国内动态这一实效性的新闻平台，因为其上传的新闻内容具有及时、权威、快速、丰富等特点，经常被各大媒体及环保专业网站转载，间接宣传了各类环保类新闻，扩大了读者人数。人民网环保频道还主要设有绿色先锋、自然生态、环保产业、环境时评、低碳技术等五大主题栏目，五大主题里所包含的国内外有关环保或污染企业的相关信息非常全面。五大主题下设绿色影集、环球热点、绿色生活、环保论坛等十余个特色板块，力争以多方位、全视角报道有关环保的事件、新闻。为了加强与网友的交流和互动，人民网环保频道还开通了环保留言平台，社会各界人士可以通过此平台自由表达自己的观点。访谈直播节目则会不定期邀请各界环保人士参加网上互动，先后有王玉庆、矫梅燕等领导做客与网友进行在线交流。这些栏目极大地推广了人民网环保频道对自然生态环保理念的宣传，引起了社会广大网络用户的关注，受到人大环境资源委员会、环境保护部、国家林业局等部门的大力支持，同时赢得了广大群众和社会各界的一致好评。当然人民网之所以会得到好评、得到公众的认可，并不只是靠理论宣传，它确实在实践环保中尽到了其该履行的责任。

随着电影《无极》的热播，由其拍摄活动引起的对环境破坏的这一遗留问题在2006年5月中旬成为人们关注的热点问题。为了在第一时间播报最新消息，人民网运用自己独特的报道艺术特别刊发了题为《"无极"剧组毁天池，景区环保与影视制作过招》的专题报道。在报道的过程中，人民网为避免报道的片面性、绝对化、简单化，采用了马克思主义观点将整个事件看做是一个由相互联系的多要素构成的整体，把握事件的重点，由表及里、由此及彼，充分揭示了此事件对环境造成的影响本质；同时人民网的报道始终贯穿着公众意识，报道的由《无极》剧组带来的环境破坏问题内容贴近民众、贴近实际，容易被接受。因此，人民网在专题报道中以平民视角发表了诸如《"无极"无德后不能无责》、《如此错位开发当止》等一系列采用公众直接参与评说和平民化风格的报道。正是因为有着这样的亲民着入点，人民网不仅通过点击率提高了自己网站的知名度与亲和力，还大大增长了公众的环保知识，提高了对参与环境保护的热情。

（资料来源：根据人民网环保资料整编）

开篇之论　迎合民众心理，树立环保意识

人民网环保频道的设立目的以及丰富的综合信息使得它在网络媒体中声名大噪。对由《无极》剧组拍摄引起的环境问题进行的报道因其内容、形式采用了平民视角，贴近人民群众关心的话题，得到了广泛支持。总结起来，它之所以获得民众的喜爱，主要是因为两点：第一，提供有意见的信息——因为人民网的环保专题拥有庞大的新闻资源以及完善的专家资料，所以对于每个事件报道都能提出意见性信息，而通过这样的途径收集而来的意见性信息不但有一定的可靠性和权威性，而且还具有相当程度的广泛性，这样就使得报道能够旗帜鲜明地去释疑解惑，负责任地对受众做出令人信服的回答；第二，完整的资料图库——人民网把一切报道综合成为一个整体，其报道中包含了大量相关图片，如云南着手恢复碧沽天池自然景观的组图、中国各种各样绝美的自然风光组图、圆明园植物同遭"无极"毁容组图等，其运用的大量图片传播具有强烈的视觉冲击力，使报道显得十分"丰满"；同时，这些图片激发了人们的认知兴趣，使人们对"无极"事件的认知更为充分。通过网络的实时性传播，人民网对相关环境新闻的播报也在一定程度上让人们在日常生活中关注环保，提升环保意识。

史镜今鉴

人民网的生态公关策略用一句话来概括就是：通过对生态环境的报道，有选择性地结合时代发展特点，把大家关心的环境热点问题传播给大众，在了解环保现状时，这种新媒体在受众脑海中留下深刻印象。其实说白了最终目的就是将自己传播给大众，让大众深刻理解其网站宗旨，从而形成对这种新媒体的总体认知。纵览古今、横贯国内外，可以发现许多如“人民网”一样通过对网络平台的把握而获得成功的精彩案例。

英国“气候控制网络游戏”

自20世纪80年代以来，环境问题日益受到各国的关注。为了保证国家有长足的发展，英国也进行了一系列的环境公关。从1990年开始，英国便多次发表环境年度报告，同时还多次参加全球环境首脑会议。经过多年的努力治理，如今的英国环境是令人向往的，国内人们的环保意识也是值得我们借鉴的。更值得一提的是，随着网络信息技术的发展，英国也利用网络的便捷和信息传播的效率进行了对环境保护的宣传，最典型的是英国于2007年开发的“气象控制网络游戏”。这款游戏其实主要是针对英国青少年提出的。据英国国家文化基金会的一项调查表明，90%的英国青少年都在家中上网，互联网是青少年与朋友们进行交往的重要工具。可想而知，如果能够把环保理念通过网络传送给青少年，那么环保公关所取得的成功是可以预见的。正是把握住了英国青少年上网的高频率现象，英国有关部门特意推出了一款新型网络游戏，旨在通过网络游戏，把如今越来越严峻的气候变化问题呈现在青少年面前，希望可以吸引广大的网络用户提升环保意识、加入环保行动。

2007年7月3日，英国环境、食品和农村事务部联合推出的“气候控制网络游戏”正式上线。此款“气候控制网络游戏”共分为三个版本，主要是“陆地交通版”“国家能源版”“个人能源版”。青少年只要打开这款互动游戏就可以在"国家能源版"中暂时扮演国家政府的角色，为整个国家的能源消耗做出预算，同时也可以对能源资源进行优化配置；而在"个人能源版"中，游戏过程主要反映的是人们平常的生活习惯及行为方式对气候变化的影响；更有意思的是，在"陆地交通版"中，青少年可以通过游戏进程选择出行时的交通工具，电脑就会同步显示此种方式对生态系统的影响。玩过此游戏的青少年说，原来有很多是可以通过我们的行为来改变气候的。为了给这款游戏造势，大游戏开发商还推出了模拟比赛，得分最高者便可以获得"最佳环境保护者"的称号；网络用户还可以用专家的身份进行实时交流，请教有关气候问题。如此有意思的网络游戏必然会获得青睐，在游戏上线的第一个月里便引起了大批青少年的关注，受到了青少年的欢迎，环境保护意识也随之进一步提高。

英国在工业革命时期，因为工业的迅速发展以及为追求经济效益而不惜牺牲生态效益为代价的背景下，环境逐步恶化，由工业革命带来的环境阴影使得当时的英国艾尔克河成了人所惧怕的危险地。为了国家的长远发展、为了赢得国家的可持续发展，英国所做的环境努力取得了最大进展。特别是在信息技术高度发达的今天，传统媒体和新媒体共存的今天，网络便凸显了它宣传环保的优势。网络因为没有地理上的界限，而且交互式远程传递为环境保护宣传提供了广阔的传播平台。居于此，英国"气候控制网络游戏"可以打破地域上的限制，吸引青少年网络用户通过网络共享环境保护知识，在网上就某个观点展开交流与讨论。"气候控制网络游戏"不但可以使环境保护宣传的空间变得更为广阔、更为开放、更为有趣，还可以为商家和环保带来"双赢"。

（资料来源：央视国际新闻网）

2005 互联网公益日

在信息技术高度发达的今天，在传统媒体和新媒体共存的今天，网络因为没有地理上的界限，不同地域的人群，既可通过网络共享环境，又可在网上就某个观点开展交流与讨论，同时网络使环境保护宣传的空间变得更为广阔、更为开放。新媒体在这个纷繁杂芜的竞争环境中要相机而行，不但要善于把握机遇，善于决策，更重要的是要善于摆脱被动，争取主动。新媒体不仅要相机而行提高自己的知名度，而且要利用自身的力量，号召大家参与到保护环境的活动中来。如"2005 互联网公益日"的设立就是一个很好的例子。

2005年5月25日，网易创始人、首席架构师丁磊，搜狐公司董事局主席兼首席执行官张朝阳，新浪首席执行长CEO董事局总裁汪延联合向全国网民发出《关于号召广大网民参与环保假日行动的倡议》，号召大家行动起来，度过一个人人参与、环保公益的愉快假日；2005年8月，中国互联网协会决定此后每年5月25日为“互联网公益日”。倡导者认为：环保工作并非时时刻刻属于由国家专门机构承担的艰巨工程，对我们每个人来说很多时候属于举手之劳；有我，有你，网络公益其实很容易。在2005中国网络环保之旅中，通过网络等新兴媒体宣传以及在车身张贴相关环保主题车贴、在服装上粘贴环保主题臂贴等形式，让环保成为假日期间流动的宣传焦点，让更多的人树立环保度假、环保假日、休闲环保的观念。所到之处，无论是在旅游景点还是在生活居住地，人们自发进行各种形式的废旧电池、白色塑造制品污染物回收等行动。“五一”长假结束之后，大家可以通过互联网公益日网站等相关在线平台以及互联网上的其他交流社区，积极探讨心得、经验，摸索、尝试更加创新且更具实效的环境保护方法。

如今，网络媒体已经成为生态传播的重要载体，在表现形式和传播内容上都形成了比较成熟的模式和范型，在传播活动中补充了传统媒体在辐射范围和联动效果上的缺陷，对整个生态传播活动产生了越来越重要的影响和作用。2005互联网公益日的确立正是利用了网络媒体对环境宣传的深层效益，它可以逐层提高人们的环境责任感和环境伦理道德水平。现代社会的发展既要求人们树立一种公平和正义的发展观，对未来承担责任，又要求人们对自然界承担责任。鉴于此，由网易、搜狐等网络公司成立的网络环保公益日不仅迎合了节假日时人群集合的特点来传播环保理念，而且也为网络媒体的生态传播提出了建设性的意见。社会在发展，我们的信息传播也在不断扩大、加速，如何有效利用网络来进行新型的生态公关，是一个值得大众思考的问题。因为，网络生态传播不仅是网络媒体的重要组成部分和积极的新闻实践，而且是一种先进的传播理念，它既关乎新闻价值，同时也与中国社会主义现代化建设即四大文明建设息息相关，更是我们“地球—祖国”人类家园的生存哲学与生存方式的思考与镜像，进而关乎我们这个星球的未来，它是超越国界的，具有全球传播的价值功能和意义。所以，在环境污染和生态破坏问题得到社会舆论高度关注的21世纪，设立“互联网公益日”以及其后续的相关工作便体现了网络媒体能为生态思想的传播、营造生态文明的美好前景做出更大的贡献。网络媒体今后将更多地把视角转移到环境污染和生态破坏问题,在新闻实务中加强生态传播,从而推进环境污染和生态破坏问题的解决和生态文明建设的进程。

美国"有毒物质排放记录数据库"

保护环境是当代社会面临的一个重大课题,利用网络促进环境保护事业的发展无疑是时代的要求,美国政府环境保护署的"有毒物质排放记录数据库"系统在这方面取得了良好的成绩,值得我们借鉴。

1984年,印度博帕尔一次毒气泄漏事故造成了数千人死亡的惨剧,此后不久,美国西佛吉尼亚也发生了一次严重的化学物品泄漏事件。这些事件使美国一些州的工业界人士和社区居民意识到有关有毒物质信息的重要,全美国的人们和环境保护组织迅速要求有关有毒物质的信息不要再锁在工厂里面,而要让全社会都知道。正是在这种背景下,美国环境保护署开始建立"有毒物质排放记录数据库",通过"紧急计划及社区知情法案"的第313节特别要求生产者报告超过600种以上的有毒化学物质对环境的影响,这些报告提交给美国环境保护署和各州政府,环境保护署对这些报告进行编辑、整理成为一个面向公众开放的网上"有毒物质排放记录数据库",这个巨大的新的数据资源是加强环境保护的一个强大力量。

有毒物质排放记录数据提供了美国一个广泛的有毒物质排放的监视体系。"有毒物质排放记录数据库"每年更新一次,通过它,网民可以寻找更为重要的有关本地区的有毒物质排放信息。不需要是一个计算机专家,只要能稍微懂得一点电脑和网络技术的人就可以方便地从中找到需要的信息,通过公众的广泛参与使得公众更加积极地评价工业界的行为,以改善美国的环境状况。网络的应用使得正在发展中的污染停止并得到有效的治理和预防。①

方便、快捷的网络是信息时代最重要的特征,人们可以通过传统方式了解环境保护的政策、法规以及环保知识等相关信息,还可以在任何一个设有网络终端的地方随意获取所需的环境保护知识,或是有针对性地进行咨询,并及时反馈意见。同时,网络也能对其他媒体的环境宣传信息进

① 根据互联网周刊(41-42, 1999-03-08)资料整理而得.

行整合，并通过数字化处理后移植过来，实现环境保护的传播，从而使信息的传递和交流更加方便、快捷。网络使环境保护宣传传播更为快捷，美国的“有毒物质排放记录数据库”就充分利用了网络给环境保护宣传带来的新机遇。网络传播使环境保护宣传更具形象性，其效果是以往任何载体所无法比拟的。该案例体现了通过新媒体沟通网络，进而信息开放和透明化，有助于企业更进一步了解政府活动的过程，这是新媒体生态公关的重要方面。

面对网络时代给我们带来的机遇，环境保护宣传的传播应当顺应时代，抓住时机，积极寻找最佳途径，充分发挥网络的优势，扬长避短，开创环境保护宣传的新途径。建立相关的网站或网页，充分利用社会上的众多公共网络资源，根据其特点，为我所用。此外，还可以依托公共网建立专为环境保护宣传的个人博客，把社会的环保活动客观地记载下来，使这个博客成为大家交流的平台。同时，可以充分利用网络邮件及时、方便、群发、容量大等功效来传递信息、布置工作。对一些大家都关心的问题、热点问题，可以利用各大网络社区或单位自身网站火爆的 BBS 论坛展开讨论，通过这个平台，可以起到积极宣传环保理念的作用。

点评

上述三个案例的共同之处在于，都发挥了网络媒体互动性强、关注度高、传播效果好的特点。尤其对于本身容易引发生态议题的组织来说，特别要注意占领网络制高点，避免因为网络的扩散使问题扩大化。而无论是在舆情监测、事件营销、知识教育等方面，网络公关都是生态主题公关下的必不可少的部分，应该发挥其应有之作用。例如，美国有毒物质排放数据记录库的案例和互联网公益日的案例，都从各自的视角出发，既节约了生态公关的成本，也更好地实现了与各自公众的沟通。

三刻拍案

拍案一　百度参与“地球一小时”活动，以低碳环保为己任

任何事件都是矛盾的统一体，经济发展也不例外。在全世界经济发展的同时，由于碳排放量过大，使得环境恶化雪上加霜。因此，为了进一步解决全球气候变暖、生态破坏的环境问题，在2009年12月召开的全球哥本哈根气候会议上，我国郑重承诺：到2020年可再生能源在能源机构比例中争取达到16%。为响应国家号召，各个组织或企业都积极践行生态环保。作为全球最大的中文搜索引擎公司，百度一直积极履行生态责任。第一，建立百度大厦。其实，早在2007年4月，百度就已经筹建低碳环保的智能绿色办公大楼。2009年11月17日，百度员工正式入驻百度大厦。这种低碳环保大厦所带来的节水节电量是普通大楼永远无法企及的。第二，采用低功耗的晶存储技术。据介绍，百度公司在采用此低功耗的存储解决方案后，在一年中至少将节电4 030万度，节省近1.3万吨原煤、2亿升水；当然，这也同样意味着可以带来超大量二氧化碳排放量的减少。第三，积极倡导低碳环保宣言。百度除了从自身出发认真对待环境问题、致力于践行生态建设外，还利用自己的信息汇聚及分享方面的优势并借助自身特有的平台优势，积极向网民直接传达生态文明知识和环保理念，汇聚大众力量共创未来绿色世界。

正是在绿色环保践行方面所做的积极示范效应，百度成了大众心中的环保使者，得到了社会的普遍认同。例如，在2010年中，百度成为世界自然基金会(WWF)“地球一小时”(Earth Hour)活动在中国独家搜索引擎合作伙伴。为了响应绿色环保行动号召，在2010年3月28日晚20:30—21:30的地球熄灯一小时活动中，百度以行业领导者的身份向网友包括所有百度的网友、合作伙伴和客户伙伴发布绿色倡议书，希望通过全球6 000多个城市号召全球网民积极参与“地球一小时”活动；同时，近千万网民可以通过百度的百科、知道、贴吧等搜索产品全面了解有关“地

球一小时"活动知识和低碳生活方式等节能减排知识以及活动开展情况。因为网络的迅速传播以及百度本身的广泛受众性，在这次的"地球一小时"活动中，在百度"参加地球一小时，标注你的位置"的线上活动中，共吸引320多万的中国网民参与发出熄灯承诺。以此数量看，熄灯当晚一小时所带来的效益即减少碳排放的数量是相当可观的。

（资料来源：根据百度百科资料整编）

点　评

百度，我们再熟悉不过的一个网络平台，按理说它是成功的，不需要再提高自己的知名度；但是，在面对严峻的气候问题时，它没有束之高阁只做好自己的事情，而是依然以社会责任为己任。百度在最大范围内为民众广泛传播生态知识、策划生态环保活动，以最饱满的热情、最高的效率营造网络生态圈，将个人、企业、社会相连接，组成一个将会持续进行的生态文明系统，这不仅有利于我们的生态环境保护，还更进一步推广了百度的良好公益形象。心理学专家的研究表明，人们接受外来信息83%是通过视觉感官实现的。因网络信息具有声色俱全、图文并茂的特点，为受众提供了更为形象生动的图文信息；加之多媒体信息的感官刺激功能，使受众身临其境，在形象直观、生动的传播过程中更为深刻、全面地认识和感知相关信息，其效果是以往环境保护宣传的方式方法所无法比拟的。同时，网络传播具有双向交流的特点，在环境保护宣传中，充分利用网络的交互性沟通，将吸引大家由传统的被动式接受灌输变为主动参与交流，在观点的交流与碰撞中自然而然地接受宣传和引导。所以百度的互动式、引导式的交流方式，很大程度上提高了环保宣传的有效性，使人们对环境问题的认识不断深化、关注面不断扩大。

拍案二　凤凰网公益频道践行"低碳"

凤凰网公益频道于2009年5月25日正式上线。凤凰网公益频道作为一个非政治、非宗教、非商业的志愿者组织不仅致力于助学、弱势群体保护和扶助等项目，还长期致力于对生态文明、环境保护方面的宣传、报道，并策划组织线上线下活动，通过各种网络宣传途径对此领域及理念进行推广和传播。

早在2009年3月，为了推广低碳环保理念，凤凰网公益频道主办了大型不插电环保音乐会。为了加强低碳环保宣传力度，凤凰网公益频道考虑到重量级明星的宣传效果，于现场邀请到明星艺人，如高明骏、刘翔、张靓颖、汪峰、艾敬等8位明星一起参与环保低碳生活理念的推广。此次大型音乐会也收到了非常好的效果，特别是在年青一代人中更是起到了不俗的反响。

2010年，凤凰网公益频道又推出重磅大型环保活动——“绿色新生活”运动。凤凰网公益频道希望以“绿色新生活”运动来倡导最时尚、潮流的环保行动、环保理念，将环保融入人们的生活。对于具体的新生活建议，凤凰网公益频道提出了针对都市白领的一些适用性建议，如多走路减少碳排放、及时拔掉电源减少能源消耗等。

（案例来源：根据生态中国网资料整编）

点　评

科学发展观“倡导经济、生态、社会的共同发展，强调经济发展和环境保护的协调统一，强调人的发展与自然保护的协调统一，强调人的发展与自然保护的协调统一。”科学发展观的提出为环境保护提供了很好的理论基础，环境保护也承担着实现科学发展观的重任。凤凰网对公益频道的上线以及一系列相关的环保宣传方案及环保活动，充分发挥了网络媒体的生态和社会功能。

拍案三　《生态中国》倡导生态文明

“当长江呼唤黄河，描绘生态中国，……任凭坎坷曲折，依然奔涌磅礴，只为华夏大地的枯渴——润泽。水是生命之源，绿是生命本色。”“你带来的生命的绿色，像阳光永远不会落……”这些是歌曲《生态中国》里的节选歌词，从歌词里，我们可以发现《生态中国》这首歌想传达的思想：携手保护生态环境,共创生态文明。

2009 年 4 月,由著名公益音乐人龙飞、龙泽(1983 组合)作曲,中国绿化基金会副秘书长沙涛作词,著名歌手韩磊演唱的《生态中国》主题曲开始在央视一套播放。《生态中国》以其优美的旋律、意境深远的歌词和深刻意义得到了全国无数观众的喜爱。生态环境日益恶劣,及时践行生态环保理念是势在必行的一个重要举措,国家各层级领导人希望借用新媒体的生态传播效率,吸引广大人民践行环保,让全国人民树立环保意识,携手共创我们唯一的地球家园。为此,在 2009 年 4 月,《生态中国》在央视播放后,中央文明办、中宣部宣教局、国家广播电影电视总局联合生态中国工作委员会采取了两步环保措施:第一,将《生态中国》的 MV 收录进国家广播电影电视总局的广播电视公益广告备播节目库中并进行免费播放,如此的间歇性宣传得到了或多或少的效果;第二,生态中国工作委员会携手户外媒体传播歌曲。据悉,在北广传媒集团的支持下,《生态中国》主题曲不仅在中国建设银行、中国银行在内的全国共计 26 000 余个银行营业网点进行播放,同时也在北京世贸天阶、王府井、保利大厦等多个繁华地段,武汉、南京、天津等步行街的户外大屏正式播放;最重要的是北京的各大户外大屏幕、地铁和公交也都定时定点进行播放,使得生态中国的环保理念深入人心。

从 2010 年 1 月 12 起,《生态中国》主题曲已在钱柜 KTV 北京、武汉、长沙等地正式上线,希望使生态保护的理念通过大家的口口传唱更加深入人心,共同实现“同种一棵绿树,共建生态中国”的目标。

点 评

在此案例中,生态中国工作委员会利用户外传媒的力量,把《生态中国》主题曲从电视广告宣传逐渐延伸到地铁、户外大屏幕的广告上以及公交移动电视、楼宇电视中进行定时定点播放。新媒体传播及时性、交互性、多媒体性的特点能够把生态环保理念以最完美、最丰富的形式深入到人们心中,无形中提高了公众的生态环保意识。在如今全球气候变暖的时代,环境恶化、物种渐趋灭绝随之而来,而采用新媒体传播进行生态公关,在一定程度上把人们环保理念承接起来,共同践行构建生态文明的任务,使我们在提倡节能减排、低碳社会的活动中写下华美篇章。

回味隽永

对于互联网，人们并不陌生，它正潜移默化地影响着人们的工作和生活，人们对周围世界的了解无不打上网络的印迹。相对于传统媒体来说，网络新媒体拥有更加全面的信息平台，信息传播更具灵活性和个性化。利用自己的网络平台进行各种宣传和报道能够突破传统媒体单一、滞后的弱点，从而达到更好的预期效果。因为网络媒体的用户基本上都具有主动性、参与性、独立性等特点，这些使得网络的宣传信息能以最大范围传播出去。因此，各种网络媒体要积极发挥自身优势，大力宣传环保观念，践行生态保护，以便吸引大众为生态建设奉献力量。但是，为了能收到最大的预期效果，网络新媒体需要做到以下几点。

首先，把握时机，提升形象。把握时机就是在最佳时机做出选择，及时进行理念传播。人民网对由《无极》剧组拍摄所带来的生态破坏事件报道就是一个极好的例子，如果在事件过去很久以后再来大肆报道就没有意义了，也许会被定位为是马后炮的角色。居于此，网络新媒体就必须及时更新平台信息，在为提升自己点击率的同时承担相应的社会责任。

其次，关注时代选择。如今，面对日益恶化的环境状况，特别是 1972 年联合国召开的人类环境会议提出“只有一个地球”的口号之后，生态文明、低碳、环保等已经越来越成为时下最热门的字眼。因此，提倡环保、节能减排、保护生态平衡、实现“低碳社会”无疑成了当今的时代选择。百度网、凤凰网环保频道的设立，以及在现实中践行的低碳环保理念都在显示着网络新媒体也在关注着时代的最新选择，在提升自己的形象和魅力的同时，也激发广大民众加入到携手共创生态社会的行动中来，实现了“双赢”战略。

最后，履行社会生态责任。任何企业或组织，要想在社会中立足，都必须承担相应的社会责任。践行环保是每一个公民的责任，正如美国“有毒物质排放记录数据库”的设立以及《生态中国》户外广告媒体一样，用不同的方式来提醒人们在生活中要有环保意识。鉴于此，及时宣传生态环保理念，对生态建设做出努力的企业或组织势必会得到大众的好评，也必定能够长久不衰。

第十五篇

利用新媒体　各显环保神通

——从“夏至关灯”活动说起

新媒体，一个逐渐成熟的传播媒介，正在影响我们的生活。相对于传统媒体如报纸、广播、杂志等单向、滞后、受众面较窄的传播特点，人们越来越热衷于采用新媒体来表达和传播自己的观点或展示自己的优势并以此来号召更多的大众群体参与自己的活动，达到社会和谐及形象提升的“双赢”效果。面对如今环境恶化的尴尬局面，特别是自从联合国召开气候会议以来，各个国家和地区都纷纷采取相关手段来宣传保护生态平衡，倡导“低碳社会”。因此，不管是政府、企业、组织还是个人都拿出了改善环境的饱满热情，积极利用新媒体，包括手机、网络、移动电视等来直接或间接宣传环保理念。也许这个时代是新媒体生态公关盛行的时代，它为我们进行保护生态平衡及环保倡议提供了一个更加广阔的平台，而且也收到了积极的效果。

开篇导例

开篇之述　以关灯作为媒介的环保组织

“自然之友”成立于1994年3月31日，是中国最早在民政部门注册成立的民间环保组织之一，以倡导生态文明、开展环境教育、促进中国社会的可持续发展为宗旨。“自然之友”创始人梁从诫及其会员都希望通过该组织建设公众参与环境保护的平台，让大众尊重自然万物的生命权利，让环保深入人心并转为自觉的行动。

2009年，“自然之友”进行了一系列绿色传播与推动改善公众环境行为的活动，包括美境行动、绿色选择、夏至关灯等大型活动，从不同层面表达了其环保宣传理念。在这些活动中，尤以“夏至关灯”活动最为典型，因为在“夏至关灯”这一项目中，“自然之友”为了扩大宣传效果，与新世界房地产、央视网体育频道、优酷网等进行合作，采用网络动画形式播放“夏至关灯”相关活动。所谓“夏至关灯”是指在白昼最长的这一天，人们选择关灯一晚，离开各种电器的包围，走出户外，去体验“自然夏夜”的美好。在2009年6月21日夏至前夕，“自然之友”首先在互联网上发布宣传短片和指南，以推广“自然夏夜”的理念。通过这种基于网络渠道的系列宣传，任何人都可以从“自然之友”网站上下载关于“自然夏夜”的资料，其中，在《自然夏夜指南》里详细介绍了个人、家庭、团体和社区如何组织和参与的方法、活动与游戏，包括和夏季相关的植物、鸟类等自然信息，为公众提供了各种不同的环保方式来度过“自然夏夜”的方式。“自然之友”推荐的“夏至关灯”活动有“关灯一小时”、“黑暗换位想”等，这些活动通过互联网的声像宣传和鲜明介绍，特别是优酷网上短而精彩的宣传短片更是让人印象深刻，使网民更加了解环保的意义，也吸引了大批网民参与“夏至关灯”活动，这样就使得此次活动收到了预期的良好效果。

其实早在2007年6月22日，“自然之友”就在内地首次举办了“夏至关灯”活动，当时搜狐新闻频道以“夏至关灯登陆中国”为题，对其进行了大量报道，吸引了一大批的环保人士加入到此活动中。这几年来，“自然之友”连续在我国内地通过互联网的形式，宣传环保意识，不得不说确实取得了不俗的成绩，也为它自己赢得响亮的掌声。

开篇之论 将“优势”进行到底

近年来，不少国内的环保组织，纷纷从各种媒介渠道出发，开展了一系列富有特色的环保活动，包括环保知识讲座、环保网络电话的设立、到国家需要的地方进行实地考察、研究环保对策等。在它们的努力下，越来越多的个人、组织、企业加入到环保行动中。例如，“自然之友”自2007年起发起了“全球变暖，人人埋单”的倡导活动后，壳牌、松下、NOKIA、欧莱雅、瑞利来等企业纷纷加入了志愿植树服务活动，并认捐了大批树木。当然，当前的新媒体已经无处不在，利用新媒体的优势对活动的开展进行宣传是活动取得成功的一个重要因素，也是时代所需。互联网新媒体已经成为我们生活中不可缺少的一部分，它对我们所造成的影响也是潜移默化的。一个组织要想发展，就必须懂得最有效的营销方式，新媒体的传播效果则是不得不要考虑的一个重要途径。因此，“自然之友”利用网络进行生态公关是一个符合时代发展的明智选择，它的环保形象也正逐渐渗透到大众心中。

（案例来源：根据百度资料整编）

史镜今鉴

环境恶化并不是一个国家的问题，而是全世界的问题。全球变暖危及的是你、我、他，谁也逃避不了。因此，全世界的不同国家都在为环保、节能减排、提倡生态平衡而做出积极的努力。有付出就会有收获，近年来，我国利用新媒体进行企业营销或宣扬低碳主张的成功案例也是值得我们效仿的。

电子杂志——新型环保

现阶段，电子杂志是新媒体的主要代表之一，也是网络时代的一种重要工具，主要用于各种群体之间的信息交流和信息发布。到目前为止，无数的企业均通过电子杂志来展示企业的产品、说明书以及有关企业内涵的动态视频，以此来扩大企业与用户的双向交流，从而提升企业形象。在生态环境日益恶化的今天，电子杂志也在宣传环保、宣传低碳的过程中起到了弥足珍贵的作用。

"绿爪子"工作室由一群漫画、广告和营销的专业人士组成，自成立以来，致力于宣传和推广绿色文化，兢兢业业地宣传着绿色环保时尚的生活方式。通过利用网络这个广阔的平台，"绿爪子"成员大显身手并创办了具有环保特色的网络电子杂志——《绿刊》。在倡导"绿色时尚，低碳环保，让绿色流通起来"的文化思想上，《绿刊》在每一期的期刊上都采取从不同的角度来透视现代生态环保的理念以及环保行动等。为了增加读者对绿色文化的深度了解，《绿刊》从 2010 年第 2 期出版的电子杂志起特意增设了"绿 · 采访"专栏，希望通过采访不同领域、不同行业的人对于绿色的主张和价值观并及时反馈给大众，以期获得大众的观点，找出最合适的绿色环保对策。除了"绿 · 采访"，《绿刊》还有一系列环保专栏，主要包括"绿 · 新闻"、"绿 · 前沿"、"绿 · 专栏"、"绿 · 文化"、"绿 · 时尚"等，而且每个专栏的侧重点不同，分别从国内外的例子来解释当前的环境现状、环保举措以及环保文化等。例如，《绿刊》第 6 期中"绿 · 新闻"的版面内容，不仅向读者介绍了路透社"大面积海冰消陨导致北极熊生存环境的下降，进而危及北极熊的生育率"的报道，也向读者展示了"澳大利亚低效减排政策惹质疑"的具体内容。这使得我们在看完电影《后天》、《2012》、《帝企鹅日记》以后，要反思的不仅是需要树立简单的环保意识，而且还得对未来的环保道路谋划出更适宜的措施。同时，《绿刊》杂志还采用图文并茂的形式向大众展现最前沿的环保观，像在"绿 · 前沿"里，《绿刊》就以图文形式介绍了英国科学家正在发明一种性能优于电动汽车电池的替代能源——"人造汽油"。从经济的角度来说，石油不仅容易造成通货膨胀，而且一直是困扰环境保护的一大障碍，因此，"人造汽油"给人类带来了希望。据称，"人造汽油"发明并使用后，不仅不排放有害气体，而且价格便宜。也许，这对我们当前着手进行的环保举措来说，是一个新的、乐观的行动方式。

环保是个永不消逝的话题，采用何种方式宣传环保、怎样进行环保都是值得商讨的。电子杂志是当前新媒体的一个生力军，从环保来说，电子杂志存在着两方面的好处。第一个是内部环保。相对于传统媒体来说，其杂志形式本身——无纸化就是一个环保措施。因为传统杂志均以纸质版为主，在制作的过程中要耗费大量的原材料，同时废置的旧杂志如果回收不利同样也不利于环保。第二个是电子杂志内容的多样化，吸引力强。电子杂志具有传统杂志所不具有的优点，它能够把文字、图片、色彩、三维空间和动画等集合在一起，以更鲜明、活泼的形象展现在读者眼前，大大增加了读者的阅读欲望。因此，《绿刊》电子杂志所倡导的绿色时尚、低碳环保理念在读者心中留下深刻印象。这种新型的环保杂志一方面拓展了环保人群，另一方面也对“绿爪子”工作室形象的树立做了铺垫。

（案例来源：http://www.greenispop.com.）

世通华纳移动传媒为世博做公关

世通华纳公司是目前中国最大的公交移动电视传媒集团，其运营模式主要是以公交车为载体，通过与各地广电部门、公交运营机构和其他公交移动电视代理机构的合作，构建中国城市的新型视听媒体——数字移动电视，从而大大延伸电视媒体在时间和空间上对受众的覆盖范围，拓展了电视媒体的社会及经济利益空间。作为新媒体传播的一个顶尖集团，世通华纳公司在迎接 2008 年上海世博会之际，结合当下环境恶化的困境，积极参与了推广“世博绿色出行”特别活动。

2008 年 4 月，世通华纳利用其移动电视的巨大传播效力发起“低碳世博我先行”等线上活动。此项由世通华纳集团联合上海市环保局、上海世博局以及美国环保协会共同举办的“低碳世博我先行”活动邀请了众多优秀企业领军人物，包括欧莱雅集团副总裁兰珍珍、汉王科技董事长刘迎建等，也邀请了赵文卓、苏有朋、孙俪等众多明星共同拍摄“低碳世博我先行”首期公益宣传片。此低碳公益宣传片从 2008 年 4 月 26 日起在世通华纳公交移动电视全国联播网中同步播出。上海是全国的经济中心，其交通自然发达，但是世博会期间，预计共有 7 000 万人次的参观者，平均每天 40 万人次的客流，高峰日客流将达到 60 万人次，如果交通问题不加以改善，将会给世博正常游览带来障碍。因此提倡市民绿色出行、多乘坐公共交通是非常有必要的。作为国内领先的公交移动媒体，世通华纳移动电视全国广告联网已经覆盖了35个主流城市，影响着中国的亿万市民。因此，通过世通华纳的移动电视传播，能够更好地把“低碳世博我先行”活动最大程度上传到广大民众中，让环保绿色移动到每个角落。据介绍，上海世博会期间多数市民践行绿色出行活动，交给世博一个顺畅的旅行交通。

在这次世通华纳公交移动电视宣传的“低碳世博我先行”案例中，低碳宣传达到了一定的效果。因为移动电视具有它自己独特的宣传魅力，在传播过程中所体现出来的特点是这样的：第一，传播环境的封闭性与强制性。这个特点使得在车内的乘客最大程度地接收到了广告内容，因为，一方面，在公交车内，无论乘客喜欢与否，都会在不经意间接触到这个宣传广告；另一方面，乘客即使看不到图像也不可避免地接收到声音讯息。第二，传播内容的时效性与丰富性。宣传广告具有图文声像并茂的特点，这比起一般的传统广告更能让人理解。由于与一些活动内容同步传播，所以移动电视还具有时效性的特点，这点能够让公众随时随地了解到最新动态。上海世博会是第一个在亚洲国家举办的世博会，由于这个特殊性，势必会吸引无数的海内外游客涌向上海，一睹我国的综合能力、感受上海世博的风采。通过这种“低碳先行”主题的新颖活动，能使公众主动参与打造低碳世博。

骑行中国　低碳行动

北京瑞盈时代文化发展有限公司是一家专门为客户提供品牌策划、整合营销和相关市场服务的专业化公关传播机构，它利用丰富的媒体资源帮助客户塑造、提升和维护企业品牌形象，提高企业竞争力。当然任何企业都不只满足于现状，包括瑞盈时代文化自身。虽然其下辖瑞盈时代传播、瑞鹭广告、瑞宇时代科技等公司，所接项目也数不胜数，但是在如今这样一个竞争力极强的市场经济环境下，抓住机遇、实现成功发展仍是其主要目标。一直以来，北京瑞盈时代文化发展有限公司积极利用新媒体进行网络宣传环保低碳行动，及时为我们的生态建设出谋划策，从而也为自己赢得了声誉。

为响应我国在2009年联合国哥本哈根气候会议提出的“到2020年，我国单位GDP二氧化碳排放将比2005年下降40%～45%”的承诺，中国自行车协会组织开展了“骑行中国　低碳行动”——2010年北京——深圳自行车骑行活动。2010年5月16日—7月1日，北京瑞盈时代文化发展有限公司具体承办了此次为期 47 天的“骑行中国　低碳行动”的大型生态环保公关活动。节能减排生活方式是我们面对生态破坏的现状做出的选择，不可置否，此次骑行活动获得了全国各地市的大力支持，100 多家媒体也对此活动进行及时、全面的报道；而网络是当下进行公关活动首选的宣传方式，所以，为了能全方位、多视角宣传低碳环保理念、宣传自行车文化，瑞盈时代传播公司对此次活动除了做传统媒体的大量传播外，还充分利用新媒体进行及时的网络公关宣传。因此，不说新华社、《人民日报》、《光明日报》以及电视转播等报道的数百篇活动相关新闻，单是主流网络媒体，如新华网、新浪网、搜狐、网易、雅虎、中国体育在线、中国自行车网等几十家网络媒体，发布活动相关主帖就超过 500 篇。优酷网还上传了此次骑行活动纪录片，记录了 12 名骑手从朝阳公园东门出发，途经天津、河北、山东、江苏、上海、浙江、福建、广东等沿海各省，于 7 月 1 日到达深圳市的一路骑行过程。纪录片向我们展示了骑手们在各地自行车协会组织的 5 000 多名骑友的陪骑下冲破恶劣天气、危险路况的勇气和毅然前行的壮观场面。骑手们本着“宣传低碳环保理念，宣传自行车文化”的目的，通过各种形式，包括沿途组织万人签名、绿丝带环保倡议、街头宣传、学校演讲、捐赠自行车等，走进各个领域，与学生、游客和各地市民互动，把“低碳出行、绿色环保”的种子洒向祖国各地。因为媒体的宣传，新浪官博和网易专题网页点击数超过 10 万人次，骑行活动网络总点击量超过 800 万人次。因此，此次骑行宣传直接或间接影响了上千万民众，一股绿色春风正吹向大江南北。

这次“骑行中国　低碳行动”活动从一开始就受到了高度关注，大量市民更是通过网络等新媒体的传播了解了活动的全过程。活动所经地都是我国经济高度发展以及人口密集区，但对于“低碳”一词，也许人们还仅仅停留在字面上，并没有真正践行实施。因此，瑞盈时代文化发展有限公司承办的这一活动可直接影响中国经济最发达、人口密度最广的区域，对推动自行车文化的普及和发展起到巨大的促进作用。活动不仅可以把低碳理念通过环保倡议、街头宣传和发放环保低碳资料等途径来扩大低碳理念受众面积，深入人群，让更多的国人认识到低碳对于我国经济社会可持续发展的重要性，同时知道通过何种方式去实现低碳生活这一新主张。当然，通过此次活动也刺激了其他企业的环保发展理念，同时提升了自己的企业形象。任何一个企业想要获得长远的发展，除了自己的技术过硬之外，还得有宣传手段，而宣传手段的效果又取决于企业的核心理念。北京瑞盈时代文化发展有限公司的“骑行中国　低碳行动”正是迎合了当代我国经济发展以“低碳”为主流的时代要求，满足了人民的心理需求，因此，从活动的策划初期就预示着它的成功。因为网络新媒体便于查找、迅速的特点，它的传播效果远不只眼前的成功，还会有更多的人参与到低碳行动中来，以实现企业发展和低碳环保的“双赢”目标。

（案例来源：根据网易新闻网资料整编.）

点 评

尽管生态环保的物品可以作为公关传播的媒介来使用，但其表现形式却不尽相同。它既可以表现为电子杂志，也能表现为移动电视，还可以用做骑车方式。因此，绿色媒介需要的是发挥策划者的想象力，将任何方式都视为广义上的公关媒介。在这个信息高度发展、媒体无处不在的时代，如果一个企业在传播中能够以“绿色”为基调，从战略高度审视自身的每一项决策，从有利于可持续发展的角度建立公关思路，则企业更容易得到公众的认可，企业的这种社会责任意识必将是企业的无形资产。

三刻拍案

拍案一 中国平安公司践行“低碳 100 行动”计划

在 2009 年哥本哈根气候会议上我国所做出的低碳承诺，其实为的就是谋平安，包括国家平安、社会平安和人民平安。为了响应低碳号召、树立公司形象、带动更多的人践行环保低碳理念，中国平安公司以“平安”一词一语双关地成功造就了其良好企业形象。

为践行绿色承诺、履行环保责任，中国平安公司提出了“绿色金融”的企业理念并于2010年3月正式启动主题为“绿色承诺平安中国”的“低碳100行动”计划。在此次活动中，中国平安公司不仅希望将100条低碳举措贯彻和落实到公司经营管理、业务发展、员工日常办公等具体工作中，实现低碳运营、推动绿色金融、促进可持续发展，还希望通过活动让广大群众加入到低碳环保的生活中来，也让社会大众认识并了解到中国平安公司不仅是一家只为盈利的公司，也是勇于担当社会责任的公司。为了强化活动传播效力，中国平安公司首选了新媒体中的网络阵地，及时宣传“绿色理念”。第一，主抓网络平台，扩大曝光率。在活动实施过程中，从3月22日—4月4日，中国平安公司充分利用新浪和凤凰网两个平台对“绿色承诺，平安中国，中国平安低碳100行动”进行广泛传播，同时联合凤凰网及世界自然基金会（WWF），一起打造“2010地球一小时活动”专题。考虑到新浪网的影响力，中国平安公司在新浪网平台设置了用户可以参与“低碳100行动”的绿色承诺和互动游戏平台，依托新浪网的巨大流量，扩大品牌曝光率；而选择凤凰网作为专题页面平台，是因为其在新闻网站排行中的领先地位，活跃着大量关注财经和社会新闻的高端用户，这与中国平安公司的目标受众比较吻合。第二，变换网络广告形式，吸引公众。根据活动时间，中国平安公司采用不同告知形式的网络广告激发受众参与：一方面，以“低碳100行动”启动的信息告知为主的推广手段，采用与线下海报同一风格的“风筝篇”广告创意作为前期的宣传；另一方面，以“植树篇”的互动创意形式为活动后期的广告，同时将文案更改为获奖信息提示，吸引更多用户参与活动。

因此，在活动举行不到3周的时间里，共吸引60余万人有效参与了此次活动。新浪网和凤凰网两个广告投放平台获得了巨大的曝光率，每天有数十万流量进入活动平台，对中国平安的公益形象和品牌形象的进一步塑造起到了点睛作用。

（案例来源：中国证券报（2010年3月）.）

点　评

中国平安公司之所以能在短时间内提升企业公益形象，提高社会大众参与“低碳100行动”，是因为其能在恰当的时机做出明智的选择——紧扣热点话题(低碳经济),而且能够充分运用网络受众的基本特点——自主性与参与性。网络传播从根本上改变了受众在传播中的地位,信息的主动权不再由传播者掌握而是由受众自己控制,他可以自主、主动选择他所感兴趣的信息并发布自己的言论,不得不说网络确实提高了网民参与社会活动的机会。“低碳100行动”的网络宣传正是考虑到了网民自主参与性的特点,使更多的人自觉自愿加入到低碳生活中,同时也提高了对中国平安公司的关注,使得中国平安公司为自己的“绿色金融”构建铺平了道路。

拍案二　手机短信传递绿色

我国是个人口大国,如果一件事情能及时得到广大群众的支持,那么任何事情都会变得更简单了。广西是我国野生动物的汇集区物种非常丰富,在广西中越边境野生动物贸易所涉及的物种有38种,其中兽类13种、鸟类6种、爬行类18种、两栖类1种。在这38种野生动物中,有国家重点保护野生动物18种,其中,獭猴、黑叶猴、南蛇和巨蜥属于国家一级重点保护野生动物。但是,近些年来,由于人们的恶意捕捉以及生态环境恶化等问题的影响,有些野生动物生长的环境被破坏,有的物种正在逐渐濒临灭绝,例如獭猴。

2007年9月,为了在群众中树立生态保护意识,并让群众自觉参与到保护环境的公益活动中来,广西壮族自治区林业局特举办了“爱护野生动物宣传月”活动。在活动期间,广西壮族自治区林业局发现活动收到了良好效果,人们的野生动物保护意识增强,也更加注重环保了,整个市貌状况极佳。究其原因,原来在活动期间,广西壮族自治区林业局布置了精心的宣传策划方案。一方面,采用传统的宣传和口号。在活动期间,自治区林业局首先采用传统的口号以及理论宣传方式,如在各个地市的建筑物上悬挂横幅、张贴宣传标语以及发放保护野生动物宣传资料,同时还组织专家进行野生动物、生态环境保护讲座,组织高校生态环保社区进行具体宣传教育活动,面向市区的市场、生活区的市民以及农村群众等普通群体。此外,林业局还进行野生动物专项执法打击行动,这也在一定程度上打击了不法捕捉行为。另一方面,充分利用手机短信宣传野生动物保护。

这是新型、有效的宣传方案。整个活动期间，林业局考虑到手机短信传播信息速度快、范围广、传播内容明确等特点，充分利用手机进行大范围式的宣传。他们将书写有“爱护野生动物宣传月”法定时间、保护野生动物标语等内容的短信发送到手机用户。这个方法使广大手机用户主动或被动查看并接收相关的保护野生动物的知识，让不了解或知之甚少的群众会刻意关注环保以及野生动物保护知识。据介绍，整个活动期间，林业局共发出 25 万条手机短信，这就意味着至少有 25 万人知道了林业局的宣传知识，远远超出了传统宣传方案的受众群体。广西壮族自治区林业局的这一做法也大大受到了群众的关注和好评，从而提升了政府形象。

点　评

新媒体是时下最流行也是颇为有效一个宣传策略，广西壮族自治区林业局采用新媒体之一的手机媒体进行宣传之所以取得了成功，是因为把握了手机媒体的传播特点。众所周知，手机的出现，极大地改变了人们的沟通和信息传播方式，它的优势主要在于高度的便携性、互动性、网络化和用户海量性。据了解，截至 2010 年，我国手机用户高达 7.4 亿。面对如此庞大的数字，适时利用手机进行环保宣传，不得不说是环保的一大进步。因为手机信息及时性、交互性、范围广的特点，足以让各种生态、环保信息第一时间传到民众手中，有利于环保宣传和环境保护，当然也提高了政府的可信度和知名度。

拍案三　新浪公益——让绿色成为时尚

新浪网作为优秀的互联网企业，长期重视并践行网络公益环保宣传。2009 年，新浪公益正式成立“绿色生活”频道。“绿色生活”频道共设有“乐活族、地球村、活动区、互动线”等 4 个环保生态主题专栏。从健康饮食到绿色出行、从快乐装扮到环保起居、从资源・节能到生态・回收、从绿色之星到专家论坛，“绿色生活”均以专业角度报道环保行业动态、宣传科学的绿色生活理念、鼓励网民参与低碳活动，做长期的绿色生活志愿者。各个专栏展现的内容具有丰富、多彩、层面不一的特点，如在“乐活族”快乐装扮专栏里就教给人们在生活中应该怎样进行废物利用的技巧，为网民提供了别开生面的环保知识。

新浪公益“绿色生活”频道自成立以来，积极与国内环保组织联系，开展绿色公益宣传活动。2009年7月31日，米其林“绿化你的旅程”环保公益活动在北京启动后，新浪公益频道便对其进行了全程网络报道。米其林“绿化你的旅程”环保主题网在新浪公益频道的短短1个月内，就有超过25万人登录了主题网，加入环保行动；另外，在新浪公益的米其林“绿化你的旅程”网站里有专门的“碳排放计算器”以及绿色宣言栏目，标有“尊重环境，节能减排，需要每个人的参与，让我们携起手来……开始行动”等字样，同时网站上还附有米其林在各地进行环保活动时的图片及活动概况。不得不说，新浪公益环保网站的设立不仅让公众分享了公益活动的可喜成果，也吸引了更多的公众从自己做起、从身边做起，选择环保低碳的生活方式。除了对各项环保活动进行及时宣传以外，新浪公益还积极邀请专家、学者参加绿色环境论坛，共同为绿色经济可持续发展建言献策。

（案例来源：根据新浪公益网资料整编.）

点 评

互联网作为一个强大的媒体，有其特殊的优势。不论是新浪网所宣传的绿色生活主题还是对相关活动的报道，从现实的角度来说具有如下优势：第一，快速响应——网络媒体具有其他媒体所不具备的优势，即能够第一时间提交各家观点和信息并快速发布到全球；第二，覆盖面广——因为网络信息能在瞬间发布，也可全球遍及，其所覆盖的面积和影响的人群是一般媒体所无法企及的。因此，在新浪网“践行环保，呼吁低碳，共建生态社会”的努力下，网络社会的环保热情不断涌现，绿色生活也逐渐成为一种时尚。生活中，大众群体也受到了环保潜移默化的影响，每个人都践行保护动物、爱护环境、减少浪费等环保理念。这些无不说明了新媒体在环保宣传方面的优势，也表明创新利用新媒体是生态公关的应有之义。

回味隽永

当今社会，媒体正潜移默化地根植于人们的生活和世界中，人们对周围世界的了解无不打上媒体的印记。随着媒体技术的发展，各种新式媒体也越来越影响和融入着人们的生活。所以，一个公关组织要想获得成功、兴旺发达、受到公众的欢迎和爱戴，必须有足够的担当社会责任的能力，要把社会发展与企业发展相融合，把握时下“生态经济”理念，创新其媒体传播手段，创造一个有利于自身和社会发展的绿色通道，赢得民心和掌声。一个政府要想在人民心中扎稳脚跟、树立威信，也必须在生态恶化的情况下通过一系列的生态宣传活动，把人们从无意识带到有意识、从无行动带到有行动，共同创造美好家园。在新媒体时代下，如何把生态环保理念通过不同的、最新的、具有巨大效用的新媒体传播出去，是值得考虑的一个重要策略。鉴于此，无论是政府还是企业，都需要做到以下几点。

1. 把握社会发展主流

如今全世界都面临着严峻的环境恶化问题，提倡生态环保无疑已经成了国家和社会发展的主流。在今年的两会上，我国提出今后经济发展不再单纯地只追求GDP增长，而是要增强民众幸福感。对于幸福感，我们可以解释说在国家富裕的同时人们的生活水平要随之完善，但这同时也需要以环境的美好为基础。因此宣传环保、响应“低碳”已经是当之无愧的社会发展主流。鉴于此，谁能践行生态理念，谁就能独树一帜。如中国平安公司在践行“低碳”过程中，不仅在自己身上下工夫，实现企业“绿色金融、低碳营运”，还通过网络媒体的宣传效果，引起了一大批环保人士的青睐，实现了双重目标。

2. 善于运用新媒体

网络、手机、移动电视、楼宇电视、户外大屏幕都是如今最时髦的传播媒介，在传播信息的过程中具有它们独具的优势。

(1) 手机的便携性和传播内容的综合性。迄今为止，没有哪一种媒体能够像手机那样传播如此广泛的内容，它可以传播包括语音、文字、视频、音乐、动画等信息符合用户所需，而只要是通过短信传发的信息都因为手机的便携性而能随时随地对用户产生影响。这种影响带来的传播效果也是非常显著的，就像 2008 年 4 月中旬，因有传言说法国家乐福大股东支持达赖和西藏独立，一条“抵制家乐福”的短信迅速流传开来，在国人中引起了不小的轰动。因此，广西壮族自治区林业局采用手机发短信宣传保护野生动物的知识，的确是个明智的选择。

（2）楼宇、户外电视、车载电视传播的分众性和强制性。户外、楼道里、公交上，无论你喜欢与否，宣传生态环保的广告都会在不经意间传到你的耳朵和眼睛里，即使看不到图片，也不可避免地会接触到声音讯息，这使得车载、户外电视和楼宇电视的传播具有强制性；同时，因为这些新媒体广告播放地点的人流具有开放性、流动性并时常变化的特点，所以在强制性的基础上加上巨大的潜在公众，这些都让新媒体传播能达到一定的效果。因此，政府、企业、组织在进行生态环保宣传的过程中要善于借助新媒体的益处，用新媒体的受众性传达生态建设信息，为遏制全球气候变暖、环境恶化做贡献。

（3）新媒体的互动性和可评估性。新兴媒体多数都便于同受众进行有效互动，这与现代公关所提倡的双向沟通模式不谋而合；而且新媒体独特的传播形式，也有利于实现对既有公关工作的成绩考核和效果评估。从这个角度来看，无论是网站上生态公关的点击率，还是手机短信接收率，都能够将公关精准而指定地投射到覆盖目标上，这一点本身也可视为一种绿色、环保的公关渠道。

第十六篇

绿色"有你"更精彩

——民间环保使者田桂荣

"保护环境，拯救地球，还我们一个绿色家园"，已经越来越成为当下人们不得不慎重思考的一个问题。面对环境的恶化，需要付出努力的不仅是政府和企业，社会大众也应该自觉踏上环保旅程。当然，经济越发展，人们的环保意识也越高。在高新技术的指导下，不难发现，很多人都能从身边的小事做起，并积极利用新媒体的造势力量来宣传环保知识，也谱写了新媒体环保的辉煌篇章。

开篇导例

开篇之述 田桂荣环保网

提起田桂荣，没有人不竖起大拇指，没有人不为她的环保事迹所折服。作为河南省新乡市的一名普通农村妇女，田桂荣确实用自己的言行谱写了民间环保的新篇章，感动了无数人。她以惊人的毅力和执著的环保信念一路朝向绿色旅程，走向各个角落宣传环保知识，因而被推选为“2003 CCTV 感动中国候选人物”，也曾经被联合国环境规划署誉为中国“民间环保大使”。这些对于一个农村妇女来说，是无比的光荣，也是对其环保行动的最高赞赏。

但是，田桂荣的环保之路并不是一帆风顺的，在巨大荣耀的背后，她背负着很多压力、忍受着许多怨言。因为一次偶然的机会，田桂荣知道了普通废旧电池对环境的巨大危害，于是从 1998 年开始，田桂荣开始自费回收废旧电池。为了让更多的人知道环保的重要性，也为了让更多的人加入到环保行动中来，2001 年 9 月 12 日，田桂荣自己投资 2 万元创建了“田桂荣环保网”。这个环保网，在当时来说，的确是个非常引人注目的新网站，也是全国第一家环保网站。在新媒体技术日益发达的今天，利用网络做宣传已经成为一个大趋势。因此，“田桂荣环保网”的建立，在当时来说是一个前瞻性的工程。为了能办好环保网站，顺利在网站上发表各种环保主张，对电脑一窍不通的田桂荣开始学习打字和网站管理。如今，“田桂荣环保网”已经做得有声有色了，她经常在网络上通过视频给志愿者讲课、布置环保任务，而且还可以与全世界进行环保交流。从不懂电脑到游刃有余，很多人都佩服她的努力，用她自己的话说，“我想都不敢想，拿锄头的手怎么能拿鼠标呢？”

截至 2008 年，网站经过 3 次改版，已经吸引了 30 多万人登录，也影响了大批的环保人士。但是，田桂荣并没有满足于现状，她希望把网站建设成全国最大的绿色网站，占领绿色空间。“田桂荣环保网”之所以能够吸引大众的眼球，除了她自身大力宣传环保外，网站的内容丰富、知识量大也是一大特色。在网站里，我们可以看到设有环保新闻、环保历程、环保大事、绿色牧野、绿色消费、环保留言、环保交流和绿色家园论坛等专栏，每个专栏里都随时更新着最新环保情况，包括海内外对于生态环保产品和行业的崇尚，以及真实揭露一些恶劣的生活习性等。如在最新一期的“环保新闻”里就报道了一篇“中国近岸海域加重　陆源排污系主要影响原因”的文章，文章提到：近岸海洋生态系统主要处于健康与亚健康状态，入海口环境质量仍较差，这主要是受长期的排污以及生态环境破坏等的影响，因此，江河携带污染物入海和陆源入海排污仍是影响中国近岸海域环境质量的主要原因。审视这篇文章，也许我们该考虑的是：在平常的生活中不要到处抛置垃圾，而是应该从身边的小事做起，共同保护我们的绿色家园。

开篇之论　用真诚感动你我

事实上，因废电池缘起的环保之路对田桂荣来说是非常艰难的。为了收集废旧电池，她曾和家人闹翻；为了保护环境，她曾考虑卖肾；为了申建民间个人环保协会，她曾跑遍环保局、民政局；为了创建环保网站，她也曾忍受别人非议……但是，她还是坚持了下来，用她的环保真诚感动着你我。通过新媒体的网络传播、通过“田桂荣环保网”的宣传，越来越多的人认识了田桂荣、越来越多的人加入了田桂荣环保。因为网络所带来的信息量是一般传媒所不及的，网络还能给大众提供一个及时交流的平台，让无数的人因为交流而理解、因为理解而支持环保。因此，“田桂荣环保网”对于宣传环保的效用无疑是一个成功的公关案例。她也凭着自己的真心付出换回了国际知名环保志愿者、首届中国年度十大环保人物、福特汽车环保奖、美国格雷特曼奖、第二届保护母亲河奖获得者等称号。荣誉只是暂时的，田桂荣在自己的环保网站上表示，她将会继续在环保路上分享心得，号召更多的人携手保护地球。是的，真心付出定会带来收获，用真诚铺下的公关之路也必定能够赢得掌声。除了“田桂荣环保网”的设立，在现实生活中，也有许多类似的利用多媒体技术进行生态公关宣传的例子。通过移动电视、手机短信、网站等新媒体传播，生态公关突破了传统媒体信息量不足、及时性落后、互动性滞后等的局限性，因而在新媒体的带领下影响了多数群体，蓝天下活跃的环保主体——“你”，已经不仅仅包括企业和政府，个人也正起着不可替代的宣传作用。我们的绿色正因“你”而更精彩。

（案例来源：田桂荣环保网 http://www.greentgr.org/.）

史镜今鉴

广州移动启用新式“绿色行动计划”

“低碳经济”最早是在2003年的英国能源白皮书《我们能源的未来：创建低碳经济》中提出的，是指依靠技术创新和政策措施、实施一场能源革命、建立一种较少排放温室气体的经济发展模式，从而减缓气候变化。因此，如何实现企业环保、如何提升企业形象已经成为许多企业面对环境恶化难题时所考虑的焦点。不得不说，环保已经成为一种时尚、一种潮流。作为具有远大发展前景的通信行业也争相进入环保领域，谋求稳定发展。这不，广州移动就启动了“低碳经济”，引领通信行业绿色环保浪潮。

2010年，广州市政府响应国家号召，大力提倡向“低碳经济”转型，建设资源节约型、环境友好型社会并将大力发展新型能源、建设节能型示范项目。此口号一出，便引起了整个广州市民的积极支持，人们纷纷从自身出发，自觉履行有利于环境保护的各项措施。中国移动公司广州分公司（以下简称广州移动）也在“低碳经济”方面进行了专项研究，除规范行业自身的经验理念、践行低碳行动外，还成功利用新媒体开展了低碳网络建设、绿色环保示范厅等多个项目，力图在业内打造信息化的低碳生产和生活，以实际行动促进环保。

“绿色行动计划”最早由中国移动通信集团为摸索通信行业的低碳营运方式而于2007年提出，旨在以节能减排为核心打造通信行业的绿色环保浪潮。2010年5月，广东省首个“绿色行动计划”展示区在广州移动示范厅内兴建落成。展示区开放当日，绿色环保示范厅内人潮涌动，众多市民被展示区中用新媒体所展现的内容所吸引。展示区内共设有电子沙盘、视频播放、电子书、闯关游戏和信息化展示等展区，这些采用最先进的互动科技手段的宣传方式赢得了大众的眼球，它向人们展示的是绿色环保理念和低碳生活方式。首先，在闯关游戏区，策划者采用模拟情景问答的形式传播环保知识。只要你在此区域操作，通过游戏互动的形式，便可以得到相关的日常办公、绿色生活等环保知识。它以生动形象、自由活泼的形式获得了许多市民的喜爱。第二，在信息展示区，不同于以往的纸质或电视广告宣传，它以多媒体互动形式分别展示了个人信息化、行业信息化以及无线城市的利用。当然，新鲜有趣的宣传方式同样赢得了大众的口碑，同时也为广州移动做了有效的业务介绍。第三，在展示区的设计上，以“节能减排、绿色营销”为方向，实现设计环保、能耗环保、意识环保、流程环保和感受环保等5个环保概念。值得一提的是，广州移动通过新媒体手段鼓励客户使用电子账单、电子清单、空中充值、会议电话等节能减排产品。可以说，“绿色行动计划”不仅为自身树立了环保形象，也使社会大众更加理解环保理念，因此，它是成功的。

除了自身走环保低碳路线、号召大众践行环保外，广州移动还积极利用自己的新媒体优势加入市政建设。例如，在交通领域，广州移动和广州市委合作开展了智能交通项目，借助此新媒体的优势，广州市提高了交通营运的运力与效能；在环保领域，广州移动也与省、市联手共同开发了“移动数据、视频采集监控系统”。不可置否，通过此种信息化手段更有利于监控环境污染，从而达到控制污染源的目的。

（案例来源：百度资料整编 http://life.dayoo.com/3g/201007/06/73173_13214296.htm.）

点 评

施拉姆说：“传播中最引人入胜的一点，即信息发出者与接收者双方为在彼此头脑中形成相应的象征符号所进行的大量的信息择取与剔除。”[1]因此，为了提升社会公众的环境意识，传播方法非常重要。而总

① 尹亚辉，姬玉.浅析媒体生态文明传播效果的优化方式[J].中国出版，2010，(12)：17-18.

的来说，广州移动“绿色行动计划”之所以取得成功与它所采用的先进的传播手段是分不开的。利用电子书、信息区和闯关游戏区等一系列互动方式的新媒体传播，有利于把专业的问题通俗化、把理论问题趣味化、把科学的问题时尚化，这就使得环保新闻、环保知识的可读性、趣味性增强，进而激发人们的互动热情，自然就越发关注生态文明和低碳的生活了。居于此，我们可以说采用新媒体来进行环保公关，可取得事半功倍的效果。

手机短信公布环保举报电话

2003 年，一场无情的“非典”(SARS)夺走了许多人的生命，在悲叹的背后我们深思的是：造成“非典”的原因是什么？我们该怎样预防？该采用什么方式来阻止悲剧的再次发生？也许引起“非典”的原因至今不详，但是从更深层次和更广视野来看，当年“非典”的流行责任在于全人类。因为，随着经济的发展，人们在衣、食、住、行等方面越来越追求刺激、追求新式，出现了许多不健康、不合理、不文明的生活方式，这些客观上导致了疾病的流行；另外，为了谋求经济发展，人与自然的矛盾加深，从而产生了严重的生态问题，进而危及人类健康的病毒种类增多，传染性日益增高。为了我们全人类有一个健康的生活环境，我们要整合全球的力量来共同解决全球性的生态问题。

在当时，全世界都在抗击“非典”，保护环境的同时，拉萨市也极力通过各种手段来促成大众的生态环保意识。为了提高生态环保宣传效率，让更多的人自觉加入环保行列，2003 年 5 月 19 日起，拉萨市环保局除了采用传统的媒体宣传外，还及时与拉萨移动公司合作。拉萨市环保局主要是想通过一种非传统的宣传形式向社会民众传达与其自身密切相关的环保信息，从而切实提高公众的环保意识。因此，从 19 日起，拉萨 13.9 万移动用户将陆续收到同一条环保举报短信：“保护环境，人人有责。‘非典’时期，齐心协力。污染环境，破坏生态，请拨打 12369 举报热线电话。”此信息一方面是为了以更有效、更直接的方式告知环保的重要性，另一方面是为了公告环保举报电话，充分发挥举报电话作用，进而能更有效地查处各地各类污染和破坏生态环境的行为。据悉，5 月 20 日下午，拉萨市环保局就发布消息说，这次的手机短信环保宣传方式收到了很好的效果，许多市民踊跃举报破坏环境、破坏生态的行为。根据市民提供的信息，环保部门也及时查处了违法违规行为。这些都为整个拉萨大力进行环境整治、创建生态文明、惩处不良之风起到了积极的促进作用，得到了自治区环保局的高度评价。

在抗击“非典”的同时，拉萨市政府的这一环保公关举措可谓及时、有效。一般说来，处在危机下的人们更具有保护意识，更容易听从政府指示，做好环保工作。手机短信的采用则为此次环保宣传带来了不一样的效果。因为传统媒体在人们心中往往是枯燥、生硬、刻板的，传播效果不大，但是手机等新兴媒体却有着独特的优势：它所传播的内容具有时效性，而且能够把海量信息随时随地强制性地发送到用户手中，用户又把信息无限地宣传，从而扩大了短信内容的阅读面。此外，短信有利于公众更便捷、更充分地了解环保知识并运用于实践，环保自然就有希望。

（案例来源：中国西藏新闻网 http://www.chinatibetnews.com/huanbao/2003-05/21/content_12100.htm.）

爱家园的力量

厦门市海沧 PX 项目，是 2006 年厦门市引进的一项总投资额 108 亿元人民币的对二甲苯化工项目，该项目号称厦门“有史以来最大的工业项目”，选址于厦门市海沧台商投资区，投产后每年的工业产值可达 800 亿元人民币。该项目于 2006 年 11 月开工，原计划 2008 年投产。但是，此项目开工地点靠近海沧人口稠密区，居民区与厂区最近不足 1.5 千米，而且该项目与厦门鼓浪屿以及厦门岛也不过 7 千米，所以一旦工程发生泄漏或爆炸等事件就会对厦门百万人口造成巨大威胁。

2007 年“两会”期间，中国科学院院士赵玉芬等 105 名全国政协委员联名签署了“关于厦门海沧 PX 项目迁址建议的议案”，这个议案成为全国人大政协的头号重点议案。赵玉芬是中国科学院院士、一个现居于厦门岛的厦门大学化学专家。“说 PX 你可能不清楚，但是 2005 年 11 月吉林双苯厂爆炸事件你一定记忆犹新，PX 就是对二甲苯，属危险化学品和高致癌物，对胎儿有极高的致畸率。而 PX 项目就位于人群密集的厦门海沧区。”赵玉芬当时在接受《中国经营报》采访时这样说。当时，这个事关厦门未来环境安全和污染隐患的提案经过《中国经营报》、《南方都市报》、《中国青年报》等多家媒体的报道后，瞬间便在厦门市内引起了强烈反响。人们气愤的是，这样一个与公众利益密切相关的项目为什么没有提前让大家知道；而且在提案被曝出后，厦门市政府也迟迟没有采取相关行动。

面对政府的不行动政策，厦门市民通过各种方式来集体表达对PX项目的反对诉求，希望尽他们自己的努力来保住优美的生活环境。2005年5月29日，据媒体报道，厦门市上万市民相互转发一条关于PX危害的手机短信，短信的内容大概是这样的："翔鹭集团已在海沧区动工投资(苯)项目，这种巨毒化工品一旦生产，意味着厦门全岛放了一颗原子弹，厦门人民以后的生活将在白血病、畸形儿中度过。我们要生活、我们要健康！国际组织规定这类项目要在距离城市100千米以外开发，我们厦门距此项目才16千米啊！为了我们的子孙后代……见短信后群发给厦门所有朋友！"①事实上，手机短信的传播之快是我们所不能预测的，具体会有多少人收到此环保心声的信息我们不得而知。除了手机短信，对于更多的厦门市民来说，得知PX项目的事情更多的是通过厦门最火热的BBS论坛——小鱼社区。但是，到了5月底，由于此论坛被关闭，厦门网民们又通过邮件、MSN、QQ等方式相互转发关于反PX项目的信息。信息主要内容是：为了自己的生存请行动起来吧！"有没有收到短信"成了当时厦门市民见面时的问候语。可以想象，这个由短信传播的"抵制PX，保卫厦门"的情绪已经像暴风骤雨般笼罩在厦门上空，对政府造成了一定的压力。

最后，在各种力量的促使下，2007年12月16日，福建省政府针对厦门PX项目问题召开专项会议，会议决定迁建PX项目。在这个事件中，厦门市民发挥了强烈的公共精神，为了维护自己的生存环境共同携手反对PX污染项目；而这次环保的民意表达之所以能够收效颇丰，关键就在于启动了手机等新媒体的传播工具。当前，随着新媒体——手机、网络、移动电视等的兴起，媒体环境也在发生着变革。因为新媒体，就像上文提到的手机和网络等，它不受时空限制，具有互动性和及时性的特点，所以，它在传播保护生态文明的过程中能够具有强势效果，普通市民也能够通过它更好地传达心声，向环境污染宣战。

---

① 谢良兵.短信的力量——厦门PX风波启示——厦门PX事件：新媒体时代的民意表达[J].中国新闻周刊，2007，(20)：16-18.

三刻拍案

拍案一 地铁“环保300秒”活动策划

地铁“环保300秒”是一个为宣传环境保护、低碳生活和低碳经济而筹划拍摄的影视短剧。此短剧旨在倡导“我环保，我就是明星”的品牌理念，并通过生动活泼的、具有视觉享受性的东西来鼓励人人关注环保、人人热爱环保、人人参与环保。此环保短剧由中华环境保护基金会组织领导筹划，参与单位范围也非常之广，包括中英双方一些著名的传媒机构和企业，如北京尊宏传媒广告有限公司、英国西京卫视、英国伦敦传媒管理机构以及中国文联创作中心等。地铁“环保300秒”影视短剧将于2010年1—5月制作，并于2010年6月5日“世界环境日”在中国北京和英国伦敦播出。之所以要提出制播这个地铁“环保300秒”影视短剧，是因为在2008年北京成功举办了一届绿色奥运会之后，2012年的英国伦敦奥运会也将以低碳作为主旨，因此，通过录制地铁“环保300秒”影视短剧并利用中英地铁、网络等新媒体手段的播出，来呼吁人们用自己的实际行动来遏制全球变暖，实践低碳和环保的生活方式。

在日常生活中，我们要实现低碳环保生活，也许会存在着许多困惑，这些困惑也许在一定程度上影响我们想要进行低碳的行动。第一，要实现所谓的“低碳生活”是不是意味着会降低民众的生活水平？第二，低碳生活离我们太遥远，要想践行低碳是否会出现“心有余而力不足”的现象？第三，低碳生活是城市民众自己的事，政府及相关部门能否当“甩手掌柜”？因此，地铁“环保300秒”影视短剧会以食品、交通、建筑、服装和废物等五大类提炼主题，并通过地铁等多媒体手段，用新鲜活泼和生动形象的方式去宣传环保，进而解除社会大众对低碳生活存在的困惑。因为，低碳生活不仅不会降低原本高质量的生活水平，反而能够通过消费能源少的资源来达到降低二氧化碳排放量的目的，这还是一种可持续的环保生活方式；另外，践行低碳并不是遥不可及的，在饭后随手关抽油烟机、随手关灯和拔插头或者调低每天的洗澡水温等都是践行低碳生活的一种简单而有意义的方式；而且，要想实现全社会的低碳理念，除了城市居民的努力外，政府需要带领社会成员一起构造和谐社会，并不能是“甩手掌柜”。

为了让民众切实收到实现低碳生活的有效信息，并有效引导市民的绿色生活方式和消费习惯，进而让更多的人认识到节能环保产业以及“我环保，我就是大明星”的理念，环保摄制组还特别录制了《律动中国 环保300秒》的环保主题歌曲，并连同短剧一起播放于多媒体平台。相信通过北京北广传媒地铁、英国西京卫视以及地铁和网站互动等的视觉传播，地铁“环保300秒”将会收到良好效果。

（案例来源：http://www.cepf.org.cn/xmtj/200911/t20091125_182259.htm.）

点评

新媒体对于现代社会来讲，具有非常巨大的传播效应，而地铁作为新生代的一种新媒体代表，更是在现实生活中对广告的宣传起着非常重要的作用。作为城市的一个重要交通枢纽，地铁因为其本身空间的封闭性决定了它广告的一种特殊传播方式。它的广告主要以车载媒体广告、站台广告为主，因此经过地铁广告的宣传必定能够把想要传达的信息有效地传播给大众。地铁“环保300秒”影视短剧因为采用的就是地铁广告，而且在如今宣传低碳的社会里，所以它必定会取得成功。因为地铁广告不仅色彩鲜明、动静结合而且突出主题，还无缝传播，这样的宣传方式能够很好地把环保理念传到中英两国人们的心中，从而实现低碳生活。毫不夸张地说，环保、低碳因为地铁广告而更精彩。

拍案二　周迅“OUR PART 我们的贡献”

一直以来，周迅都是演艺界里出名的环保公益大使，她用自己的言行敦促他人一起为环保做贡献。在大众的眼中，周迅是个带有干净、明晰、清爽、简约等气质的明星，这本身就具有“环保”特质的形象为周迅的环保宣传带来了许多积极的效应。

2008年4月21日，周迅被任命为联合国开发计划署中国亲善大使，工作职责是向公众推广环保意识。作为中国明星与联合国合作公益环保的第一人，周迅在授命当亲善大使的当天，还与联合国开发计划署共同成立了“OUR PART 我们的贡献”环保项目。该项目旨在通过周迅的公众形象和影响力，打造一个全方位的媒体平台，倡导人们通过积极、简单有效的生活方式来降低个人碳排放，共同抵御气候变化。

2009年4月24日，“OUR PART 我们的贡献”官网正式落户搜狐，用新鲜创意的形式为许多网友送上了独有的节能减排知识。只要登录搜狐“OUR PART 我们的贡献”官网首页，我们就可以看到全网页都载满了关于周迅的相关环保新闻。不管是网页里的“新闻动态”“视频速递”“绿动中国”“绿色社区”及“绿色观察站”等栏目，还是“最新贡献”，都向网友介绍了周迅的环保点滴以及她所参加的一系列环保低碳行动。她不愧号称为“低碳第一人”，在“OUR PART TIPS”(环保生活小贴士)里，收录了许多周迅与团队亲身体验而得出的环保解决方案，像“控制无肉不欢”“拒绝一次性餐具”“享受绿色出行”等；在“我们的贡献”一栏里，还介绍了周迅在环保方面的身体力行，通过亲身参与和号召，使得更多的人关注环保。例如，2009年7—10月，周迅携手宝洁集团共同推出“绿动中国”活动，通过在全国各大商场、超市推广环保意识，该活动参与人数预计超过千万；2010年，周迅与吕克·贝松幕后牵手，首次献声环保电影《Home》。在时代发展的主题下，通过周迅自身的环保宣传以及网友的支持，她的“OUR PART 我们的贡献”官网受到越来越多的关注，也影响了一大批有志于环保事业的单位和个人纷纷效仿，扩大了生态环保圈。

点 评

网络是个自由交流平台，是个波及面无法预料的区域。得益于网络信息的便捷性和网络资源的共享性，周迅的个人环保宣传已经广为人知。因为周迅不间断的环保举动以及带动了大批的环保人士来践行保护地球、节能减排的社会实践，她的荣誉也接踵而来。2009年9月8日，她被选为“上海世博绿色出行大使”；而“OUR PART”携手宝洁集团共同发起的“绿动中国”环保项目则是中国明星环保项目第一次与世界500强公司形成对等的战略合作伙伴关系；2009年12月，她成功登上法国著名的新闻周刊《观点》封面，成为亚洲最具影响力的新青年代表；2010 年 4 月 22 日，周迅在韩国首尔获得了来自联合国最高级别的环保人物奖——“地球卫士”。周迅之所以能获得这个奖项是因为“她以独特的灵感与行动力向社会广泛传播她的低碳生活方式。她所倡导的绿色生活形态不仅领先而且极具国际影响力，目前正影响着数千万中国年轻人，使他们成为更注重环境的市民和消费者”。这是周迅作为一名艺人获得的最高环保公益奖，是世界演艺明星中获此殊荣的第一人，这也是我们中国人的骄傲，她不仅带动了整个演艺界的公益环保事业，也掀起了我们整个社会的环保高潮。

（案例来源：http://www.ourpart.net/index.html.）

拍案三　环保宣传上公交

在倡导低碳社会的氛围下，社会各界都在如火如荼地进行着节能减排活动，不管是政府、组织、明星还是大学生，都纷纷以自己的方式宣传低碳并践行环保生活。

2010 年 8 月，湘潭大学化工学院“长株潭地区废旧电池回收情况的调研与思考”调研组的 10 位志愿者将环保宣传搬上了公交车。电池中含有大量的重金属，如锌、铅、镉、汞、锰等，如果乱置旧电池就会给土地、生物和人类带来巨大危害。如今随着社会的进步，许多电器都附带电池，像大至热水器、空调，小至电脑或者遥控器，这些都在一定程度上加大了电池的使用范围，同时也增加了废弃的电池。据介绍，一般的普通市民均不了解电池的具体危害，平时也很少注意垃圾分类处理，这些都给我们的生活环境带来了许多不利的因素。因此，湘潭大学化工学院的志愿者不仅在公交车上向乘客用心宣传环保、低碳理念，而且还自己动手制作环保宣传短片并利用现今的多媒体之一——公交车移动电视载体进行播放。此环保短片用声、形、动、画相结合的形式来体现环保知识，呼吁大家共同爱护地球。借助湘潭市公交车每天 16 万人次客流量的优势，湘潭大学生志愿者利用公交车上的移动电视平台，在湘潭市的 210 辆公交车上循环播放环保宣传短片。通过志愿者讲解生活中比较实用的环保知识与节能小窍门以及公交移动电视的循环展示，关于废旧电池的回收以及垃圾分类处理等知识逐渐被人们所熟知，远远扩大了环保宣传的受众和范围，而且也受到了广大市民的好评。

（案例来源：百度；湖南省商务厅网站：http://xiangtan.hunancom.gov.cn/szgk/169179.htm.）

点评

当代大学生作为21世纪的接班人，在社会中需要承担着属于自己的社会责任。社会责任反映的是个体与社会的关系，其价值取向是社会的整体利益。因此，对于大学生而言，在学好课堂理论知识的同时，要走向社会把所学的知识向大众传达，为社会谋福利。湘潭大学生志愿者的行为正是履行了他们的社会职责，凸显了他们的主人公意识。在公交车上向普通市民宣讲环保知识，特别是利用公交移动车载电视来播放自制环保短剧更是体现了他们的环保热忱。通过公交移动电视等新媒体来传达低碳、环保的生活理念已经成为许多人的选择，而这一新型环保公关也必定会取得相应的成功。

回味隽永

社会在发展，科技在进步，人类也在不断跟着向前，宣传环保的方式自然也在提升。自20世纪80年代以来，环境问题日益受到世界各国的关注，特别是从1990年的英国环境报告开始，走可持续发展战略便逐渐为各国所接受。宣传环保的方式由最初的户外大字报、电视广告、报纸、广播和杂志宣传发展到如今的地铁广告、公交移动电视、手机、网络、电子书和楼宇电视宣传，这足以说明新媒体技术在环保公关中的重要位置；而宣传环保的主体也由政府到企业再到组织，由国家高层领导人到演艺明星再到平民大众，说明我们的环保事业所被关注的主体范围正不断扩大，这也是我国人民在通往公民社会的道路上迈进了一大步。不管怎样，建设一个生态文明的社会是一个任重而道远的系统工程，它需要全社会的共同努力才能完成。因此，在现实生活中，我们要继续为环保而奋斗，相信只要付出就一定会有回报。同时，我们还得牢牢记住：

第一，提升自己的公民意识。公民意识是指公民个人对自己在国家中地位的自我认识，也就是自觉地以宪法和法律规定的基本权利和义务为核心，强调的是人在社会生活中的责任意识、公德意识、民主意识等基本道德意识。当前我们国家已经在逐渐迈入公民社会的行列，大量的慈善团体、非政府组织（NGO）、社区组织、专业协会和工会等旨在完善公民社会的团体正不断出现。低碳、环保是大家的事情，是全社会的事情，因此，无论是谁都要树立起自己的公民意识，为环保事业做出应有的贡献，如前面所提到的田桂荣、周迅、湘潭大学生志愿者等都是在用实际行动来提倡环保，充分展现了自己的公民意识。

第二，保持创新意识。创新是一个民族的灵魂，它同样也是环保事业的一个辅助剂。新媒体手段是如今必不可少的宣传工具，因此，我们在宣传低碳社会、提倡构建生态社会的同时，要根据具体情况的要求来搭配相应的新媒体造势。如何在网络、手机、移动电视、楼宇电视、数字广播等新媒体中做好宣传环保文章，还得靠我们的创新理念。所以，保持创新意识对于新媒体生态公关来说是有利无害的。

第十七篇

绿色生态——政府之先见

——果洛自治州“生态保护宣传”活动

随着中国土地的沙化、水土流失、生物多样性的破坏、城市生态问题以及世界性的全球变暖、臭氧层破坏、能源资源紧缺等生态环境问题的日益突出，生态公关也渐次提上日程。尤其是政府作为生态公共关系活动的重要方面，必须合理利用各种公关活动的方式，正确处理好社会发展和自然生态平衡的关系。

开篇导例

开篇之述　果洛自治州“生态保护宣传”活动

4月是果洛藏族自治州的“生态保护宣传月”。为不失时机地做好生态保护宣传工作,围绕“保护生态环境,保护虫草资源”这一主题,2008年4月,由果洛藏族自治州中藏药材资源保护管理领导小组各成员单位参加的宣传活动,在大武镇格萨尔广场拉开了帷幕。

这次宣传活动内容包括《青海省实施办法》、果洛州人民政府《关于加强虫草资源管理的通告》及交通运输管理、农机管理、动物防疫、农业科普知识、水土保持、环境保护等方面的政策、法律、法规及科普读物等。本次活动由州农牧和林业局牵头,组织州、县公安局、交通局、国土资源局、环保和水务局、林业局等通过举办培训班,发放生态保护宣传单、宣传画、宣传手册,张贴通告,悬挂横幅等形式,充分利用广播电视、流动宣传车,走上街头、深入民众,引导和教育群众自觉遵纪守法,并通过省级宣传媒体和张贴公告等形式,将果洛自治州虫草限采政策及时对外宣传;大力宣传《果洛州人民政府关于进一步加强虫草资源管理保护意见》等生态保护和虫草限采为主的文件精神,并辅以国务院《关于加强草原保护与建设的若干意见》及《中华人民共和国草原法》等政策法规的宣传教育,避免大量外来民工盲目涌入果洛地区。在活动中,各成员单位结合各自的业务性质,以横幅、展板、宣传画、宣传单、宣传册、流动宣传车等形式向过往行人开展了有声有色的政策与法制宣传。干部职工、牧民群众及外来民工纷纷从工作人员手中领取各种资料认真阅读、咨询,工作人员和专家耐心地做了解答。另外还要求州、县、乡、村干部联点驻点走村入户,向广大牧民广泛宣传省、州关于虫草采集管理工作的政策和要求,注重走群众路线,全面调动广大牧民群众参与虫草限采工作,形成虫草限采的强大合力。活动期间,州领导南杰、巨克中、索南才让、多杰扎西等亲临宣传现场,指导宣传工作。此次宣传活动共出动人员一百余人、车辆十余台，悬挂横幅十余条，制作生态保护类展板二十余块，发放各类藏汉文宣传册、宣传单、宣传画四千余份。

通过这次生态法制宣传活动，丰富和细化了宣传内容，拓宽了宣传面，广泛宣传了果洛自治州虫草限采的一系列方针政策，使广大干部、职工、牧民群众、外来民工深刻认识到了保护果洛地区生态的重要性，明确了州委、州政府做好生态保护和虫草资源管理工作的态度和决心，提高了牧民群众、干部职工的法律意识，营造了虫草限采工作的良好氛围，为巩固目前业已形成的良好的虫草资源管理形势奠定了基础。

（资料来源：http://news.qq.com/.）

开篇之论　绿色生态　永远的选择

果洛自治州通过一系列的公关活动，获得了巨大的社会反响，取得了很好的成效。不言而喻，这次公关活动本身值得条分缕析。

(1) 主题鲜明。此次活动明确提出“保护生态环境，保护虫草资源”这一主题，从这个主题中我们便能知道此次活动关注的是生态保护的问题，更细致一点，强调的是虫草资源的保护，具有较强的针对性。为搞好此次活动，进行了大量的宣传工作，但都紧紧围绕这一主题依次展开。

(2) 形式多样。活动中，围绕着主题展开了一系列的活动，如开展培训班、广播宣传、驻点走访、法律知识以及政策宣传、交流指导等，这些方式都是很贴近民众的，是民众比较容易理解又非常乐意接受的，这就保证了活动效果的实效性、活动影响的持续性。

(3) 公众参与，专家指导。生态保护涉及面非常广，需要广泛的群众力量。因此，活动的主要目的就是通过一系列活动的开展，使环境保护的思想深入人心，让人们认识到生态保护的重要性，进而赢得广泛的民众支持。所以，此次活动中的走村入户、街头宣传等形式，都积极争取了大量的公众参与其中；另外，宣传中，工作人员、专家与民众之间的交流互动以及领导亲临宣传现场，都提高了此次活动的权威性以及影响的广泛性。

(4) 多方协调。此次活动由农牧和林业局组织州、县公安局、交通局、国土资源局、环保和水务局、林业局等共同举办，这些部门都是环境保护的主管部门，可以说是一个综合性较强的举办单位，这样的活动更容易兼顾到各方面的细节。

史镜今鉴

中国传统中的生态意识

在中国，生态保护意识自古就源远流长，早在《诗经》中就有"是飨是宜，降福既多"的说法。西周时期颁布《伐崇令》，其规定："毋坏屋，毋填井，毋伐树木，毋动六畜，有不如令者，死无赦。"这是中国古代较早的保护水源、森林和动物的法令，极为严厉。到了东周时期，也承认经济发展对自然资源开采的不可避免性，但主张合理而有计划地利用。《国语》中指出，九洲山川河湖生产物质资源，所以要加以保护和祭祀。保护正在孕育和生产的鸟兽鱼鳖以永续利用的思想和封山育林的法令，在春秋时期也已产生。荀子在其《王制》中说道："草木繁华滋硕之时，则斧斤不入山林，不夭其生，不绝其长也。"指出草木正在生长时，禁止砍伐。孔子也提出了"钓而不纲，弋不射宿"的主张，以避免生态资源发生代际供求矛盾。《韩非子·内储说上》记载，"殷之法，弃灰于公道者断其手。"这可以说是最早的禁止乱抛垃圾的法律规定。《礼记·月令》中气候、生态和社会协调发展的思想更为明显：孟春，草木萌动之时，"牺牲毋用牝，禁止伐木，毋覆巢，毋杀孩虫"。人们对生态资源的保护也逐渐进入了自觉的时期。

秦朝制定的《田律》也是世界上最早的环境立法之一，反映了依法保护生态环境、保障可持续发展的思想："春二月，毋敢伐树木及雍提水，不夏月，毋敢夜草为灰……"北宋时期甚至以皇帝下诏的方式重申保护禁令，命令各基层官吏捕拿违反禁令的人。以后历朝历代至今，对环境的保护意识更是逐渐加强，对环境的保护力度逐渐加大，方法措施也更加完善。

点 评

这一系列的思想和法令的制定，都体现了中国自古至今生态保护的意识，都对当时的生态保护事业起到了一定的作用，同时也为当代环保提供了一些借鉴经验。这其中蕴涵了许多成功的公关思想。

(1) 以文学形式，广泛宣传。在中国古代，主要有口口相传、传抄活动以及后来的印刷术传播等知识传播方式。春秋战国时期，言论自由思想达到空前，出现了“百家争鸣，诸子策论”的鼎盛局面，各家学说不一，互相辩论，刺激了思想言论的进一步传播和民主思想的进一步发展。在从事传播活动、宣传自己的学说时，也非常讲究传播方法和效果，这其中他们关于环境保护的思想也得到了广泛的宣传。孔子、荀子、韩非子等都是当时著名的思想家，他们的思想受众面广，另外口耳相传，传播速度较快。

(2) 以法律形式，树立权威。《伐崇令》、《田律》等一系列法律的制定，为环境保护措施的施行提供了法律效力，对公众的行为产生了一定的约束力，以强制性以及权威性推动了环保事业的发展。

黄河流域的生态治理——治河防洪

早在两千多年前，著名政治家管仲就说过，要治理好国家首先就要先治理好5种自然灾害，而在5种自然灾害中“水最为大”。黄河作为国家漕运畅通的关键、作为中华文明的主要发源地，防洪的历史发端最早。各朝各代的政府也对此采取了各种积极有效的措施。

春秋战国时期，黄河下游地区已普遍修筑堤防。到了公元前651年，齐桓公“会诸侯于葵丘”，提出“无曲防”的禁令，解决诸侯国之间修筑堤防的纠纷。在此后漫长的历史长河中，伴随黄河频繁的决溢改道，防御黄河水患成为历代王朝的大事，投入大量人力、财力，不断堵口、修防。西汉时期，已专设有“河堤使者”、“河堤谒者”等官职，沿河郡县长官也有防守河堤职责，专职防守河堤人员约数千人。“濒河十郡，治堤岁费且万万”，河防工程已达到相当的规模。

秦汉时期，黄河流域的治河防洪工程进入第一次高潮。汉武帝元光三年，黄河在瓠子决口，洪水向东泛滥，南侵淮河流域，十六郡受灾。先有汲黯、郑当时堵口，没有成功。23年后，武帝亲帅群臣参加堵口，沉白马、玉璧祭祀河神，官员则自将军以下背柴草参加施工。堵口采用的方法是“树竹塞水决之口，稍稍布插接树之，水稍弱，补令密，谓之楗。以草塞其里，乃以土填之；有石，以石为之。”瓠子堵口成功。后经过“王景治河”，东汉至唐约800年间，黄河决口的次数明显减少。北宋时期堵口工程采用埽工堵口，技术相当成熟。到了明代，防洪治河工程措施上实行“北堤南分”，以分流为主。此后，“束水攻沙，独河行水”的治河方针为以后的治河事业所遵循。

（资料来源：由《中国治水史诗》资料整合.）

点　评

黄河流域的生态治理工作之所以取得如此显著的效果，离不开以下几个方面的努力。

（1）目标明确，深得民心。黄河水患自古至今历朝历代都时有发生，中华民族几千年的历史也正是伴随着一部治黄的历史。每次水患发生，都给人们的生产和生活带来严重的影响，生态问题极为严重。因此，黄河流域生态的稳定是人们长期以来一直的愿望。另外，政府在治理黄河方面目标明确，大刀阔斧，力争做好防洪治河工作，保证人们生活的安定，因此，深得民心。

（2）审时度势，方法得当。在不同时期，黄河流域水患的原因、状况不同，因此历朝历代也针对不同时期的情况，不时转变思想，采取合理的措施治理黄河水，因势利导改变生态问题，效果显著。

（3）领导带头，影响广泛。汉武帝时期，武帝亲帅群臣参加堵口，能够起到模范带头作用，更有利于带动群众的积极性，吸取力量，争取较为广泛的群众支持，众志成城，解决生态问题。

美国环境资源保护运动

不仅在中国有许多在环境保护中成功运用公关的案例，在外国也比比皆是，下面我们看一则来自美国的环保案例。

美国的环保运动经历了一个较长的历史发展时期，对环境保护的认识也较为深刻。19世纪是美国经济高速发展时期，同时也是自然资源耗费最严重的时期之一。自拓殖时代开始，北美大陆得天独厚的资源优势使拓殖者相信那里的资源是取之不尽、用之不竭的，在这种意识驱动下，他们对大自然采取了肆意的、毫无顾忌的掠夺行为。到了19世纪下半叶，伴随着西部开发运动的高涨和边疆的终结，美国的资源供给出现了危机，美国西部大片森林、草原逐渐消失，土地板结和沙化，这一切促使所谓"精英层"的警觉，于是在19世纪末，美国发起了第一次环境保护运动，这是一次主要由美国总统西奥多·罗斯福和科学家吉福德·平肖等人自上而下推动的以功利主义为主要信条的资源保护运动。

从主要力量来讲，这次资源保护运动的主要推动力量是由政府官员、科学家和实业界人士组成的所谓"精英层"，他们大多信奉的是吉福德·平肖的功利主义资源保护信条。他们认为，应该"从最大多数人的最长久的最大利益出发"，既要保护资源，又要有节制地使用资源；既要满足当代人发展经济的需要，又不以牺牲后代人的生存和发展为代价。

从主要内容来讲，这次资源保护运动的内容包括国家公园和自然保护区的开辟、水利的综合治理以及森林保护和矿业治理等。1902年6月，美国国会通过了《联邦土地开垦法》，并据此在农业部下设联邦土地开垦局，负责水利灌溉设施的建设和管理以及土地开垦事宜。《联邦土地开垦法》的实施加速了西部大平原地区土地的开垦，客观上减少了林区土地开垦的压力。1905年2月，美国国会通过了《权力移交法》，农业部的林业处接管了林业保留地的管理权并升格为林业局，林业保留地更名为国家森林。平肖具体负责西奥多·罗斯福政府国有森林的保护政策和管理制度的制定和实施。在平肖的领导下，美国国有森林资源的管理开始纳入正轨，国有森林储量迅速增加。从1905年到罗斯福卸任，西奥多·罗斯福共发布300多项行政命令新建和扩建国有森林，使国有森林面积增加3倍多，达1.5亿英亩，国有森林数目增至149个。在西奥多·罗斯福任期内，美国国会通过法令新建5个国家公园，面积达273 577英亩，新建公园主要用于保护自然景观、矿泉和野生动物。1906年6月，罗斯福敦促国会通过《国家纪念地法》，根据该法令，罗斯福在离任前3年时间里创立了18个国家纪念地。1903年3月，罗斯福通过行政命令建立了美国历史上第一个国家野生动物保护区，从1903年3月到1909年3月，他又先后创立了50个国家野生动物保护区。1908年5月，西奥多·罗斯福在白宫召集各州州长、参众两院代表、最高法院法官、联邦政府内阁成员以及民间团体代表和专家学者等参加规模盛大的全国性的自然资源保护大会。会议回顾和讨论了美国的资源状况和资源保护问题，认为自然资源是国家永久繁荣的根本基础，必须坚决杜绝浪费资源的现象。大会确定了自然资源保护的主要目标，要求联邦政府各部门之间、州政府各部门之间以及联邦和州政府之间加强合作，共同促进自然资源的合理使用和科学保护。这次大会既是此前资源保护运动的总结，同时也为此后的资源保护工作指明了方向。

从政治层面来讲，这次资源保护运动是联邦主义和新国家主义发展的结果，西奥多·罗斯福开创了联邦政府承担资源保护主要责任的先例，具有深远的历史意义。此外，在资源保护运动的实践中，西奥多·罗斯福进行了一系列创造：他扩大了公共土地的面积，确立了公共土地有偿使用的原则；他改变了美国以国会为中心的政治传统，充分利用联邦政府的权力干预经济活动；他充分依靠科学家和专业人士来制定和实施资源保护政策，他的资源保护政策具有人本主义特点。这一切都对后来美国的资源保护政策产生了重要影响。

点评

这是美国的一次大型生态保护公关运动，这次运动的发起之所以能取得巨大的成功，离不开以下几方面的原则。

(1) 权威性原则。这次资源保护运动是由美国总统罗斯福和科学家平肖等人自上而下发起的，极具权威性和号召力。罗斯福在白宫召集各州州长、参众两院代表、最高法院法官、联邦政府内阁成员以及民间团体代表和专家学者等参加全国性的自然资源保护大会，更是集各方权威、发挥各自效力的表现。政府出面、领导带头、各种立法规定和会议的召开，都为生态保护运动提供了强有力的支持，必将产生持久性的影响。

(2) 以人为本的原则。任何生态保护措施的制定、生态保护会议以及生态保护运动的展开，目的都是为了环境、资源的可持续发展，而实现可持续发展的最终目的都是为促进人的发展。美国这次以资源保护运动为方式的大型公关建设，其实都是为了实现公众的利益。

(3) 社会效益优先原则。在拓殖运动和西部大开发运动高涨之时,美国政府保持了冷静的头脑,坚持社会效益第一,兼顾经济利益的原则,这符合科学发展观的要求,也是政府注重整体效益的表现,避免了环境问题的进一步恶化,为环境保护运动的发展提供了坚定的理念支持,具有长远的发展目光。

三刻拍案

拍案一　可可西里保护区开展生态保护宣传活动

随着藏羚羊成为北京奥运会吉祥物以后,可可西里自然保护区在国内外的知名度进一步提升,外界对可可西里保护工作的认知程度和关注程度继续提高,但省内以及保护区周邻地区群众对保护藏羚羊栖息地以及保护可可西里生态环境的重要性认识还很不足,在可可西里周边甚至境内从事非法采金、非法采石、非法挖沙等盗采活动和非法盗猎活动依然存在。2001 年“12・13”特大盗猎藏羚羊案件和 2003 年发生的“5・9”特大武装盗猎藏羚羊案,都对藏羚羊的生存产生了极大的威胁。此后,盗猎活动从未停止过,时有发生。这些非法盗猎团伙为牟取暴利,以身试法,偷偷潜入可可西里国家级自然保护区疯狂作案,使大量的甚至即将分娩的藏羚羊惨死在猎枪下。

针对这种形势,2009 年,可可西里国家级自然保护区管理局在生态宣传方面进行了深入调研和探讨,认为可可西里生态宣传的重点应当转移到盗猎、盗采活动的源头,转移到保护区周边和盗猎、盗采活动人员来源地,以提高周边农村牧区群众生态观念和法律意识为主。新疆若羌、青海茫崖花土沟是以往武装盗猎分子的主要活动区域和近几年非法采金活动的大本营，因此，可可西里管理局将这两个点作为周边宣传的重点区域，组织力量进行专项宣传活动。

在若羌宣传期间，宣传组在县城广场拉起横幅、摆出展板、发放宣传材料，向当地群众宣讲《自然保护区条例》等法律法规和可可西里自然保护区管理局《公告》，让群众了解在自然保护区进行开采属于违法活动，还向青海在若羌的打工人员了解若羌地区的一些盗采活动线索，中共若羌县委宣传部主动给予了积极支持，并要求扩大宣传、多进行宣传。在花土沟宣传期间，深入出租房屋区、机械租赁场及每个店铺张贴和发放宣传材料。这次宣传共张贴和发放宣传材料 1 500 多份，现场接受教育的群众 1 300 多人，劝阻拟进入与保护区接壤的阿尔金山一带采金人员 20 余人，在两省区交界地带产生了深远的影响。

（资料来源：由 http://www.qhnews.com/资料整合.）

点　评

可可西里自然保护区的生态保护活动之所以能够造成广泛的影响，取得有效的成果，离不开以下几点。

(1) 调查研究，确定目标。可可西里国家级自然保护区管理局对可可西里地区存在的一些情况进行了深入的调查研究，针对非法采金、非法采石、非法挖沙以及非法盗猎等行为采取了一系列的应对方案。

(2) 与时俱进，改变思路。可可西里自然保护区针对当时的情况，将宣传重点转移到盗猎、盗采活动的源头，转移到保护区周边和盗猎、盗采活动人员来源地，以提高周边农村牧区群众生态观念和法律意识为主，这是在掌握情况的基础上不断创新的表现。有根据、有目标、抓重点，这样才更有利于解决问题。

(3) 受众目标明确。新疆若羌、青海茫崖花土沟是以往武装盗猎分子的主要活动区域和近几年非法采金活动的大本营，因此，可可西里管理局将这两个点作为周边宣传的重点区域，组织力量进行专项宣传活动，这是非常有针对性的。因为受众目标明确，所以活动中所能调动起来的积极性越大，支持的群众也越多。

(4) 树立法律权威。因为可可西里地区所出现的一些行为都是非法的，而且该地区的群众文化程度和法律知识相对较低，一般的措施无法达到预期的效果，因此生态观念和法律意识的强化更容易深入人心。强调法律的权威性以及不可违抗性，在群众中产生一定的法律约束力，更能有效地引导公众的行为。

拍案二　海盐县多措并举提高生态保护意识

2010年以来，海盐县以创建省级生态县为载体，充分利用濒临杭州湾与坐拥风景秀丽的南北湖景区等自然优势，采取多种措施提高公民自然生态保护意识，激发人们参与生态县创建活动，全面提高生态文明建设水平。

首先，政府非常重视自然生态的保护工作。海盐县政府高度重视自然生态保护工作，每年都会向社会公开发布《关于严禁捕杀经营野生鸟类的通告》，明确规定海盐县为禁猎区，禁止任何单位和个人在山上、沿海滩涂和内陆湿地等区域捕鸟或进行其他破坏野生鸟类资源的行为，并明确表示县政府对捕杀野生动物的行为将一查到底并给予严厉的惩罚。南北湖风景区所在地的澉浦镇政府还开展了保护野生鸟类专项整治行动，组织行政村和社区保安队上山清除捕鸟网具；除此之外，海盐县还借助法律的权威性严打违法行为。为加强珍稀野生动物的保护，海盐县整合执法资源，强化部门联动，通过严格执法检查保障自然生态的平衡。此外，县林业局、县工商局还设立举报电话，严厉打击违法经营野生动物的行为；县渔业局和工商局还经常联合对辖区内的餐饮店进行执法检查，防止捕捞和食用水生野生动物的现象。

其次，加大宣传，提高生态保护意识。海盐县采取多种形式普及野生动物保护知识，宣传野生动物保护法律法规，不断提高全社会的自然保护意识。渔业局在县城主要路口挂出宣传横幅，印发150多份《水生野生动物保护品种名录》宣传册分发到主要渔区的捕捞人员手中；澉浦镇编写《南北湖鸟类图册》，以言简意赅的文字，直观形象地宣传鸟类常识；通过广播、农民信箱开展爱护鸟类及野生动物宣传，同时组织志愿者进村入户宣传，让山林重新成为鸟儿的乐园；还充分挖掘谈仙岭小学爱鸟护鸟基地的生态环境教育阵地作用，结合介绍各种鸟类标本向市民宣传自然生态平衡的重要意义。

再次，不断创新，推进环境保护。2011 年 3 月 7 日，为传播健康生活新理念，展现家庭和谐与活力海盐，把"绿色环保"的理念引进家庭，融入生活，晒绿色家庭，传环保理念；3 月 15 日，海盐县人大常委会城建农经工委组织人大代表对 2010 年水污染防治"一法一条例"执行情况检查的整改落实进行跟踪检查；3 月 21 日，海盐县委、县政府召开了"清洁家园·美丽乡村"创建动员大会，按照工业化、城市化、农业现代化"三化"同步推进，实现规划科学布局美、村容整洁环境美、创业增收生活美、乡风文明身心美的"四美"要求，实施"两新"建设、农业产业、环境美化、农民素质和基层基础等"五大"提升工程，建立明晰化的责任机制、多元化的投入机制、科学化的创建机制、持续化的宣传机制、长效化的管理机制、目标化的考核机制等"六大"机制，努力把海盐建设成为以清洁、富裕、绿色、文明、和谐为主要内容的"清洁家园·美丽乡村"；3 月 23 日，为积极推进低碳生活方式，海盐妇女界一改以往的做法，开展了环保低碳的庆祝活动。从中我们可以看出，海盐政府不断转变思路，推陈出新，多方面、多角度看问题，积极推进环境保护工作。

最后，公众参与夯实生态保护基础。为营造人鸟和谐相处的良好生态，海盐县成立了专职护鸟队，对捕杀野生动物的工具进行常态化清理。澉浦镇小学通过知识竞赛，诵读《分类歌》、《食性歌》等活动深入开展爱鸟、护鸟活动，还发挥"小手拉大手"的作用，向家人、亲戚宣传爱鸟知识，要求大人不捕鸟、食鸟，学生们春游活动中用自己的零用钱把小鸟买下来，放回山林，用自己的实际行动保护鸟类、保护家乡的生态环境。海盐县每年还开展以"科学爱鸟、护鸟，保护生物多样性"为主题的野生动物保护宣传活动，市民保护野生动物的素养逐年提高，海盐县渔民曾数次把从海上捕获的江豚放还海中。

（资料来源：由 http://www.cnjxol.com/资料整合.）

点　评

海盐县运用一系列的公关传播方式，使生态保护的意识深入人心，使公众意识到环境保护的重要性。通过借助媒体的力量，海盐县政府将自己的方针公之于众，让人们可以随时了解政府动态，增加了公关活动的透明度。另外，多种多样的环境保护宣传方式和创新思路，激发了人们参与环保的积极性。公众的广泛参与，使得环保工作得以有效地顺利进行；同时，政府在这个过程中也树立了自身良好的形象。

拍案三 “双联”行动——强化生态保护意识

为维护达赉湖保护区的生态安全，2010年4月17—18日，围绕呼伦贝尔“有退有进，美丽与发展双赢”的科学发展之路，紧扣构建平安和谐保护区的主旋律，以“关爱生态、保护生态”为主题，达赉湖公安分局启动了“双联”机制，在达赉湖地区开展了第九次预防处置治安案件联防联动行动。

4月17日开始，达赉湖公安分局出动民警及保安协警力量97人，车辆17台，分为3个行动队、6个工作组，利用两天时间，以播放广播、散发传单等方式，在达赉湖周边地区，主要是满洲里扎赉诺尔矿区，灵泉，新开河镇，新左旗甘珠尔花，嵯岗牧场一队、二队、三队，以及新右旗阿镇、五一嘎查、兰旗庙、东庙、宝东等重点地区，走街串巷、挨门逐户进行宣传教育，大造第九次双联行动声势。

第一，结合生态保护工作，扩大群众宣传教育。在第九次“双联”行动宣传工作中，分局紧紧围绕“关爱生态、保护生态”这一活动主题，通过组织发放宣传单、播放生态保护资料、开展咨询活动等形式，认真向群众宣传挖沙、采药、盗捕渔业资源、猎捕保护动物等破坏生态违法活动的危害性，宣讲保护生态知识，宣讲《中华人民共和国刑法》等法律法规，强化广大群众的生态安全宣传教育、提升群众生态保护的意识。达赉湖公安分局还决定进一步拓展工作职能，实现由“生态保护警”向“生态安全警”的转变，使工作从渔业生态保护转移到全面保护资源上，并有重点地适时开展诸如护鱼、爱鸟、严采、禁猎等专项行动，重点加强野生生物和生态环境保护工作。

第二，结合媒体宣传优势，扩大社会宣传。达赉湖分局积极加强与各类新闻媒体的联系，向广大群众宣传第九次“双联”行动的内容、目的和意义，深入宣传生态安全知识，形成强大的宣传声势，让保护生态安全人人知晓，并做到自觉遵守，形成强有力的社会舆论宣传氛围。

第三，结合预防处置治安案件重点，广泛开展宣传教育、调查摸底。在宣传中，分局在达赉湖周边城镇、苏木嘎查、牧户包点，重点组织开展以防范群体性盗捕、抢捕事件为主要内容的渔业资源保护宣传活动：一是组织宣传民警深入湖区重点地区，向沿湖居民群众宣讲渔业法规，增强沿湖居民群众自觉抵制盗捕、抢捕渔业资源违法活动的自觉性；二是深入湖区重点区域，对沿湖包点、牧点进行挨门逐户的走访调查。

第四，结合“爱鸟周”工作，加大保护鸟类宣传教育。在宣传中，达赉湖公安分局结合分局正在启动的“爱鸟周”专项工作，以“同在蓝天下、人鸟共家园”为宣传主题，大力宣传鸟类保护知识、宣传分局保护鸟类工作举措，促使人民群众自觉抵制各种破坏鸟类违法活动，调动社会各界群众参与保护工作的积极性，营造全社会爱鸟、护鸟良好氛围。

第五，结合便民服务和“大走访”活动，深入开展宣传。在确保各项便民利民措施落实到位的情况下，分局紧密结合“大走访”活动，在宣传中认真听取群众对达赉湖公安分局生态保护工作的意见和建议，通过征求意见和建议改善工作措施，提高服务质量和效率；通过走访征询，及时掌握人民群众对达赉湖公安工作的新期待、新要求，进一步融洽警民关系。

两天的时间里，共散发传单 2 000 余份、受教育群众数万人、走访群众千余人，为第九次“双联”行动向纵深发展奠定了坚实的基础。

（资料来源：由 http://www.hlbr.gov.cn/资料整合.）

点 评

达赉湖公安分局围绕呼伦贝尔“有退有进，美丽与发展双赢”的科学发展之路，启动“双联”机制，强化了公众生态保护的意识，为促进达赉湖保护区的生态安全奠定了良好的基础。此次宣传活动的成功离不开以下几点。

(1) 高度重视，整合资源。达赉湖公安分局非常重视此次“双联”行动，出动民警及保安协警力量 97 人、车辆 17 台，分为 3 个行动队、6 个工作组；还在行动过程中对工作情况以及群众的意见和建议进行整合，吸取经验，以便更好地工作。

(2) 受众面广。此次宣传是在满洲里扎赉诺尔矿区,灵泉,新开河镇,新左旗甘珠尔花,嵯岗牧场一队、二队、三队,以及新右旗阿镇、五一嘎查、兰旗庙、东庙、宝东等地区,走街串巷、挨门逐户进行宣传教育的,接触人群较为广泛,有利于指导群众行为,凝聚力量。

(3) 抓好宣传,形成合力。宣传既是一种造势,更是一种助势。充分发挥新闻媒体的舆论引导作用,通过专题策划、重点报道,广泛深入地宣传"双联"行动、工作动态、典型经验和主要成效,凝聚各方共识,扩大社会影响,营造浓厚氛围。

回味隽永

以上叙述都是政府以自己的实际行动来进行生态公关建设的成功案例。生态公关建设最重要的是维护环境的可持续发展,最终促进人的发展;而环境保护工作的展开离不开一定的权威指导以及各方面的积极配合,所以,政府在此起着非常重要的作用,政府政策的制定,有利于引导公众行为,进而使环保事业得以顺利进行。要做好生态公关建设,离不开以下几方面的努力。

(1) 加大宣传力度,利用多种信息传播方式。政府首先必须有效地利用各种生态公关手段,加大宣传力度,尽可能地去做好对广大公众的咨询与指导工作,影响公众的心理,在公众中树立起环境保护的生态意识。另外,环保工作不只是每个政府或组织的行为,它关系到每个人,所以必须有效利用各种传播手段,如人际传播、群体传播、大众传媒等传播环保思想,以带动全民行动。

(2) 多措并举推动环保。目前环境问题多种多样,一种环境问题可能是由多种原因并发产生,所以一定要考虑到各方面的细节,制定全方位的措施。多措并举，更能保证实施过程的有效性和全面性，更有利于环境问题的彻底解决。

(3) 严格立法，增强法律效力。公众行为有时具有一定的自由性和盲目性，对环境问题的破坏行动也会时有发生，所以，制定法律法规、加强立法，具有一定的必然性。以法律的形式引导公众行为，对环境破坏具有一定的约束力。另外，以法律的形式宣传环保，还有利于让公众意识到“保护环境，人人有责”，从而增强使命感，自觉投入生态保护的事业中。

第十八篇

企业以生态为媒介树公众形象

——伊利集团绿色经济发展之路

在现代经济社会中，企业是经济活动的主体。美好的形象是其无形的资产，它能够给企业发展带来巨大的财富和契机，其中塑造良好的公益形象始终是企业公共关系的中心工作，这就包括生态公关的内容。企业在文化创建中，突出环保意识和特色，将生态观念、清洁生产、绿色营销等引入其中，坚持社会效益优先原则，维护公众利益，将更有利于在公众中树立良好的形象，促进企业的发展。

开篇导例

开篇之述　伊利集团绿色经济发展之路

2011年3月22日，伊利集团以其在中国乳制品行业的杰出贡献，从近百家企业中脱颖而出，荣获“亚太绿色经济杰出贡献奖”的称号，成为乳品行业的唯一代表。伊利集团作为中国绿色产业经济的代表，始终肩负“行业龙头”的责任，不断引领行业创新，助推中国乳业向绿色经济发展，向世界展示一个日趋完美的“绿色中国企业”形象。

在中国，经济靠低成本和出口驱动的快速增长时代已接近尾声。改革开放三十多年，高能耗、低产值、生态破坏、地区间失衡等一系列问题长期累积，已严重影响到中国经济的可持续发展。作为世界第二大碳排放国，中国政府承诺到2020年单位GDP二氧化碳排放比2005年降低40%～45%。在资源供应日益紧张、生态环境约束日趋严重的情况下，经济模式的转型也成为中国政府和企业面临的重大问题。因此，在“十二五”规划中，国家把发展低碳经济作为加快转变经济发展方式的重要方向，规划的24个指标中，涉及绿色指标的就占到了8个。

2007年，伊利集团潘刚倡导“绿色领导力”，不断探索创新。经过3年的实践与锤炼后，伊利又在潘刚的“绿色产业链”战略思想指导下，推动其产品品质的高度可控和行业的可持续发展。2010年，伊利集团进入世界乳业产品前20强，并依托“绿色产业链”的发展战略，带领中国企业走向“绿色发展”道路。伊利集团以其独特的“绿色产业链”战略，正在开创中国乳制品绿色发展的新秩序。作为行业可持续发展的推动者，伊利集团一直在绿色经济发展道路上不停地探索，从原奶、包材到生产、销售都层层把关，力求将每个环节做到完美。从2009年开始，伊利集团就率先使用国际包装巨头利乐、康美推出的可降解环保包装，成为中国第一家采用FSC认证无菌纸盒包装的乳品企业。一般情况下，普通的塑料包材降解期在3～5年以上，但伊利采用的可降解包材3个月就可以降解；另外，伊利产品的吸管，也不再是以前用胶水粘贴的吸管，而是用淀粉制成，即使小孩儿误食也不会造成伤害，对环境效益来说也很有益。基于“原奶来自于草原、包材来自于森林、产品服务贯穿人类的成长历程，最终产品包装又重返大自然”的认识，伊利集团认识到乳制品行业不仅关系到民族体质问题，更关系到全人类的美好未来。2010年12月20日，伊利集团启动了品牌升级规划，向社会发布了全新的品牌标识，并确定了“滋养生命活力”的新品牌口号，致力于打造世界一流的健康食品集团，不仅向消费者提供健康的食品，还向他们倡导健康的生活方式。

伊利集团每年的技术创新项目都有几百项，其中20%都能在全年范围内推广，还有一些项目已经在申请技术专利的过程中。经过一系列创新，2010年，伊利集团吨产品平均综合能耗比2009年下降了6.79%，减排二氧化碳约6.2万吨；同时伊利集团还与国际权威第三方碳审核机构——SGS通标标准技术服务有限公司合作，成为业内首位完成碳排查的企业。

伊利集团绿色经济发展之路的成功有着重要的意义和价值。对企业来说，它是一种新的发展模式，让企业成为一个绿色经济体，实现企业绿色低碳生产、管理与运营，降低企业成本，带动企业可持续发展；对于行业来说，它又是一个新的行业标准和一种绿色价值观，为行业发展指引了方向，是行业发展的指向标；对于公众和整个社会来说，“绿色产业链”既让各个相关利益方实现共赢，同时又与大自然和谐共生。也唯有如此，才能真正实现整个社会的可持续发展，打造人与自然的绿色生态圈。

（资料来源：由 http://news.sohu.com/资料整理.）

开篇之论 企业与生态的可持续发展

企业的可持续发展和生态的可持续发展是紧密联系在一起的。企业要获得发展，必须通过各种公共关系的活动方式，建立良好的形象，履行社会责任(这里自然包括树立良好的环境形象，即公众对企业环境美化和净化程度的印象)。伊利集团通过走绿色生态发展之路，不仅保护了生态，还为自身的发展提供了广阔的前景。首先，从原奶、包材到生产销售的每个环节，伊利集团都体现了一种绿色生态价值观，以自己的实际行动树立了良好的产品形象，赢得公众信赖。其次，伊利集团向社会公布新的标识、品牌主张和企业愿景，体现了企业与社会媒介的关系，企业的生态环保行动通过媒介的作用传播给大众。新闻媒介也是企业生态公关的重要传播渠道，企业要将有关信息传播给广大公众并为之接受，必须借助新闻界的力量；同时，新闻界又是公众的代言人，是企业必须争取的重要公众。所以，企业通过利用媒介这一公关方式，既在公众中树立了良好的企业形象，又保护了生态，尽到了自己应尽的社会责任。

史镜今鉴

古代练染业环境污染问题

清代《苏州织造局志》有记载曰："织染惟建于苏杭者何？夫大江之南，苏、杭财赋甲他郡，水壤清嘉，造色鲜美。"可见江南是当时染织业之上选。以苏州为例，于明清两朝，织造局在此地运作逾600年。在历经数百年染业之后，古人依旧赞叹其水色之美，可见当时印染业对污染处理之恰当。

练染过程中第一步为练，亦做"湅"，是把丝麻或布帛煮得柔软洁白，目的是煮去丝上的丝胶杂质和麻棉的纤维素共生物，以方便印染；而染色则是将纺织材料用染浴处理，使染料和纤维发生化学或物理化学结合，在纤维上生成不溶性有色物质的过程。目前，我国现代印染业对水体的污染是极其严重的，而在中国古代是以天然染料为主的，其危害小于合成染料；但是染色流程几乎不离水，如果对残液的处理不当，对环境和水体造成的污染是相当大的。

《天工开物》中记载：将稻灰水在红布上滴数十滴使之褪红，之后"其红即一毫收转，……所收之水，藏于绿豆粉内。放出染红，半滴不耗"。在染靛过程中，"浑摆"(清洗)的缸水因摆的遍数多了，水的颜色变蓝，又可以作染缸用。可见，自古染业对染料都是经过多次重复利用的，即自古企业就意识到采用技术手段减少环境污染并增加自身的效益，这样的重复印染理念使污染的程度大大缩小了。康熙年间，苏州织染局的规模是“染作房五间……开沟一带，长四十一丈”，此局在咸丰后倒废，同治年重建，亦记“经画大致，悉仍旧制。惟地临河滨，向植木板为照壁。今将河岸培宽，易以砖石，遮垂久远”，说明了染局都有临河建造的传统。也就是说，“开沟”是为了排放废水，河流湍急的话，就可将残液即时冲走，将污水与弃置的染料稀释，冲入下游，污染源沉入河底，再经过复杂的水体自净程序，避免或减少污染。

（资料来源：陆瑶，包铭新. 中国古代练染污染问题小考[J]. 苏州大学学报，2009，29(6)：86-89.）

点评

古代练染企业，早就具备了环境保护的生态公关意识，不仅自身获得了收益，而且在创造巨大社会效益的同时，还维护了公众的利益，为公众维持了一个良好的生存环境，他们在以下几点上做得非常成功。

(1) 合理规划，布局得当。染局为了排污方便，大多有临河建造的传统。古代企业污染源较现代来说相对较轻，一般情况下，污水排入河水中稀释后，利用河水自身的净化能力，能够自行达到除污的目的。

(2) 采用绿色练染程序注重环保。练染业通过重复利用法，不仅节约了成本，而且在练染过程中避免了多次、大量污染，为环境保护起到了一定的积极作用；另外，以“开沟”的方式排放废水，虽然工程量大，但是避免了污水的蓄积，起到了一劳永逸的作用。

(3) 注重社会效益和公众利益。企业作为营利性组织，其利益来源于社会公众的支持，所以，企业强调社会效益、生态效益，注重公众利益，都可以在公众中树立良好的信誉和精神文化形象。只有保护环境、树立形象，才能促进企业自身更好的发展。

比利时马斯河谷烟雾致大气污染惨案

1930 年 12 月 1—5 日，整个比利时大雾笼罩，气候反常。由于特殊的地理位置，马斯河谷上空出现了很强的逆温层，雾层尤为浓厚。在逆温层和大雾笼罩的作用下，马斯河谷工业区内13个工厂排放的大量烟雾弥漫在河谷上空无法扩散，有害气体在大气层中也越积越厚，其积存量越来越接近危害健康的极限。第3天，在二氧化硫和其他几种有害气体以及粉尘污染的综合作用下，河谷工业区有上千人发生呼吸道疾病，发病者包括不同年龄阶段的男女，症状是流泪、喉痛、恶心、呕吐、咳嗽、呼吸短促、胸口窒闷等，咳嗽与呼吸短促是主要症状，1周内就有63人死亡，是同期正常死亡人数的十几倍，死者大多是年老和患有慢性心脏病与肺病的患者；许多家畜也未能幸免于难，纷纷死去。尸体解剖结果证实：刺激性化学物质损害呼吸道内壁是致死的原因，其他组织与器官没有毒物效应。

事件发生以后，有关部门立即进行了调查。

首先，对马斯河谷地理情况和气候情况进行了分析。通过分析，得知在马斯河谷烟雾事件中，地形和气候是主要影响因素。从地形上看，马斯河谷是比利时境内马斯河旁的一段长24千米的河谷地段，这一地段中部低洼，两侧有百米的高山对峙，使河谷地带处于狭长的盆地之中。马斯河谷地区是一个重要的工业区，建有3个炼油厂、3个金属冶炼厂、4个玻璃厂和3个炼锌厂，还有电力、硫酸、化肥厂和石灰窑炉，工业区全部处于狭窄的盆地中。从气候角度看，气候反常出现的持续逆温和大雾，使得工业排放的污染物在河谷地区的大气中积累到有毒级的浓度，这些工厂每天排出的废水废气量都非常巨大，对环境造成了严重的污染。

其次，对污染物成分进行了分析。虽然进行了详细的调查，但一时不能确定致害物质。此后，又对当地排入大气的各种气体和烟雾进行了研究分析，认为硫的氧化物——二氧化硫气体和三氧化硫烟雾的混合物是主要致害物质。据推测，事件发生时工厂排出有害气体在近地表层积累，根据费克特博士在1931年对这一事件的报告，推测大气中二氧化硫的浓度约为25～100毫克/立方米。空气中存在的氧化氮和金属氧化物微粒等污染物会加速二氧化硫向三氧化硫转化，加剧对人体的刺激作用；而且一般认为，具有生理惰性的烟雾，通过把刺激性气体带进肺部深处，也起了一定的致病作用。

（资料来源：自然之友编《20世纪环境警示录》.）

点 评

从生态公关的角度来看，任何公共关系的决策都必须有利于环境的可持续发展，但也要有利于企业的发展。马斯河谷烟雾事件一发生，有关部门就进行了调查，这是采取了公共关系中调查研究的功能方式，它有利于了解目前形势、事件发生的原因以及公众的反应和态度；另外，这种以积极的姿态处理问题的态度也有利于扭转自身的形象，变逆意公众为顺意公众，有助于齐心协力解决问题。这样，生态环境问题不仅可以得到很好的处理和解决，企业还可以在群众中重塑良好的形象。

工业革命——人类史上第一次大规模环境污染

从18世纪50年代开始，英国进入工业革命时期，成为世界上第一个发生工业革命的国家。不可否认，在这一百多年的时间里，资本主义的近代大工业确实创造出了前所未有的生产力和巨大财富；但是，从生态环境的角度来考察，我们也应该看到，在利益和利润的驱使下，工业的发展也给环境带来了巨大的破坏。工业发展得越快、机器使用的规模越大，对环境的破坏程度也就越严重。

在英国工业革命中，为了生产的方便，大多数企业和工厂都沿河建造，诸如制革厂、染坊、骨粉厂、胶料厂和瓦斯厂以及制革、制碱、制皂等具有重大污染源的工厂都在河岸相继开办。当时棉纺织业是第一个实现机械化的行业，其生产量巨大，对环境的污染也最为严重，工厂主只顾自己的利益而不顾及环境，就将厂里生产过程中所产生的污水直接排进河中，使河水遭到污染。后来，纺织业的发展又带动了化学印染业的发展，这种技术的广泛运用，对环境和水资源带来了更加直接的破坏。最典型的就是泰晤士河，由于工业污水不加处理直接排放到河中，使得本来清澈的“母亲河”变成了奇臭无比的污水河。随后重工业的发展对环境的破坏更为严重。

工业革命后，环境污染与破坏已经达到了相当严重的程度。对此，不仅政府采取了一系列措施，企业也做出了相应的努力：首先，采取了一些限制性措施。企业逐步改变了“高生产、高消费、高污染”的传统发展模式，开始考虑到环境保护的重要性。企业内部制定了各项措施和一些硬性指标，譬如控制某些可能造成污染的材料的使用量等，尽量减少污染。其次，通过技术手段，最大限度降低污染。当时很多企业都进行了技术革新，引进先进技术和绿色生产设备，不仅提高了工作效率，还在整个过程中实施绿色生产，从原材料到加工制作再到包装，无不考虑到环保问题，其中，对一些废水、废气的污染也采取了相应的治理措施。另外，有些企业还抽出一部分资金用于环境科学研究工作，积极开发低污染和无污染的工艺技术，相应的鼓励和奖励措施也在企业内部实行，对减少污染做出了很大的努力，也取得了一定的成果。

点评

英国工业革命时期，各种新兴企业在利益的驱使下，并没有环境保护的意识，在对环境大肆破坏的同时也没有采取有效的公关措施，致使环境急剧恶化。企业的生存和发展与环境有着密切的关系，保持生态平衡和保护自然环境是企业的责任。任何公关策划都是为了谋求企业的发展，往往会首先考虑组织的利益，忽视公众的利益，但任何组织的发展都离不开公众的支持，所以必须坚持公众利益优先的原则，但也并不是要企业完全牺牲自己的利益，而是要求在公关策划时将公众利益和组织利益有机地结合起来，使组织在考虑自身经济效益的同时，始终想着公众，把公众利益放在首位。所以，企业生态公关必须做好，只有这样，才能赢得公众的支持。

英国工业革命时期，企业对环境的处理有得有失。失的一面主要表现在：首先，没有能够及时认识到环境的污染与破坏问题，没有采取有效的保护措施，如果当时的企业能意识到这一点，环境恶化也不会如此严重，企业的发展也会更加顺利；其次，环境问题产生以后，没有及时处理。在治理环境污染时，企业也总结出了一些经验：① 转变传统发展模式，转向绿色环保；② 重视科技的作用，减少污染；③ 多措并举，形式多样，加大环保力度。

三刻拍案

拍案一　埃克森公司原油泄漏污染环境

埃克森公司规模巨大，位于全美500家最大公司的前列，它的业务范围遍布全世界，在欧美市场上大有霸主之势；但一次突发性事件，使埃克森公司在企业形象和和经济上都大受损失。

1989年3月24日，一艘美国埃克森公司的巨型油轮“瓦尔代兹号”在阿拉斯加州威廉太子湾附近触礁，800多万加仑原油泻出，形成一条宽约1千米、长达8千米的漂油带。这里是美国和加拿大的交界处，以前很少有船只经过，从未受到污染。这里海水湛蓝，盛产鱼类，海豚、海豹成群，沿岸山青林密，风景如画。事故发生以后，大批鱼类死亡，岸边、礁石上，还有偶尔上岸栖息的海豹都沾满了黑乎乎的油污……纯净的生态环境遭到严重破坏，附近海域的水产业受到重大损失。

面对这种情况，埃克森公司却无动于衷——既不彻底调查事故原因，也不采取及时有效的措施处理泄漏的原油，更不向加拿大和美国政府道歉，致使事故进一步恶化，污染区域越来越大。因此，美国和加拿大地方政府、环保组织和新闻界对埃克森公司这种不负责任的态度极为不满，发起了一场“反埃克森运动”。

最后，埃克森公司被迫以重金请工人使用高压水龙、蒸汽冲洗海滩，甚至用双手刷洗岩石；另外加上天气原因，清理工作十分费力，进展缓慢。这次事件，埃克森公司加上索赔、罚款，损失高达几亿美元；更为严重的是，埃克森公司的形象遭受严重的破坏，西欧和美国的一些老客户纷纷抵制其产品，埃克森公司狼狈不堪。

点 评

埃克森公司的原油泄漏事件导致其形象受损其实是一次企业生态公关失败的典型案例，埃克森公司自事件发生之初就没有做好生态公共关系方面的工作。首先，造成环境污染之初，埃克森公司应该稳住新闻媒介。如果它积极地调查事故原因，表明其解决问题的态度，采取实际行动，并主动向新闻媒介通报，也不会导致如此严重的环境污染以及给公司带来的严重的负面影响。其次，应积极与环保组织合作。通过联系环保组织，讲明事故原因，争取其理解和同情，并一起尽早设计出解决方案。再次，就是应该与当地政府积极配合。如果积极与政府合作，环境污染问题也会更加及时有效地解决。所以，公关活动方式不管是对环境还是企业都是至关重要的。

拍案二 大众汽车绿色之旅

2009年5月26日，由环境保护部宣传教育中心和大众汽车集团(中国)共同发起的“2009年大众汽车绿色之旅”继续南下，与环保专家携手走进了我国最大的淡水湖——鄱阳湖，为生活在湖区的孩子们带去了湿地生态文明和环境保护的生态理念。

来自德国的环保志愿者范美玲女士，来自北京的青少年环保教育专家郭耕、韩静以及长期致力于中国野生动物摄影和保护的奚志农，都分别以不同的主题为同学们开展了一堂堂妙趣横生的环保课。来自北京的郭耕老师以“湿地文化”为主题，为江西省九江市永修县立新中学的同学们带来了一堂内容丰富的环保课。郭耕老师通过美妙的诗句和大量的图片，把那些曾经发生在湿地的感人故事和湿地特有的魅力文化展现在了同学们面前，生动的语言、惟妙惟肖的模仿，让在场的所有人感悟到了湿地独有的文化韵味。在户外的环保课堂上，环保志愿者范美玲女士和北京青少年环保专家韩静老师与同学们在草地上进行了一场题为“与自然为伴”的主题游戏，让大家在寻找与发现的过程中感知神奇的自然、认识自然界生物与人类的关系。这些专家们寓教于乐、生动活泼的授课形式激发了孩子们保护湿地和野生动物的极大热情。

大众汽车集团(中国)执行副总裁张绥新表示:“环境保护问题不仅是污染防治,而且还要建立可持续发展的生产方式和消费方式。大众汽车集团(中国)不仅致力于为中国消费者提供更为节能的绿色汽车来改变大家的出行方式,也一直亲力亲为地为中国的环保事业做出贡献。未来,我们仍将坚守大众汽车对中国社会可持续发展的承诺,继续‘绿色之旅’的征程,把绿色环保的种子播撒到更多青少年心中。”

大众汽车集团(中国)以自身的实际行动推动着中国环保事业的发展。2009 年是大众汽车畅想绿色未来环境教育行动实施的第 3 个年头。项目从启动至今,每年都会根据不同的环境热点问题设置相应的教育主题,展现了大众汽车对环境保护教育的独特视角和对中国环保事业持之以恒的奉献力量。

点评

大众汽车集团(中国)身体力行,积极做好环境保护工作,为中国环保事业贡献自己的力量,并取得了良好的效果。这些都归功于以下公关思想的指导作用。

(1) 环境保护,树立良好企业形象。大众汽车集团(中国)正确处理了企业发展与环境保护的关系,既促进企业经济的发展,又照顾到环境保护问题。以企业自身行动宣传环保,有利于公众利益的维护,并得到公众的支持,从而树立起良好的企业形象。

(2) 受众目标明确,注重宣传教育作用。大众汽车集团(中国)本次“绿色之旅”行动主要是针对在校学生,学生是未来的希望、是未来环保事业的主力军,因此,对他们的思想教育尤为关键。从小养成环境保护的习惯,对生态的可持续发展将起到非常重要的作用。

(3) 形式生动活泼。因为此次活动主要是针对学生,所以不应用过于死板或者过于严肃的形式。美妙的诗句、生动的图片、惟妙惟肖的模仿、游戏等形式更容易被学生所理解和接受,更容易激发他们环保的积极性,从而取得良好的效果。

拍案三　绿色麦当劳

20 世纪 70 年代起，美国快餐业也开始饱和，但麦当劳仍以其强烈的攻势风行世界。时过境迁，到了 1988 年，麦当劳因其每天制造的大量垃圾——废弃包装物，而成为环保攻击的对象。

麦当劳采用的是“保丽龙”贝壳式包装，虽然这种包装既轻又保温，便于携带，但处理难度相当大，再加上外带食用的比例过高，废弃包装的清理就构成了对环境的威胁。具有环保意识的人们纷纷向其总公司寄来抗议信。公司意识到这种情况将威胁到麦当劳未来的生存，而且包装也是快餐业的灵魂，所以，致力于包装的开发已迫在眉睫。

为了平息抗议，起初麦当劳公司采取主动回收废弃的贝壳包装的方式。1988 年，首先在 10 个店铺做实验，证实了将贝壳包装回收再制成塑料粒子作为他用，技术上是可行的；但次年将此实验扩大到 1 000 个店铺时，却出现了问题。麦当劳食品的外带量是店内量的 6～7 倍，废弃物的回收非常有难度；同时，店内废弃物的清理也很麻烦。所以，麦当劳公司不得不寻求合作，实现产品包装升级。1990 年 8 月，麦当劳和“环境防卫基金会”签署了一项不寻常的协议，“环境防卫基金会”认为减少包装是治本之道。至此，麦当劳改弦易辙，决定取消贝壳包装，代之以夹层纸包装，结果发现，夹层纸比贝壳包装耗费的天然资源还要少。另外，麦当劳公司和“环境防卫基金会”还约定按减废、重复使用和回收再制的顺序进行。在减废上，从 3 方面着手：一是减少包装；二是减少使用有损环境的材料；三是使用较易处置、能物化成肥料的材料。在重复使用方面，也是减少使用一次的包装，多用可反复使用的材料。在回收再制方面，也一致认为回收不只是再制过程中回收废料，而是顾客使用后的真正回收。

麦当劳公司和“环境防卫基金会”合作的成功，其意义主要在于其教育价值，它使顾客、供应商及员工都去思考其本身行为所产生的环境影响。麦当劳在合作中既提高了自身的环保形象，也为产品赢得了市场。

点　评

从公关角度来看，企业形象是企业的第一生命，企业形象的形成不仅仅取决于产品信誉，更重要的是企业的社会责任，对环境保护的责任也是其要义所在。麦当劳绿色环保的成功，离不开以下公关策略的实施。

(1) 主动应对，积极改进。当麦当劳因每天制造的大量垃圾而成为环保攻击的对象时，并没有坐以待毙，而是采取了积极的应对措施，采用更换包装、进行产品包装升级等措施，减少污染。

(2) 寻求合作，解除污染。当问题难以解决时，麦当劳积极寻求合作，与“环境防卫基金会”签署协议，积极应对、共同解决环境污染问题。以寻求合作的方式，更容易集思广益、群策群力、照顾到各方面的细节。

(3) 制订规划，层层展开。麦当劳公司和“环境防卫基金会”按减废、重复使用和回收再制的顺序逐步展开环保计划，并在每一环节上制定详细的措施，极具针对性，保证了实施效果的持久性。

回味隽永

企业的生存和发展与生态环境是密不可分的，如果一个企业的经营活动加剧了环境污染、破坏了生态平衡，那么即使这个企业的经济效益再高，也不会获得长远的发展。

对于一个企业来说，鲜明的生态意识是至关重要的。企业必须有先见之明，大力搞好生态公关建设。如改善工作区以及周边地区的环境，引进先进科技、减少环境污染等方式，在公众中树立良好的企业生态形象和信誉，既有利于环境，又促进了企业的发展。

另外，在环境问题产生以后，一定要贯之以积极的态度，及时处理，绝不能置之不理。

首先要寻求环保组织或政府的帮助和支持，进行非正式会见以便对方了解情况，消除负面影响，表达自己治理污染的决心，这就是公关活动中的劝说作用，通过会议，与各方面积极配合，采取有效措施。

其次，与新闻媒介处理好关系也非常重要。新闻媒介在传播和引导社会舆论方面具有很大的作用，它可以帮助企业解除误会，在公众中消除不良影响。所以，一定要搞好与新闻媒介的关系：① 尊重新闻工作规律；② 及时提供新闻信息和材料；③ 真诚以待，热心帮助；④ 邀请新闻界人士参观访问。

最后，必须强调的是企业要搞好生态公关建设，必须注重公众利益。以公众为出发点，是生态公关活动最基本的原则。企业的所有决策和行动，都应以公众利益为前提，努力谋求企业与公众利益的协调一致，满足公众需求，只有这样，企业才能获得长远的发展。

第十九篇

文明生态塑经典文化

——中国首届绿色运动会

除了政府和企业以外，社会上还存在着许多组织（包括教育文化单位、各种群众团体等）和个人，都在为环保事业鞠躬尽瘁。他们通过调查研究、对话传播以及亲身实践等方式，营造具有公众性、公开性、公益性和公共舆论的生态关系，以确保组织利益、个人利益与公共利益的和谐，确保生态的可持续发展。他们坚信“只有一个地球”的理念，努力创建一个文明的生态环境，重塑经典文化。

开篇导例

开篇之述 中国首届绿色运动会——绿色低碳促环保

2011中国社会体育工作会议于3月31日在海南博鳌宣布，中国首届绿色运动会将于10月底至11月上旬在安徽池州举行。本次活动由国家体育总局社会体育指导中心、安徽省体育局和池州市人民政府共同主办，安徽省社会体育指导中心等单位承办。

池州市位于安徽省西南部，是安徽省“两山一湖”(黄山、九华山和太平湖)旅游区的重要组成部分，生态环境良好，是中国第一个国家生态经济示范区，该市优越的自然条件和生态环境正好与本次绿色运动会的主题遥相辉映。安徽省体育局局长冯潮介绍：绿色运动会，将把体育竞技与皖南地区的青山绿水结合在一起，赛事主要是户外运动，不会有任何涉及汽油等能源的比赛项目，同时提倡参与性和互动性。

安徽省池州市副市长夏星月指出：为倡导绿色健康生活理念和绿色低碳发展的精神，配合国家体育总局社会体育指导中心提出的五色运动会的设想，池州决定联合有关部门举办中国首届绿色运动会。本次活动的口号是“生态池州、绿色运动”。运动会将分成赛、展、论、游四大板块，即群体赛事、绿色产品展示、绿色与健康论坛、绿色生态旅游四大板块：赛——以开展生态低碳环保赛事活动为主，如中国象棋、健身秧歌、垂钓、自行车、漂流、登山、健身等项目；展——希望通过绿色运动会的平台，举办绿色产品展销会，展示绿色生态环保产品，包括与旅游相关的运动产品；论——举办绿色与健康论坛，使运动会的主旨“健康”在活动中得到提升；游——绿色生态游，游览池州丰富的景点和江南典型风光。

中国首届绿色运动会是中国国家体育总局为适应体育发展的新形势而推出的全国性体育综合赛事，将体育运动与绿色低碳相结合，以大众喜爱、亲近自然、贴近生活的比赛项目为主体，突出比赛的文化性与观赏性，具有鲜明的特色。

（资料来源：由 http://www.cnr.cn/资料整理.）

开篇之论　主题鲜明，绿色显现

安徽池州运动会是中国国家体育总局为适应体育发展的新形势而推出的全国性的体育综合赛事，也是推出的首届绿色运动会。本次运动会以绿色为主题，精心策划，特色鲜明。

首先，倾力打造首届环保运动会，突出“绿色”主题。本次运动会的口号是“生态池州、绿色运动”，单从这一口号我们就可以看出此次运动会的绿色观念，这不仅是一次比赛盛事，还体现着一种传达“贴近生活、贴近自然”的生态理念。在这次运动会中，我们将看到的不仅是比赛的热烈场面，更是一幅人与自然和谐相处的美好图景。

其次，从组织形式上看，以板块的形式深化绿色主题。此次运动会将分成赛、展、论、游四大板块，每一板块都以环保低碳为目的，如绿色产品展销会、绿色与健康论坛等活动形式无不体现出一种绿色观念，为整体打造绿色运动会奠定了坚实的基础。

最后，从活动形式上看，贴近生活、贴近大众。此次运动会将体育运动与绿色低碳相结合，以大众喜爱、亲近自然、贴近生活的比赛项目为主体，突出比赛的文化性与观赏性，所开设的一些比赛项目（如中国象棋、健身秧歌、垂钓、自行车等）都是大众喜闻乐见的，具有广泛的参与性和互动性。

史镜今鉴

诗歌的国度——绿色的花园

中国是一个诗的国度，在古代诗歌中，很多诗人怀着强烈的环保意识和环保责任感，利用古诗这一文学形式熔铸了许多人与自然高度和谐的诗篇，成为环境保护的先行者。有相当一大批诗人还身体力行，为绿色环保增砖添瓦。最为著名的有白居易等，他们的环保行为至今广为流传。

白居易是我国历史上著名的诗人，他无论到哪里做官，总要种花、栽树。所以，在他所走过的地方，都流传着与绿化有关的故事。

公元819年，白居易被贬谪忠州（在四川）刺史时，很多山岭满目荒芜，感慨之余，挥毫写下了“巴俗不爱花，竟春人不来”的诗句。随后，他布衣私访民间，终于弄清了百姓不愿栽树之谜：“远水不解近渴！”他深入到百姓中，以平等的身份，说服百姓栽树种花，并亲自到城郊和百姓一起栽树种花。他在诗中写道：“持钱买花树，城东坡上栽。但购有花者，不限桃杏梅。”为了培育好所栽的树苗，他不辞辛苦前去管理：“每日领童仆，荷锄仍决渠。划土壅其本，引渠灌其枯。”树木成林后，白居易早晚漫步其间，写了很多寄情于山水、树木的闲适诗。在他的倡导下，忠州境内百姓无不争相栽树种花，没几年已绿荫一片，改变了穷山秃岭的面貌。

公元822年7月，白居易调任杭州刺史，他一到任，就率领民众在西湖里筑了一道长堤，蓄水灌田，这便是有名的“白堤”，他和百姓们一起在堤上栽了许多柳树。白居易调苏州任刺史虽仅一年时间，但他亲手种过许多桧树，人称“白公桧”。

白居易植树绿化大搞园林的功绩千古流传，现在苏州政府和人民自筹资金，修建了白公碑和白公园林，以此纪念这位伟大的诗人。

（资料来源：由 http://www.chcq.gxcic.net/ 资料整理.）

点　评

白居易作为一名诗人，积极投身环保事业，每到任一处，都为当地绿化做出了很大的贡献，他以自己的实际行动向人们传播着生态环保理念。

首先，以诗歌的形式传播绿色环保。唐代是诗歌的时代，诗歌是一种广泛流传的文学形式。通过诗，诗人可以使自己的思想得到更大范围的传播，从而影响到公众的行为。白居易正是以这种方式，通过记录栽树的过程等宣传其环保思想，从而带动了人们环保的积极性。

其次，以平等的身份说服公众。白居易被贬谪忠州刺史时，很多山岭满目荒芜，在感慨之余，他还布衣私访民间，以平等的身份，说服百姓栽树种花。以这样一种降低自己姿态的方式，更有利于深入民众，了解到他们的真实想法，让民众感觉到一种亲和力，便于沟通交流。

最后，以实际行动投身环保。白居易不仅亲自到城郊和百姓一起栽树种花，为了培育好所栽的树苗，他还不辞辛劳前去管理。白居易虽然身为官员，但却与民众同行，起到了良好的模范带头作用，激发了群众极大的环保热情。

董仲舒“和谐社会”——传播生态伦理观

董仲舒是西汉一位与时俱进的思想家、儒学家，他立足于汉武帝“求天命于情性”的政治需要，通过自己3年“不观舍园”的冥思苦想，建立了天人感应的理论体系。

在其理论体系中，董仲舒构造了一个“理想生态社会”，他在论及“人”的同时还特别突出了“天”(自然)方面的和谐：“毒虫不螫，猛兽不搏，抵虫不触。故天为之下甘露，朱草生，醴泉出，风雨时，嘉禾兴，凤凰、麒麟游于郊”，展现了一副大自然和睦的美好景象；在《春秋繁露·仁义法》中也指出：“质子爱民，以下至于鸟兽昆虫莫不爱。不爱，奚足以为仁?”进一步强调了对自然生态之爱。

董仲舒在《春秋繁露·深察名号》中提出“天人之际，合而为一”，如此气势恢宏的思想，把人与自然的关系巧妙地结合到一起，也表达出人类要对自然环境负责这一果敢坚决的态度。他认为，天、地、人是互相结合、不可分割的，“天地人，万物之本也。天生之，地养之，人成之。天生之以孝悌，地养之以衣食，人成之以礼乐。三者相为手足，合以成体，不可一无也。”(《春秋繁露·立元神》)这是一种天人合一的思想，也说明了人道与天道应相辅相成、人与自然界应和睦相处的道理。董仲舒还认为生态系统的平衡与君王的道德修养也有密切的关系，在他看来，天地发生自然灾害是人类自身造成的，特别与国家的政治过失有关。他说：“凡灾异之本，尽生于国家之失。国家之失，乃始萌芽，而天出灾异以谴告之。谴告之而不知变，乃见怪异以惊骇之，惊骇之尚不知畏恐，其殃咎乃至。以此见天意之仁，而不欲陷人也。”即天意总是讲仁义道德的，它本身不会对人类妄加陷害。所以，国家政治清明，生态才能得到平衡，自然界才会与人类和谐共处。他还认识到水土流失与山林砍伐的关系，“春旱求雨……

无伐名木，无斩山林。”（《春秋繁露・求雨》）只有保护好名木山林，不要过分毁林开荒，才能风调雨顺，不出现春旱的现象。

董仲舒“鸟兽昆虫莫不爱”，认为应顺应自然，讲究“自然之赏”和“自然之罚”。为爱护万物，他提出了“五行顺逆”方案，即按照五行（木、火、土、金、水）的顺应和逆反情况来对万物“推恩”。他把宇宙世界看成一个大的生态系统，并在这个生态系统中制定出一条有序的生态链，把人类的各种活动都放入这个系统中，并以此规定人类生产、生活和行为的基本内容与方式，各种宜行之事和禁忌之事，这也涉及人类在天地间的生态权利与生态义务。同时，董仲舒认为人类活动必须严格遵守阴阳五行理论，如果人类恣意妄为，无视自然规律，就会使水、木、土产生恶变，涉及动植物的生存，以致发生自然灾害，从而影响社会的稳定和发展。“如木者春，生之性，农之本也。劝农事，无夺民时……恩及草木，则树木华美而朱草生，恩及鳞虫，则鱼大为，鳣鲸不见群龙下。如人君出入不时……事多发役，以夺民时……则茂木枯槁……”（《春秋繁露・五行顺逆》）也就是说，木代表春天，春天到来，万物复苏，也是农业耕作的大好时节，人君应该鼓励人民进行农业活动，不要耽误时机。这样一来，草木光艳，肥鱼众多；否则，就会草木枯槁，生计萧条。

董仲舒环保思想的传播，对后世生态保护影响深远，乃至今日，都有着其不可磨灭的历史价值和借鉴意义。

点　评

在汉代，董仲舒能够阐发出如此系统的生态伦理观，实在难能可贵。其思想具有一定的广度和深度，并得到了广泛的传播，对后世影响深远。以下我们将从几个方面探析其生态伦理观得以传播的成功之处。

首先，正确认识人与自然的关系。董仲舒强调人与自然和谐相处，坚决反对一切破坏自然的行为。他认为生态环境的保持与国家政治以及人类的行为是分不开的，并揭示出水土流失与山林砍伐的关系。他认为只有处理好人与自然的关系，才能达到“天人合一”，才能建构出“理想生态社会”。

其次，尊重客观规律。董仲舒认为任何事物自身都有其发展的规律，人类的生产、生活和行为都应该顺应自然，按规律办事，这样才能达到事半功倍的效果。所以，人类不能恣意妄为，无视自然规律的存在；否则，破坏了天地人这个生态系统，就会有“自然之罚”。

印度传统文化——传播环保的神圣火把

古印度人民的身体活动、社会交往以及思想感情等，都与自然界直接相连、密不可分，这在古印度两大史诗《罗摩衍那》和《摩诃婆罗多》中都有所体现。印度人民的生活方式，广泛地体现了对大自然的依恋和热爱。鉴于印度文化传统对森林的依赖与重视，它的很大一部分宗教典籍都是出自森林中的隐修士之手，因而甚至有人将印度文化称为“森林文化”。

自古以来，印度传统文化都很重视环境保护，洞察到人类文明是与自然的恩惠紧密相连的。在《梨俱吠陀》中，有一首歌颂大森林的诗歌，就是人与自然共生存的见证，充分体现了印度人热爱森林的特点。印度最早持万物有灵论观点的部落教徒们，将树木、森林和群山视为精神或精神的寄托；雅利安人的梵文化传统突出地崇拜拟人化的自然事物——日神、风神、树神、火神、海神、雪山之神等。印度文化对生物的尊重与保护，在世界范围内也是极为突出的。从古到今，印度梵文社会都禁止屠杀奶牛，不仅因为牛在土地所有制经济中是很有价值的资产，而且因为它温顺宽厚的性格深得印度人民的喜爱。许多其他动物和鸟类也被崇敬为神和女神的使者：南迪——驼背的公牛，是湿婆神的坐骑；沙拉丝瓦笛，知识女神在天鹅背上漂浮；蓝孙雀载着战神卡尔提可亚；蛇是湿婆神的伴物，神话中的七头蛇将其头部展开以保护尊主毗湿奴。印度耆那教徒、佛教徒和大部分印度教徒们主张对所有生灵不动用暴力。直到今日，耆那教的修道士及修女走路时还要扫地，并用薄纱织物制成的面纱挡住嘴巴，以防止无意中踩到或吸入任何微小生灵。

从居住在塔尔沙漠边缘的俾斯诺依村落的故事，更可以看出印度人民将大自然与人视为一体。村民的名字均取自大约500年前由圣徒詹布传播的宗教中的29个信条，这些信条包括禁止捕猎、砍伐和对还有生命的大树进行剪枝。在这个地方，土地被看做是人与一切生物所共享的馈赠品，俾斯诺依教士们每天早晨都在圣殿周围用村民们捐献的谷物喂养野生动物和鸟类。在这片土地上，瞪羚、野生雄鹿等一点都不怕人，毫不犹豫地吃光人手中的食物。俾斯诺依教徒们非常注重对环境的保护，特别是对牧场、池塘和湖泊，而他们最为重视的，是对“奥兰”——被奉为神圣的圣殿园林的保护。教徒们以清理杰马巴萨尔湖中的淤泥，并将这些宝贵的可耕土地层运至周围丘陵地带这种方式，来庆祝他们的宗教节日之一。正是由于这种沿袭下来的做法，才使这片土地避免出现印度1987

年干旱在其他地方所带来的严重后果:那时只有该地区的湖泊还残存一点水,提供了人和动物维持生存的最低需求。

点 评

印度人特有的对于自然环境的态度,既出自纯朴天性和基于深邃哲理的对自然的尊重与保护,对世人有很大的启发意义,对今天的环境伦理建设也起到了必不可少的借鉴作用。印度的生态保护思想之所以传播广泛、影响深远,与以下几个方面密切相关:① 将人类文明与自然环保相联系;② 以万物有灵论强化环保观念;③ 以宗教信仰的形式增强环保的神圣感。印度人将自己的生命与自然融为一体,具有深远的意义。

三刻拍案

拍案一 国际绿色和平组织——环保使者

国际绿色和平组织是由加拿大工程师戴维·麦格塔格发起,于1971年9月15日成立的一个国际性环境保护民间组织。国际绿色和平组织简称“绿色和平”,是一个全球性非政府组织该组织的总部设在荷兰阿姆斯特丹,在40个国家设有办事处,其成员已达350万人。

“彩虹勇士号”是“绿色和平”的象征和旗舰,这艘船的命名源自于北美克里族印第安人的古老传说——当人类的贪婪导致地球出现危险时,彩虹勇士会降临人间,保护地球。“绿色和平”以保护地球、环境及其各种生物的安全和持续性发展为使命，不论在科研还是科技发明上，该组织都提倡有利于环保的解决办法。“绿色和平”作为国际环保组织，旨在寻求方法、阻止污染、保护自然生物多样性及大气层、追求一个无核的世界。

40 年来，“绿色和平”在世界环境保护方面可谓贡献颇多。在一些重要国际环保问题的解决过程中起到了关键作用：禁止有毒废弃物向发展中国家出口；暂停商业捕鲸，并推动在南半球海洋建立鲸鱼避难所；推动联合国通过及实施公约，加强对世界渔业的管理；推动各国以预防原则管理转基因作物的环境释放；50 年内暂停在南极开采矿物；禁止向海洋倾倒放射性物质、工业废物和废弃石油开采装置；禁止在深海大规模流网捕鱼；促进各国达成控制气候暖化的《京都议定书》；推动核不扩散条约，促成联合国达成全面禁止核试验条约等。该组织反对核试验，曾派出“彩虹勇士号”旗舰驶往南太平洋，反对法国进行核试验，以致被炸毁；反对捕鲸，曾派出“天狼星号”船封锁直布罗陀海峡，阻止苏联的捕鲸船队通过；反对有害废弃物越境转移，曾举行新闻发布会，揭露一些国家把有害废弃物越境转移的真相；关注战争带来的环境危机；主张限制温室气体排放；关注工业公害事件，在反对基因改良食品等方面做出了积极的努力；用“公众舆论”这个有力武器在唤起人们反对污染、保护环境，敦促有关国家或企业采取控制污染措施方面为环境保护做出了巨大的贡献。

国际绿色和平组织至今仍活跃在世界环保舞台上，对世界环境保护事业贡献着自己的力量。

点　评

环保并不是某个人的事，也不是某个政府或组织的事，而是全人类共同的责任。“绿色和平”就是这样一个由个人发起，带动人类共同保护环境的组织。它有着自己明确的使命和原则，并以自己的实际行动促进着环保事业的发展。我们可以从以下几点剖析国际绿色和平组织的成功。

(1) 目标明确。“绿色和平”以保护地球、环境及其各种生物的安全和持续性发展为使命，目标明确，行动上具有针对性，各项活动的展开都围绕着环境保护这一主题，思想上具有一致性，行动力强，效果显著。

(2) 借用传说，寓意深刻。以这种罕有的形式创建自己独特的形象，容易给公众留下深刻的印象。“绿色和平”的象征和旗舰——“彩虹勇士号”的命名源于印第安人的古老传说，将自身比喻成保护地球的彩虹勇士，具有神圣性。另外，将其与地球的毁灭联系在一起，增加了保护地球的危机感和使命感，寓意象征的形式又对人们的思维具有一定的启发性，使他们自发投入环保事业。

(3) 行动速度快。一旦有污染环境的行为发生，国际绿色和平组织就会立即出动，采取各种措施进行阻止，及时性保证了实效性。

(4) 形式多样，致力环保。通过亲临事件现场、举行新闻发布会、利用公众舆论等形式积极开展反对破坏环境行为的活动，针对不同的情况采取不同的应对手段，灵活性强。

拍案二　中国矿业大学倾力打造园林校园

为创建国家园林校园，中国矿业大学(徐州)积极响应徐州市“四城同创”的号召，精心组织、细致规划，投资7 000万元绿化文昌和南湖两个校区。

文昌校区应绿化面积约为51.90公顷。该校区将对1 000多米西门墙体破墙透绿并改造主广场花坛；同时，还制定了其他绿化措施：家属区内见缝插绿、对新建学生宿舍增绿、新增樱花林、种植攀爬植物绿化墙体等。目前该校区绿化覆盖率指数高，基本达到不漏泥土。

2003年新建成的南湖新校区占地约186.67公顷，也是绿化重点。该校区总体规划体现“现代化、园林化、生态化和可持续发展”的原则。一期工程完成以来，该校区已完成主干道、一期工程区域内5万余平方米的绿化。中国矿业大学坚持基建与绿化同步，充分利用现有地形、地貌与水系，按花园式、生态型校园进行增绿，将各建筑组群的庭院绿化连成一体，创造独特的绿化空间。校园中部的人工河流和湖面，将打造成为贯穿校区的中央生态带；校区边缘保留了足够的绿化带，将围绕市区三环路进行整体规划，与城市景观形成有机的融合。该校还将在新校区围墙外侧栽植长3千米、宽60米的银杏、雪松和灌木绿化带，形成层次鲜明的绿色走廊。为保护云龙湖风景区的生态环境、节约城市用水，校园内还将投资建设一座日处理能力8 000吨的污水处理厂，处理后的回用水将用于绿地浇灌、道路冲洗。建成后新校区绿化覆盖率达到50%以上，将成为云龙湖风景区的一个亮点。

中国矿业大学始终坚持基建与绿化、美化同步，通过“党建带团建”、开展志愿服务等活动，全校师生一起动手为校园添绿。经过长期的努力，形成了优美的校园环境。学校历年被省、市授予“绿化先进单位”、“花园式单位”、“部门最佳绿化先进单位”，并于1995年被省教委、绿委授予“江苏高校花园式校园”的称号，获得“省级园林式单位”殊荣。

（资料来源：http://www.univs.cn/）

点评

校园绿化也是生态环境建设的一个重要环节。创造适宜的校园自然景观和人文景观、优化学校育人环境，将有利于培养学生的审美情趣、陶冶情操和进行潜移默化的教育。中国矿业大学打造园林校园的成功值得借鉴。

(1) 观念更新，领导重视。只有领导的认识到位、观念更新、思想达到一定境界，才能带领和指挥大家搞好校园绿化工作。中国矿业大学领导深刻认识到园林校园建设的重要性，积极响应国家和该市“四城同创”的号召，积极投入校园绿化的工作中，起到了良好的模范带头作用。

(2) 总体规划，认真落实。中国矿业大学并没有把校园园林建设当做一个口号，而是认真进行总体规划，包括校园内建筑设施、道路、各种线路设施、活动场地、花草树木、山石水体等各个方面，并通过自己的实际行动，一步步落实到位，成绩显著。

(3) 坚持因地制宜的原则。中国矿业大学并没有“千校一面”，在校园绿化方面，根据自身实际情况制订方案，从不同类别学校、不同自然条件和经济状况出发，根据植物的生长习性和生态特征、针对不同校区的情况，因地制宜进行绿化建设。

(4) 增加经费投入，注重基地建设。经费投入是搞好校园园林绿化的物质保障。中国矿业大学投资7 000万元进行校园园林建设，购买银杏、雪松等树种，增加绿化带，始终坚持基建与绿化、美化同步，投资力度大，重视度高，效果显著。

拍案三　七里海生态环境宣传——绿色之旅

为提高全社会的环境意识、推动群众性环境教育、促进七里海古海岸与湿地的保护事业、达到人与自然和谐共处，在 2004 年 1 月 1 日—2008 年 11 月 31 日这 4 年多的时间里，展开了保护七里海生态环境的宣传教育活动。这次"保护七里海生态环境的宣传教育"是由吕绍生发起的，活动以七里海湿地的生态环境保护为现实目标，主要在生态修复和维护自然生态平衡、拯救珍稀濒危物种、合理开发利用生态资源、科学普及等方面以建议、讲座、图书出版物、网站、大众传媒、实地考察、现场教育等形式，开展广泛的群众性宣传教育活动，最终达到修复水域生态系统、重建七里海生态资源环境、协调人与自然和谐关系、坚持可持续发展战略的长期目标。在此次活动中，采取了多种活动方式。

(1) 考察研究。整理资料上百万字、拍摄图片几万张、采集整理古牡蛎壳标本上百块。

(2) 创办七里海网站，办环境保护教育基地。为了将七里海推向世界，更加快捷有效地开展湿地生态保护的宣传教育活动，利用当代信息网络技术，吕绍生自费注册了顶级域名和网络实名。2004 年，在距七里海中心腹地最近的西塘坨村，吕绍生自费建成了七里海环境保护教育基地，把七里海变为环境保护教育的大课堂。

(3) 出版赠送《天津七里海生物集》专著。2005 年 6 月，吕绍生自费由中国林业出版社正式出版发行《天津七里海生物集》一书后多次为有关大学、中学、小学和当地市、县、乡镇、农村和有关部门赠书，涉及环境、生态、水利、水产、农业等各个行业。截至 2008 年，共赠送约 1 500 册，直接参阅者达上万人。

(4) 对青少年学生进行环保教育。青年学生是提倡环保的主力军，既是环保工作的重要动力，又是环保工作的重要对象，因此对其进行环保教育是工作的重要组成部分。为此，吕绍生带领相关专业及学生组织实地考察现场介绍和到学校讲座四十余场，为研究生或课题组指导论文或科研十几项。

(5) 依靠新闻媒体加大湿地生态保护的宣传力度。2004—2008 年，吕绍生应邀接受新华社、北京、上海、天津以及当地的有关电视台、广播电台、报刊、因特网等各大新闻媒体的采访达六十余次。2006 年，天津市电视台国际部拍摄《守望七里海》纪录片。由于各种新闻媒体的多方报道，在宣传七里海保护的同时，增强了全社会的环境保护意识。

(6) 走进专家层，联络社会各界关注七里海。吕绍生为了让专家层了解七里海，并借助专家的力量研究七里海、宣传七里海，他充分利用"中国地理学会"会员的身份，利用一切可以利用的会议和场合，就湿地保护问题进行交流探讨。环境保护问题属于全社会的问题，只有提高全社会的环境意识，才可能解决七里海的环境问题。吕绍生广泛联络邀请社会各界的朋友来七里海参观考察，增强了环保意识，有力地扩大了七里海的宣传范围。

(7) 耐心做群众工作。当地的农民世代生活在七里海，多有捕鸟猎禽的习惯，吕绍生的环保行为影响和带动了他们，通过与他们广交朋友、耐心说服，使捕鸟者明显减少。目前鸟类已由10年前的十几种增加到八十余种。

点　评

通过努力，此次宣传活动取得了良好的效果，对七里海的环境保护工作做出了很大的贡献；此外，还发展了一大批潜在力量，为以后七里海的保护工作奠定了良好的基础。总结此次活动的成功，主要有以下几点。

(1) 转变思路，扭转保护与开发双方的指导方针。采取积极的保护态度，高举生态修复的旗帜，一切为了保护，紧紧围绕生态修复搞好开发。以生态系统的完全恢复和永久的保持为终极目标，取得最佳的生态效益、经济效益和社会效益的综合成果。

(2) 加大宣传力度，吸引各界人士关注七里海环保事业。吕绍生为了环保事业自费办七里海环境保护教育基地，把七里海变为天然大课堂；广泛联络邀请全国各界人士来七里海参观考察，现场接受环保教育……这一系列的努力，吸引了大批各界人士关注七里海，关心环保事业，增强了全社会的环境保护意识。

(3) 出版书籍、开办网站，提高七里海的知名度。吕绍生自费出版赠送《天津七里海生物集》专著，为有关大学、中学、小学和当地市、县、乡镇和农村赠书；还自费办网，应用当代最先进的网络信息手段，以七里海为典型面向全世界进行环境保护的宣传教育。其形式先进，其效果在广度和深度上不可估量。

(4) 立足根本，影响和带动当地群众对七里海生态环境直接保护。吕绍生常年深入七里海湿地和沿岸农村进行宣传教育，身旁集聚了很多当地民众，他紧紧依靠当地的农民群众，对他们做了大量的工作，产生了广泛的影响。

回味隽永

全球气候变暖、臭氧层破坏、物种退化、农田减少、沙漠扩大、水体土壤污染加剧、矿产资源枯竭……面对工业文明对大自然的破坏、面对生态环境恶化所造成的生存危机，人们开始意识到：人类并不能随心所欲地利用和支配大自然，即使是促进了社会经济的极大发展，也不能以破坏自然生态环境为代价，否则将会受到大自然的惩罚。目前，环境问题已成为世界所关注的焦点，已成为全球所共同面临的一个最重要的课题。“绿色”——一种强调社会进步与环境保护协调发展的形式已成为时代不可抗拒的潮流。各种组织和个人在为环保做出努力的同时，必须注意以下几点。

(1) 树立良好的组织形象和个人形象。各种组织和个人必须认识到树立良好形象的重要性和紧迫性，牢固树立大局意识、使命意识、责任意识，增强自觉性、创造性，积极实践，积极制定各项环保措施或参加环保行动，认真落实，赢得公众的支持。

(2) 利用媒体的力量扩大宣传。任何组织和个人都必须努力搞好和媒体的关系。媒体的力量是不可低估的，他们的宣传报道可以广泛影响公众心理，并指导公众行为。所以利用媒体来扩大环境保护的意识，是非常直接和有效的。组织和个人都可以利用这一方式来激发公众的积极性，争取和扩大环保力量。

（3）审时度势，制定措施。各个组织和个人之间的情况不同，所以针对环保这一主题也必须依据不同的情况制定合理的措施。只有这样，才能保证环保工作的有效性和持久性。

环境保护是全人类共同的事业，如果不重视环保运动，以后的人类将很可能生活在一个没有树木、没有动物、没有干净水源的环境里。所以，让我们携起手来，拯救人类共有的家园，重塑现代文明。

第二十篇

积极预防　及时控制　以人为本　努力善后

——以1986年切尔诺贝利核电站大爆炸为例

科学技术日新月异的发展在给人类带来福利的同时，也产生了一系列生态问题，而生态危机的出现则考验了政府处理这类环境破坏、生态污染事件的能力。由于生态危机事件与政府需要处理的其他公共安全事件存在一定的差别，因此探讨研究政府如何应对此类突发性生态危机事件具有重要的现实意义。政府生态危机公关最主要的任务就是能够在事故发生第一时间采取及时有效的措施阻止事态进一步发展，把保障公众健康和生命安全作为应对此类突发性生态危机事件的首要任务。及时与民众进行沟通，帮助民众解决生活上遇到的困难，从而得到群众的支持和信任，提高政府的公信力，树立良好的政府形象。

开篇导例

开篇之述　1986年切尔诺贝利核电站大爆炸

切尔诺贝利核电站大爆炸是历史上最为严重的核事故。切尔诺贝利核电站位于乌克兰北部，距首都基辅只有140千米，它是原苏联时期在乌克兰境内修建的第一座核电站。当年，苏联当局为了解决境内能源匮乏问题，无视科学家们的警告和反应堆存在的巨大危险，在对反应堆外壳仅做了草率处理后就在全国各地建了大量的该类型核电站，留下了巨大的安全隐患。

1986年4月26日，切尔诺贝利核电站4号反应堆突然爆炸，爆炸使机组被完全损坏，8吨强辐射物质泄露，尘埃随风飘散，落到世界各地，致使乌克兰周边20多个国家以及美国、加拿大等国都遭到核辐射的污染。事故发生后，仅当时在现场抢救的工作人员因遭受核辐射而死亡的就达31人，当时参加抢险的人员前后共有约7.5万，据当时的国际医学专家的数据显示，先后已有6 000人死亡、3万多人残疾，遭受核辐射的人以及其后代可能有10万人会患癌症，事故对人类造成的影响到现在都无法完全估算清楚。[①] 核电站附近30千米地区受到严重污染，已成为无人区，完全消除切尔诺贝利的核辐射至少需要800年。从直接经济损失来看，事故发生至今，苏联已花费320亿美元用于解决核电站爆炸带来的问题，直到1996年，俄罗斯还要支付2.6亿卢布用于消除其后果。

开篇之论　未雨绸缪，生态问题怎么重视都不过分

切尔诺贝利核泄漏事故是一个人间大悲剧，我们在同情这些无辜受

① http://www.chinanews.com/.

到伤害的人们的同时也该反思：为什么会出现这样的问题？以后会否还出现这样的问题？若是这样的事故不幸再次出现该怎么办？

第一，可以说这次事故的发生苏联政府有推脱不了的责任。在建这个核电站时，当局就已经被科学家告知 RBMK-1000 型反应堆存在巨大的危险，而当局一意孤行，在建设过程中只注重数量而忽视了此类型反应堆的不稳定性，并且没有对反应堆的外壳防护给予高度重视，而仅仅是草率的处理，才酿成了这样的悲剧。

第二，由于当时处于冷战的特殊时代背景，因此核技术没有在全球范围内得到广泛的交流和合作。核技术这样的一个高危险性技术以及其对人类安全产生重大影响应该进行广泛的交流和合作；国际原子能机构也应该加强相关的规范建设，各个国家为了人类安全有这样的国际义务。

史镜今鉴

重庆高桥镇天然气井喷事件

2003 年 12 月 23 日，发生在重庆市开县高桥镇罗家寨的特大井喷事故，是国内乃至世界气井井喷史上罕见，是建国以来重庆历史上死亡人数最多、损失最重的一次特大安全事故。高桥镇是重庆市开县西北方向的一个边境镇，离开县县城约 80 千米。2003 年 12 月 23 日晚 21 时 55 分，地处重庆市开县高桥镇小阳村境内的中国石油天然气集团公司西南油气田分公司川东北气矿罗家 16 号井在起钻时突然发生井喷，大量混有剧毒硫化氢毒气的天然气冲向天空高达 30 米，并迅速向高桥镇、正坝镇、麻柳镇等附近乡镇蔓延。

剧毒物质硫化氢是一种无色气体，有着臭蛋的味道，且易溶于水、酒精、石油等物质中。人体吸入硫化氢后可造成呼吸困难、眼睛刺痛、嗅觉疲劳、呼吸加快终至呼吸麻痹而死等症状。这次事故造成了 243 人不幸遇难,6 000 多人不同程度中毒,6 万多人无家可归四处避难,有将近 10 万人受灾①;不仅仅是人类受到有毒气体的影响,凡是受到毒气污染的地区的生物、动物都没有丝毫的生命迹象。

事故发生后引起了党中央的高度重视,党中央立即要求地方政府和有关部门全力搜救中毒和遇难人员、防止有毒气体继续扩散。重庆市迅速启动了应急救援预案,整个应急救援工作大致分为疏散转移、搜救安顿、灾民返乡和安置善后 4 个阶段,把以气井为中心半径 5 千米范围内的群众全部转移。在 23 日当天,救援团队和专家就抵达了事故现场;24 日,第一批救援物资就抵达了灾区,受伤的群众也很快被转移到了救治中心;还成立了"12·23"事故调查组,彻查事故发生原因;发生事故的井口也于 26 日上午 7 时成功封堵。根据重庆市委、市政府的总结可以看出,事故发生后市委、市政府主要从以下几方面开展工作:一是迅速建立应急工作机制;二是迅速确定舆论引导的方向和重点;三是积极争取中宣部的支持和配合;四是努力加强对记者的现场管理;五是积极开展舆论引导、疏导和协调服务;六是协调境外和国外媒体的采访报道;七是积极组织网上舆论引导;八是适时组织开展先进典型事迹宣传。

点评

这次事件给中国及至全世界一个血淋淋的教训。在该事件中,相关工作人员应该担负起很大一部分责任,对该井出气量估计不足、钻井工艺不熟、违规操作等,这些都是事故发生的直接原因。企业和地方政府的失职是导致这次灾难的又一个因素,企业应当公布这些涉及公共安全的信息,并且政府有责任和义务向当地公民普及相关知识且对企业严密监管。不过这次事件较好地显示了我国处理突发事件的能力,救援和救灾物资能在第一时间到达事故现场,善后工作也能够有条不紊地展开;还显示了政府在处理这类突发生态危机事件的能力。不过今后政府有关部门应该加大对安全生产的宣传和监督,强化民众安全意识,让这样的悲剧不再发生。

---

① http://www.people.com.cn/BIG5/SheHui/8217/31108/31112/.

1852 年伦敦酸雨事件

酸雨指的是 pH 值小于 5.65 的降水，主要是人为地向大气中排放大量酸性物质造成的。近代工业革命在给全世界带来迅猛发展的同时也把恶果带向了全人类。生产所需的煤炭在燃烧后会排放出酸性气体 SO_2；而在燃烧过程中产生的高温会促使助燃的空气发生部分化学变化排放出酸性气体 NO_X。它们在高空中被雨雪冲刷、溶解，于是变成了酸雨。酸雨不仅对人体健康有极大的危害甚至导致死亡，而且酸雨可导致土壤酸化，影响植物的正常发育甚至使植物死亡，酸雨还会酸化城市的非金属建筑，危害极大。

工业革命后，英国为了加速经济发展，支持、鼓励在伦敦市内开设工厂，其中有为数不少的煤厂、化工厂以及靠燃烧煤发电的火力发电厂。这些工厂排放出的废气、废水、废渣直接污染着当地的生态环境，在酸雨事件发生的那段时间，空气中一氧化碳、二氧化碳和二氧化硫的排放量严重超出正常水平，尘粒浓度达到平时的 10 倍，二氧化硫达到了平时的 6 倍。1952 年 12 月初，伦敦不少市民出现咳嗽、哮喘、呼吸困难、眼睛赤痛等症状，12 月 5 日—12 月 8 日的 4 天里，伦敦市的死亡人数达 4 000 人，平均每天死 1 000 人。当 9 日有毒烟雾散开后，酸雨降临，雨水的 pH 值低至 1.4～1.9。在此后的两个多月，又有 8 000 多人陆续丧生。这就是历史上最可怕的伦敦烟雾酸雨事件。

这次事件过后，英国政府意识到了保护环境的重要性，为了应对日益严峻的环境污染、生态破坏等问题，英国政府从多方面着手解决，如健全法律法规，在细化现有法律法规的基础上，出台新的政策、措施应对新出现的问题，相继颁布了《工业发展环境法》、《空气洁净法》、《烟气排放法》等在内的多个控制大气污染的立法，以保护生态环境；再如强化对企业的约束和激励，开发新能源以及关注民生建设等。如今，英国政府通过多方面的努力，环境问题大有改观：过去的黄色大雾早已经消失了踪影，现在也只能偶尔在冬季或者初春的早晨能看到一层薄薄的白色雾霭，四处是一片清爽的气息。

点　评

人类在享受科技带来便利的同时，也有可能受到科技带来的报复，肆意地破坏生态环境终有一天会受到大自然的报复。有效的治理措施是阻止环境恶化的关键，不仅要制定相关的法律法规来强制人们保护环境，而且还应该从道德上教育人们能够主动自觉地与大自然为友。在出现环境问题后，不应该相互推脱责任而应该从源头上找问题，制定相应的法律法规和措施及时果断地治理环境问题。

博帕尔大惨案

博帕尔是印度中部城市，位于首都新德里东南741千米处，是印度中央邦首府。1984年12月3日凌晨，这里发生了一场惨绝人寰的大灾难——一家工厂储存液态异氰酸甲酯(MIC)的钢罐发生爆炸，40吨毒气很快泄漏，引发了20世纪最著名的一场灾难。这家公司是美国联合碳化物公司在该市北郊建立的联合碳化物(印度)有限公司，专门生产滴灭威、西维因等杀虫剂，这些产品的化学原料是一种叫异氰酸甲酯的剧毒气体。

根据印度政府公布的数字，在毒气泄漏后的头3天，当地有3 500人死亡；但是，印度医学研究委员会的独立数据显示，死亡人数在前3天其实已经达到8 000～10 000人，此后多年里又有2.5万人因为毒气引发的后遗症死亡；还有10万当时生活在爆炸工厂附近的居民患病，3万人生活在饮用水被毒气污染的地区。据悉，博帕尔毒气泄漏事件迄今陆续致使超过55万人死于和化学中毒有关的肺癌、肾衰竭、肝病等疾病，20多万博帕尔居民永久残废，当地居民的患癌率及儿童夭折率也因为这次灾难远比印度其他城市高。

结局如此悲惨不禁让人责问：为什么会发生这样的事故？政府应该担负大部分的责任吗？因为一连串的证据表明，在这个事件的发生、发展以及善后过程中，联合碳化物(印度)有限公司一再犯错。

“没有一个从工厂逃出来的人死亡，原因之一就是他们都被告知要朝相反的方向跑，逃离城市，并且用蘸水的湿布保持眼睛的湿润。”事发当晚负责交接班工作的奎雷施说。但是当灾难迫近时，公司却没有对当地居民做出任何警告。更糟糕的是，公司决定把灾难的严重性和影响故意说得轻微些，想以此来挽回形象，该公司的健康、安全和环境事务的负责人捷克森布朗宁把这种气体描述为“仅仅是一种强催泪瓦斯”。

点 评

生态问题的特殊性就在于问题往往具有国际性，许多生态问题不只关系到一个国家，而是与多个国家甚至是全世界都有着密切的关系，而如何与其他国家、国际社会携手共同处理生态问题正在考验着每个政府。博帕尔惨案发生后，中央政府忙得焦头烂额，不仅受到民众的游行示威，还遭到在野党的群体攻击。跨国企业加强自身安全生产意识的同时政府也要加强监管，不幸发生事故时应该以人们的生命安全为重启动紧急应急预案，并做好善后工作。中央政府处理这次事故应该说是很失败的，造成了许多可以避免的死亡和伤害，这次事故的经验和教训值得大家深入学习。

三刻拍案

拍案一 大连新港爆炸

大连新港位于辽东半岛南端的大孤山东北麓、黄海岸边的大窑湾西南侧，是我国目前规模最大、水位最深的现代化深水油港。大连新港始建于 1974 年，于 1976 年 7 月 1 日正式对外开港，水域面积 180 平方千米，陆域面积 1.57 平方千米，每年输油能力为 1 500 万吨。2010 年 7 月 16

日傍晚6时50分许，大连新港一艘利比里亚/巴拿马籍的30万吨级的油轮在卸油过程中由于操作不当引起了陆地输油管线发生爆炸，引发大火并导致了原油泄漏。此次事故发生后，爆炸不仅造成了附近空气的污染，而且还有一定数量的原油流入大海，原油中含有多种有害物质（包括苯、甲苯、乙苯、二甲苯等），会对人体造成极大的伤害，甚至致癌；而由于油轮火灾以及爆炸污染物会随着水的流动四溢，严重破坏了周边海域的生态环境，据专家预测，这次事故给大连污染海域造成的生态危害可能要持续10年左右。

事故发生后，胡锦涛总书记、温家宝总理立即做出重要批示；中共中央政治局委员、国务院副总理张德江代表中共中央、国务院连夜赶到事故发生现场指挥灭火救援工作；辽宁省和大连市迅速启动了应急处置预案，组织全省力量开展救援工作；海上清污工作于17日全面展开，辽宁海事局近百名海事人员在溢油水域布设了围油栏，另组织了近20艘清污船舶开展清除作业；辽宁省政府在18日成立了调查小组彻查事故发生原因，调查了事故现场的值班人员、操作人员，同时与事发时正在进行卸油作业的外籍油轮进行登船接触；大连海事局还在污染海域组织和监控300多艘船舶的航行并组织进港船舶临时下锚保障辖区船舶安全。

从本案例中我们可以看出：各级政府能够在中央的统一领导下，首先采取了控制事件扩大的紧急行动，在第一时间展开清污工作和防止扩大污染的工作，最大程度地减少了环境污染和生态破坏。

点评

少数生态事件因其特殊性，可能在某些时刻升级为一场生态灾难。尤其是化学品、核能生产企业，如果管理不当，会酝酿为大面积的生态危机。面对这种事件的发生，任何消极或延误的处理，都是不可取的，只有以排除危险、拯救生命、恢复生态平衡作为组织的最高准则。大连的这次油港爆炸危机，事发突然，潜在后果严重，但好在政府迅速做出反应，控制事态蔓延。特别是公安部现场调度指挥得当，消防战士临危不惧，现场总指挥、公安部副部长刘金国还因此获得了央视“感动中国”2011年十大人物的称号。

拍案二 莱茵河水污染事故

莱茵河,发源于瑞士境内的阿尔卑斯山北麓,流经列支敦士登、奥地利、法国、德国和荷兰,最后在鹿特丹附近注入北海,全长 1 320 千米,是欧洲一条著名的国际河流。自古以来,莱茵河就是欧洲最繁忙的水上通道,也是沿途几个国家的饮用水源。

1986 年 11 月 1 日,位于瑞士巴塞尔市的桑多兹化学公司的一个化学品仓库发生火灾,导致一个装有约 1 250 吨剧毒农药的钢罐爆炸,硫、磷、汞等有毒物质随着大量的灭火用水流入下水道,排入莱茵河;8 天后,又有几十吨有毒物质流入莱茵河,再一次造成污染。

事故造成约 160 千米范围内多数鱼类死亡,约 480 千米范围内的井水受到污染影响不能饮用。污染事故警报传向下游瑞士、德国、法国、荷兰 4 国沿岸城市,沿河自来水厂全部关闭,改用汽车向居民定量供水。由于莱茵河在德国境内长达 865 千米,是德国最重要的河流,因而遭受损失最大。接近海口的荷兰,将与莱茵河相通的河闸全部关闭。

这起事故不仅使瑞士本国蒙受重大损失,而且使沿途的德国、法国、荷兰等莱茵河沿岸国家受到不同程度的伤害。针对这起事故,各国加强了合作。根据《环境报》在 2009 年 7 月 10 日的报道,这次事故后各方立即采取了行动,在污染水波流入北海之前,于 11 月 12 日在苏黎世召开了一次关于巴塞尔火灾及其对莱茵河水质影响的部长级特别会议。会议通过了部长联合声明,在声明中,部长们并没有将这次会议理解为一场事故的终结,而是将其作为今后工作的起点,提出了保护莱茵河国际委员会面临的新任务:① 保护莱茵河国际委员会要针对事故对莱茵河的影响进行调查,确定一个强化的监测计划,并对包括资金筹措在内的恢复计划提出建议。② 自动装置应能及早发现火情并迅速灭火,应当制定相应的消防预案,该预案应在灭火的同时对存储的货物加以考虑。保护莱茵河国际委员会一方面应对莱茵河沿岸国家有关事故的技术和法律规定进行调查研究,另一方面要弄清在哪些方面还需要加以协调。③ 在保护莱茵河国际委员会专家工作框架内,考虑将欧共体的信息系统用做莱茵河沿岸国家合作控制化学事故影响可能采用的模型。④ 瑞士政府愿意为迅速、公正地解决赔偿问题继续进行会谈,并坚信可以心平气和地解决有关赔偿和恢复事件前莱茵河状态等问题。保护莱茵河国际委员会协助提供必要的依据。⑤ 要着眼于各国警报系统对莱茵河预警和警报计划进行检查，必要时要确保瑞士所建议的“在严重事故情况下，政府级特别通信网络可供使用”。

这些措施对于解决此次污染事故产生了积极的作用，但我们也应该从这个案例中看出在解决生态问题时加强各国政府间合作的重要性。

点　评

生态公关的本意并不是让经济生产一味地迎合自然保护，而是提倡人类社会及其基本单位——组织，要与自然展开合作，实现互利共存。因此，可以说合作精神对于生态公关的意义要更甚于一般的公关活动。就该案例来看，莱茵河作为一条国际性河流，其全流域危机治理并不是一国一地就能够解决的，而需要流域沿岸的国家间进行密切的沟通与协调，这对于国际性河流的危机应对具有重要的启发意义。其实，这又何尝不是将生态公关人与自然的合作精神泛化到人与人合作的层面呢？

拍案三　松花江重大水污染事件

2005 年 11 月 22 日，哈尔滨市政府公布了一则停水通知：“为了确保我市生产、生活用水安全，市政府决定于 11 月 23 日零时起，关闭松花江哈尔滨段取水口，停止向市区供水，具体恢复供水时间另行公告。望市区内广大市民群众及各机关、企事业单位给予谅解。”这则通知一出来便引起了哈尔滨市民的恐慌，所有超市的饮用水货架空空如也。说起引发大家恐慌的原因还得追溯到 13 日那天，中石油吉林石化公司双苯厂发生爆炸，不仅造成了 5 人死亡、1 人下落不明、2 人重伤、21 人轻伤，而且爆炸污染有毒物质随着救火用水流入了松花江，造成了严重的水质污染。

事故发生后，吉林省紧急采取封堵、吸取和掩埋等处理措施，彻底阻断了向松花江排污的源头；同时，加大丰满水电站的放水流量，以稀释有毒物质。吉林省副省长、吉林市委书记矫正中也带领吉林市委、市政府、吉化公司及相关部门领导专程来到哈尔滨，就吉化“11 · 13”爆炸事故给松花江下游的哈尔滨市各界群众带来的生活、生产影响，表示诚挚慰问和深深歉意，并给哈尔滨市送来71吨矿泉水。黑龙江省及哈尔滨市立刻启动应急预案，省政府决定拨款1 000万元用于处理这次突发事件，哈尔滨市政府也拨出500万元用于在全市社区设置供水点；发动群众储水，积极应对污染物，采取多项措施保证污染过去后尽快向市民供水，恢复全城正常的生产、生活；同时注意维护市场秩序和社会治安，并调动省内外力量保障群众生活和重要生产部门用水。

然而这次事故过后，市民对再度供水是否能保证安全仍然存有疑问，省长张左己说："这一点请大家相信，政府一定会对百姓负责的，4天之后，第一口水我先喝。"由此，才打消了市民对水质的疑虑，顺利化解危机。

点　评

该案例在本丛书的《危机公关（上）》一书中曾作为重点案例来进行点评，而在这里仍旧将该案例纳入进行"拍案"，更多的还是从生态公关的视角来考虑的。

中国幅员辽阔，江河湖系众多，而在工业文明高度发达、无孔不入的今天，水体污染事件很可能会成为政府所面对的危机常态。而此类事件往往牵连到政府公关、危机公关、网络公关、生态公关、企业公关等多个公关层面、公关渠道和公关主体，处理起来也就需要更为宽阔视野和更综合的应对能力。例如哈尔滨市政府在应对时，既能以民众的生活需要为重，又做到充分尊重水体治理规律；既做到本地水体的净化和恢复，也做到与周边省市妥善沟通合作；既保证眼下的水源恢复，也从长远考虑水源的彻底复原和安全维护。

国内外涉及水体问题的生态事件还有很多，甚至还涉及海水污染和冰川污染等。只有以史为鉴，从多个角度加以剖析和总结，才能在今后的事件中运筹自如。

回味隽永

生态公关活动的开展，无论是主动宣传型还是被动防御型，都具有多层次意义。

从社会意义上说，生态公关是社会组织社会主体意识的觉醒。生态和环境不仅仅是政府或环保组织单方面的职责，而是全社会全人类的大事，其宣传的是“保护环境，人人有责”。社会组织作为社会的基本机构，责任和任务更重。生态公关强调社会组织积极、自觉、主动参与环保，关注社会公益事业，以环保促进步，使环境与经济相互依存、相互促进。否则，消极、盲目、被动对待环境问题，只能在破坏环境的同时埋葬自己。

从时代意义上说，生态公关丰富和发展了公共关系理论和实践。一方面，生态公关的提出与实践，与时俱进，适应当今世界“生态文明”的主题，在促使社会组织发展的同时也促进了公共关系学科向深度和广度拓展，其理论与实践成果必将丰富和反哺公关关系学。另一方面，“双赢”生态公关强调沟通手段的运用，利用公关理论方法和工作策略及信息传播技术，更容易让公众接受。公关信息传播和沟通技术，对生态问题的解决无疑是一次崭新的尝试，它将帮助社会组织在处理问题上得到社会公众的支持与认可。

从现实意义上说，生态公关不仅可以开辟企业文化建设的新方向，为企业提出发展战略的新思路；还能体现出一个组织社会责任感的新理念，拓展组织公关传播的新视角。从这点看，生态公关传播作为一种具备“生态文明”主题性质的公关传播新形式，能够充分为现实所用，并为公关传播提供新的有价值范式。

第二十一篇

政府生态危机公关

——《京都议定书》

现如今，突发性的环境污染、生态破坏事故日益频发，对生态造成不可弥补的影响，同时，也考验着政府的危机处理能力。如何在源头制止灾难的发生，以及在灾难发生后政府如何处理危机、重塑政府形象和声誉，具有重要意义。政府应该做好应急处置工作，建立健全突发生态环境事件应急处置机制，提高政府应对涉及公共危机突发环境事件的能力，维护社会稳定，保障公众生命健康和财产安全，保护环境，促进经济社会全面、协调、可持续发展。

开篇导例

开篇之述 《京都议定书》：第一个具有法律约束力的国际环保文件

由于人口的增加和人类生产活动的规模越来越大，向大气释放的二氧化碳(CO_2)、甲烷(CH_4)等温室气体不断增加，导致全球气候发生变化。近年来，世界各国出现了几百年来历史上最热的天气，厄尔尼诺现象频繁发生。由于全球增暖将导致地球气候系统的深刻变化，使人类与生态环境系统之间的相互关系受到显著影响和扰动，因此全球气候变化问题引起了国际社会的普遍关注。

为了人类免受气候变暖的威胁，1997 年 12 月，《联合国气候变化框架公约》第三次缔约方大会在日本京都召开，149 个国家和地区的代表通过了旨在限制发达国家温室气体排放量以抑制全球变暖的《京都议定书》。《京都议定书》的全称是《联合国气候变化框架公约的京都议定书》是《联合国气候变化框架公约》的补充条款，其与《联合国气候变化框架公约》最主要的区别是：《联合国气候变化框架公约》鼓励发达国家减排，而《京都议定书》强制要求发达国家减排，具有法律约束力。[①]《京都议定书》的目标是“将大气中的温室气体含量稳定在一个适当的水平，进而防止剧烈的气候改变对人类造成伤害”。《京都议定书》需要占 1990 年全球温室气体排放量 55%以上的至少 55 个国家和地区批准之后，才能成为具有法律约束力的国际公约。经过多年的纷争和讨论后，深受全球瞩目的《京都议定书》终于在 2005 年 2 月 16 日正式生效实施。

从总量上看，目前我国二氧化碳排放量已位居世界第二，甲烷、氧化亚氮等温室气体的排放量也居世界前列。如果我国长期不承担温室气体

① http://baike.baidu.com/view/41423.htm.

控制义务，那么在参与《联合国气候变化框架公约》活动中遭受的压力将会越来越大，如处置不当，有可能影响我国的国际形象和地位。

开篇之论　全方位的推动　意义重大

《京都议定书》是人类历史上第一个具有法律约束力的国际环保文件，是迄今为止国际社会承诺削减温室气体排放、遏制地球变暖的唯一一项国际公约，标志着人类在应对全球变暖的行动上迈出了坚实的一小步，对人类社会的可持续发展具有极其重要的意义。

中国政府于1998年5月签署并于2002年8月核准了该议定书，不仅充分展现了中国作为一个负责任大国的形象，而且积极推动了我国环境保护事业的发展。中国要扮演好负责任大国的角色，就必须全方位地推动、参与到国际环境保护中去，这对于提高我国的国际地位、塑造良好的政府形象具有十分重要的意义。

史镜今鉴

古人先进生态保护意识之三皇五帝篇

《京都议定书》的通过大大提高了全世界人民的生态危机意识和生态保护意识。然而早在几千年前的三皇五帝时期，中国人就已经具有生态保护意识，不仅有相当于现代生态保护机构的官方机构，还有一系列的生态保护措施，包括国家法令和地方规约。

五帝时，国家就设置了虞、衡等专门负责生态保护的机构。舜帝任命九官22人，其中就有负责治理山泽、管理草木的虞官伯益。衡是虞的下属单位，包括川衡、林衡等[①]，川衡主要负责整治江河湖泊、保持水系畅通；林衡负责巡视山林、植树造林、调拨护林人员和相关物资。[②] 古代生态保护法令多以礼、律、禁令、诏令等形式下达，礼是指民间的约束（或叫规约），律和禁令是地方政府颁布的规约，诏令则是指国家法律。在大禹时代曾有条禁令："春三月，山林不登斤，以成草木之长；夏三月，川泽不入网罟，以成鱼鳖之长。"《礼记·曲礼》中也记载到："国君春田不围泽，大夫不掩群，士不取麛卵。"[③]

点　评

三皇五帝时期，从政府机构和政策法规两方面来保护生态环境。以古视今，政府生态危机公关也应该注重在危机发生前加强政策法规建设和完善环境保护机构职能，使危机遏制在源头，从而塑造良好的政府形象。

青藏高原日益严重的土地荒漠化

我国土地荒漠化形势十分严峻。根据国家林业局防治荒漠化办公室等政府部门发表的材料，我国是世界上荒漠化最严重的国家之一。2011年1月4日，国务院新闻办新闻发布厅举行新闻发布会，国家林业局副局长祝列克在介绍第四次全国荒漠化和沙化监测成果时，有外国记者就青藏高原荒漠化治理指出：近年来，青藏高原土地荒漠化严重加剧，原来轻度的荒漠化土地向重度和中度荒漠化发展，相当部分的盐碱化土地也转化为沙漠化土地。该记者认为当地的情况不容乐观，并提出青藏高原上的荒漠化治理工作能否得到控制及如何控制。

祝列克首先承认了青藏高原目前的生态状况确实不容乐观；接着指

① 中国古代的生态意识[N]. 中国绿色时报，2009-09-25.

② 同上.

③ 陈朝云. 用养结合：先秦时期人类需求与生态资源的平衡统一[J]. 河南师范大学学报（哲学版），2002(6).

出现在中国政府,包括西藏自治区和青海省政府也采取了一些措施来应对这方面的问题:一是把境内所有森林,包括灌木都纳入了生态重点保护区域,中央政府每亩补贴 5～10 元;二是对牧场、草场实行严格的禁牧,中央在这方面也给予一定的补贴;三是实行在保护资源基础上采取移民措施。祝列克指出中央政府还在进一步确定总体的生态补偿制度,把这一地区确定为生态功能区域,对工业发展以及其他有可能对环境产生破坏的行业进行限制。

点 评

青藏高原荒漠化日益严重是一个不争的事实,政府在面对记者提问时应该勇敢地承认问题并提出解决方案,这样不仅有利于提高政府的行政水平,而且还能在公众心目中塑造良好的社会形象。"公众必须被告知"是公共关系中的一句至理名言,其精神也适用于政府公关。现代社会中政府的公信力已经成为一项宝贵的社会资源,政府唯有以坦诚的态度面对公众,才能提升自己的公信力。

我国环境保护的三大政策八项制度

保护环境是我国的一项基本国策,我国十分重视对环境的保护和对污染的治理。然而在建国后相当一段时期内,我们没有意识到环境问题的重要性,生态环境受到严重的破坏和污染,特别是改革开放后,在追求经济高速发展的同时生态环境迅速恶化:环境污染日益严重、新环境问题突出、生态环境形势不容乐观、核安全与辐射环境存在风险等。忽视环境保护,人类社会必将为自身的发展而付出代价。随着环境问题的凸现,国务院于 1973 年成立了环保领导小组及其办公室,在全国开始"三废"治理和环保教育,这是我国环境保护工作的开始。经过几十年的发展,我国的环境保护政策已经形成了一个包括三大政策八项制度在内的完整的体系。[①]

1. 三大政策

(1) 预防为主,防治结合政策。预防为主、防治结合,是指将环境保护的重点放在事前防止环境污染和自然破坏之上,同时也要积极治理和恢复现有的环境污染和自然破坏,以保护生态系统的安全和人类的健康及其财产安全。预先采取措施,避免或者减少对环境的污染和破坏,是解决环境问题最有效率的方法。

(2) 谁污染,谁治理政策。从环境经济学的角度看,环境是一种稀缺性资源,又是一种共有资源,为了避免"共有地悲剧",必须由环境破坏者承担治理成本,这也是国际上通用的污染者付费原则的体现,即由污染者承担其污染的责任和费用。

(3) 强化环境管理政策。强化环境管理政策的主要目的是通过强化政府和企业的环境治理责任,控制和减少因管理不善带来的环境污染和破坏。政府必须介入到环境保护中来,担当管制者和监督者的角色,与企业一起进行环境治理。

2. 八项制度

(1) 环境保护目标责任制。环境保护目标责任制,是通过签订责任书的形式,具体落实地方各级人民政府和有污染的单位对环境质量负责的行政管理制度。

(2) 城市环境综合整治定量考核。城市环境综合整治定量考核,是我国在总结近年来开展城市环境综合整治实践经验的基础上形成的一项重要制度,是通过定量考核对城市政府在推行城市环境综合整治中的活动予以管理和调整的一项环境监督管理制度。

(3) 污染集中控制。污染集中控制是在一个特定的范围内,为保护环境所建立的集中治理设施和采用的管理措施,是强化环境管理的一种重要手段。污染集中控制,应以改善区域环境质量为目的,依据污染防治规划,按照污染物的性质、种类和所处的地理位置,以集中治理为主,用最小的代价获取最佳效果。

(4) 限期治理制度。限制治理制度,是指对污染危害严重、群众反映强烈的污染区域采取的限定治理时间、治理内容及治理效果的强制性行

① http://new.qq.com/a/20091016/001808.htm.

政措施。

(5) 排污收费制度。排污收费制度,是指一切向环境排放污染物的单位和个体生产经营者,按照国家的规定和标准,缴纳一定费用的制度。目前,我国征收排污的项目有污水、废气、固废、噪声、放射性废物等五大类 113 项。

(6) 环境影响评价制度。环境影响评价又称环境质量预断评价,是指对可能影响环境的重大工程建设、规划或其他开发建设活动,事先进行调查、预测和评估,为防止和避免环境损害而制订的最佳方案。

(7) “三同时”制度。“三同时”制度是新建、改建、扩建等建设项目技术改造工程项目以及区域性开发建设项目的污染防治设施必须与主体工程同时设计、同时施工、同时投产的制度。

(8) 排污申报登记与排污许可证制度。排污申报登记制度,是指排放污染物的单位依法向当地环境保护部门申报登记并提供防治污染方面的有关技术资料,由环境保护部门依法予以审查并实施监督的环境管理制度;排污许可证制度,是指凡是需要向环境排放各种污染物的单位或个人,都必须事先向环境保护部门申领排污许可证手续,经环境保护部门批准并获得排污许可证后方能向环境排放污染物的制度。

点 评

环境是人类生存和发展的基本前提,环境为我们生存和发展提供了必需的资源和条件。随着社会经济的发展,环境问题已经作为一个不可回避的重要问题提上了各国政府的议事日程。保护环境、减轻环境污染、遏制生态恶化趋势,成为政府社会管理的重要任务。我国保护环境的三大政策、八项制度对于解决全国性的环境问题,促进经济、社会与环境协调发展和实施可持续发展战略有突出的作用,同时也有助于树立负责任的政府形象。

三刻拍案

拍案一　日本水俣病事件

水俣病是指人或其他动物食用了含有有机水银污染的鱼贝类，使有机水银侵入脑神经细胞而引起的一种综合性疾病，是世界上最典型的公害病之一。患了水俣病的人手足协调失常，甚至步行艰难，常见的临床症状有运动障碍、弱智、听力及言语障碍、肢端麻木、感觉障碍、视野缩小；重者则神经错乱、思觉失调、痉挛，最后死亡。

水俣是日本九州熊本县的一个沿海小镇，村民们打渔为生。“水俣病”首先在水俣镇发生，当时由于病因不明，故称为水俣病。

1956年，水俣湾附近发现了一种奇怪的病。这种病症最初出现在猫身上，病猫步态不稳、抽搐，甚至跳海“自杀”；但是不久之后，当地发现有人也患有这些病症，患者轻者口齿不清、步履蹒跚、面部痴呆、手足麻痹、知觉出现障碍、手足变形，重者神经失常，直至死亡。这种怪病就是轰动全球的水俣病。1956年5月1日，熊本医学院认定当地人神经系统产生病变是由含汞废水所致，那么汞废水又是哪里来的呢？1925年，日本氮肥公司在水俣镇建厂，后又开设了合成醋酸厂。从1932开始，日本氮肥公司在氮肥生产中使用含汞催化剂；1949年后，这个公司开始生产氯乙烯(C_2H_3Cl)，在大量生产的同时工厂把没有经过任何处理的废水排放到水俣湾中。排放到水俣湾的废水中含有大量的汞，当汞离子在水中被鱼虾摄入体内后就会转化成一种侵犯神经系统的有毒物质——甲基汞。水俣镇有4万居民，几年中先后有1万人不同程度地患上了水俣病，其后附近其他地方也发现此类疾病。

然而在熊本医学院确认当地人神经系统产生病变是由含汞废水所致后，即确认日本氮肥公司的排污为病源之后，日本政府毫无作为，以至于该公司肆无忌惮地继续排污12年。后来，45名受害者联合向日本最高法院起诉日本政府在水俣病事件中的无作为，并在2004年获得胜诉。法院判决认为：日本政府在1956年知道水俣病病因后应当立即责令污染企业停止侵害，但直到12年后政府才做出决定，为此，日本政府应当对未能及时做出决定导致水俣病伤害范围扩大而承担行政责任。[①]

点 评

水俣病造成了无数无辜平民的死亡、拆散了无数幸福的家庭，着实让人悲伤，在悲伤的同时我们也应当好好地自我反省。第二次世界大战后各国都在片面追求经济高速增长而忽视了生态环境问题，经济虽然得到了发展，但肆无忌惮地破坏生态环境使得政府和人民为此付出了惨重的代价。"前事不忘，后事之师"，今天我们在追求经济高速发展的同时一定不能忽略环境的可持续发展，"先污染，后治理"的老路是行不通的。日本政府没有处理好水俣病事件，在确认日本氮肥公司的排污为病源之后，日本政府仍然让该公司继续排污12年。在生态危机事件发生后，政府应该在第一时间拿出行之有效的方案解决问题，把人民的生命财产放在第一位，最大程度地避免和减少环境污染和生态破坏突发事件造成的危害，保护人民群众生命财产安全，维护社会稳定。

拍案二 无锡水危机事件

2007年的5月底6月初，江苏省无锡市城区的大批市民家中自来水水质突然发生变化，并伴有难闻的气味，无法正常饮用。随后自来水公司解释称，由于连续高温高热，导致太湖蓝藻在短期内积聚暴发，水源水质恶化。蓝藻是一种原核生物，夏天在一些营养丰富的水中经常发生蓝藻现象，大量繁殖的蓝藻形成了一些蓝绿色泡沫层，有浓烈的恶臭味；蓝藻还会引起水质恶化，耗尽水中的氧气，严重的会造成鱼类死亡；更为严重的是，蓝藻中有些种类还产生毒素，这些毒素除了直接对鱼、动物有危害外，其毒性还是导致肝癌的一个重要诱因。蓝藻暴发成因为富营养化，过量的养分主要来自于化肥流失、生活污水、畜禽养殖、工业污染及燃烧矿物燃料等。2007年入夏以来，无锡市区域内的太湖水位出现50年以来

① 水俣病事件[J]. 世界环境. 2009(3). http://10.131.0.168/asp/Detail.asp.

最低水位，加上天气连续高温少雨，太湖水富营养化较重，诸多因素导致蓝藻提前暴发，影响了自来水水源水质。

5月29日，因自来水无法正常饮用，市民纷纷抢购纯净水和面包；5月30日，无锡市委、市政府就已启动应急预案；5月31日，就自来水出现异味问题，无锡市政府新闻发言人回答了记者提问。从饮用水变臭、居民抢购纯净水直至自来水水质恢复正常，前后经历了大约3天时间，这段时间里，无锡市政府开展了及时的危机公关，控制了局势的发展。在此次水污染事件中，市委、市政府第一时间启动应急预案，通过地方媒体及时向公众披露消息，这样一来，有效避免了市民的恐慌情绪，也为政府化解危机赢得了时间；同时，无锡市加大市场成品饮用水供应量，避免了超市空架带来更大规模的抢购风潮，并要求市自来水总公司全力以赴，尽快使自来水恢复到安全饮用标准。

点　评

在日常生活中，危机事件不可避免，政府在面对危机时要学会采取手段和措施平息事端，释疑解惑。如果处理、解释不当，会引起公众的不信任，这样无疑会动摇和影响政府的公信力，从而使政府机构面临着行政危机。政府危机公关需要一些技术技巧层面的东西，但笔者认为，政府危机公关能力更应该是一种品质，一种坦率、坦白、坦然的品质，一种诚心、诚实、诚信的品质。①

拍案三　墨西哥湾漏油事故

2010年4月20日晚10时左右，美国南部路易斯安那州沿海一个名为"深水地平线"的石油钻井平台起火爆炸，造成7人重伤、至少11人失踪。4天后，即2010年4月24日，美国海岸警卫队说，该钻井平台爆炸沉没约两天，海下受损油井开始漏油，这口油井位于海面下1 525米处。海下探测器探查显示，钻井隔水导管和钻探管开始漏油，估计漏油量为每天

① http://news.sina.com.cn/c/2007-06-22/153012073492s.shtml.

1 000 桶左右。在以后的几天里形势逐渐恶化，2010 年 4 月 28 日，美国海岸警卫队说，该钻井台底部油井每天漏油大约 5 000 桶，是先前估计数量的 5 倍。油井当天继续漏油，工程人员又发现一处漏油点。这一平台属于瑞士越洋钻探公司，由英国石油公司(BP)租赁，这个油井刚要完工，尚未投产，由英国石油公司所有。为避免浮油漂至美国海岸，救灾人员着手试验烧油。救灾人员把数千升泄漏原油圈在栏栅内，移至距离海岸更远海域，以“可控方式”点燃；与此同时，堵漏作业也在积极展开。事故在 6 月 23 日再次恶化，原本用来控制漏油点的水下装置因发生故障被拆下修理，滚滚原油在被压制了数周后，重新喷涌而出，继续污染墨西哥湾广大海域。最后依靠打减压井技术，成功堵住了海下漏油点，2010 年 7 月 15 日，英国石油公司宣布，新的控油装置已成功罩住水下漏油点，再无原油流入墨西哥湾。

英国石油公司在墨西哥湾造成的漏油事件，不但给当地渔业、旅游业和餐饮服务业带来重大打击，而且也带来巨大的生态灾难。漏油事件直接影响沿海 10 个自然公园和 656 类物种，造成数十万只海鸟，数千只海獭、斑海豹、白头海雕等动物死亡，10 种动物面临生存威胁，3 种珍稀动物面临灭顶之灾。

事故发生后，英国石油公司将付出惨重代价，为处理墨西哥湾漏油事件拨备 322 亿美元(约合 2 183 亿人民币)；而美国政府为迎合民意也高调介入此事，总统奥巴马在白宫表示，命令内政部长肯·萨拉查对路易斯安那州附近的“深水地平线”钻井平台爆炸沉没一事展开详尽调查，在 30 天内提交报告。美国国土安全部部长纳波利塔诺宣布，漏油事件的影响已经不是英国石油公司及其承包商越洋钻探公司能解决得了的，美国政府将大规模介入。

点评

任何企业都应该重视政府的法规和相关政策，做一个良好的、负责任的社会公民。而对政府而言，一旦所辖区域的企业发生危及公共利益和环境安全的突发事件时，必须迅速做出反应，站稳立场，明确态度。

正如案例中 BP 石油公司所制造的生态灾难，其发生之后奥巴马政府第一时间表明了自身态度，即站在美国公众利益一方，并将处罚责任企业，介入善后工作，承担政府职责。

因此，政府在企业损害公众利益时，勇敢地站出来，为公众撑腰，替公众说话，这恰恰是避免了官商沆瀣一气、塑造政府正面形象、赢得人心的关键所为。

回味隽永

《京都议定书》的目标是将大气中的温室气体含量稳定在一个适当的水平，进而防止剧烈的气候改变对人类造成伤害。这是人类历史上首次以法规的形式限制温室气体排放，促进了各国完成温室气体减排的目标，使世界各国联合起来减少二氧化碳等 6 种温室气体的排放量，使气候变暖的趋势变慢甚至不再变暖。《京都议定书》拉开了世界温室气体减排大幕，承载着人类对未来世界的美好憧憬，开启了世界各国人民携手保护地球家园的新时代。

《京都议定书》对我国来说是具有积极意义的。我国是发展中大国，处于经济高速增长阶段，全面建设小康社会的目标为生态环境和资源供应带来了巨大的压力。我们决不能走西方国家“先污染，后治理”的老路，而应该把环境保护放到首要的位置，这既是历史的教训，也是我们面临的必然选择。我国环境保护的“三大政策、八项制度”是我国在经过二十多年的发展后形成的一个完整的环境保护政策体系，对于保护生态环境有着极其重要的意义。

而在青藏高原土地荒漠化、日本水俣病事件、无锡水污染事件及墨西哥湾漏油事件中则透露出一个很重要的信息：政府危机公关能力是一种品质，一种坦率、坦白、坦然的品质，一种诚心、诚实、诚信的品质，要做好政府危机公关，一定要让真实信息及时有效地公开，这不仅有助于保障公民的知情权、实现权力的监督和限制，也有利于增强国家和政府的公信力。